3 항공산업기사 항공기체

과년도 출제문제 해설집

항공산업기사 검정연구회 편저

개정증보판
Fourth Edition

이 책의 특징

- 최종 마무리를 위한 핵심내용을 요약정리, 수록하였습니다.
- 중요한 문항마다 정확한 해설을 게재하였습니다.
- 과년도 항공산업기사 문제를 빠짐없이 수록하였습니다.

연경문화사

머리말

100년 전 라이트형제가 제작한 항공기와 현재 첨단 산업기술력으로 제작 된 항공기는 그 제작에서부터 활용에 이르기까지 전혀 다른 개념이 되었고, 멀지 않은 미래에는 더욱 다르게 변화할 것이 분명합니다.

또한, 50여 년의 길지 않은 우리나라 항공산업의 역사를 돌이켜 볼 때 항공기 제작분야와 사용사업분야에 있어 눈부신 발전을 보았다고 할 수 있으며 앞으로도 그 이상의 발전을 예상할 수 있습니다.

어떠한 분야도 그러하지만 현재까지의 항공산업 발전의 근간에는 항공기술인력의 양적, 질적 발전이 있었기에 가능하였으며 앞으로도 항공 기술인력의 개발만이 선진 항공기술국가의 대열에 설 수 있는 길일 것입니다.

우리나라 항공산업 발전을 위한 항공 기술인력 양성의 첫 번째는 가장 기초적이고 실무적인 항공관련 자격 취득자의 양적인 증가일 것입니다. 기초 항공 기술인력의 양적인 증가야말로 든든한 항공분야의 저변을 확대할 수 있으며, 이러한 견고한 바탕에서만이 질적으로도 우수한 인재의 양성도 가능할 것입니다.

기초 항공기술 인력을 양성하는 항공관련 학교 및 사설 교육기관은 항공산업의 저변 확대를 위해 많은 노력을 기울여 왔으며 기여해 왔습니다. 그러나 다양한 항공관련 도서의 개발과 보급은 다른 노력에 비해 큰 변화가 없는 것은 안타까운 일입니다. 항공분야를 접하며 어려움을 겪는 일 중 하나가 빈곤한 학습서이며, 시간이 흘러도 여전히 크게 변함이 없는 빈곤한 항공관련 도서 역시 항공산업의 발전을 저해하는 요소일 것입니다. 이에 비추어 다양한 항공관련 도서의 개발과 보급은 시급하고도 중요한 일로 항공관련 분야의 전문가들은 보다 많은 노력이 필요할 것입니다.

항공산업기사 자격 검정의 시행 이후 출제되었던 기출문제의 정리와 정확한 해설집을 발간하여 자격 취득을 준비하는 분들에게 도움이 되길 희망하며, 나가서는 국가 항공기술 인력의 양적인 증가에도 작게나마 도움이 되기를 바랍니다.

항공기체

Contents

핵심 내용 정리 • 7
1995년도 기능사1급 1회 • 43
1995년도 기능사1급 2회 • 46
1995년도 기능사1급 3회 • 49
1995년도 기능사1급 4회 • 52
1996년도 기능사1급 1회 • 55
1996년도 기능사1급 2회 • 58
1996년도 기능사1급 3회 • 61
1996년도 기능사1급 4회 • 64
1996년도 기능사1급 5회 • 67
1997년도 기능사1급 1회 • 69
1997년도 기능사1급 2회 • 72
1997년도 기능사1급 3회 • 75
1997년도 기능사1급 4회 • 78
1997년도 기능사1급 5회 • 81
1998년도 기능사1급 1회 • 84
1998년도 기능사1급 2회 • 87
1998년도 기능사1급 3회 • 90
1998년도 기능사1급 4회 • 93
1999년도 산업기사 1회 • 95
1999년도 산업기사 2회 • 99

1999년도 산업기사 3회 • 103
2000년도 산업기사 1회 • 107
2000년도 산업기사 2회 • 110
2000년도 산업기사 3회 • 113
2001년도 산업기사 1회 • 116
2001년도 산업기사 2회 • 119
2001년도 산업기사 3회 • 123
2002년도 산업기사 1회 • 126
2002년도 산업기사 2회 • 130
2002년도 산업기사 3회 • 134
2003년도 산업기사 1회 • 138
2003년도 산업기사 2회 • 142
2003년도 산업기사 3회 • 145
2004년도 산업기사 1회 • 148
2004년도 산업기사 2회 • 151
2004년도 산업기사 3회 • 154
2005년도 산업기사 1회 • 157
2005년도 산업기사 2회 • 160
2005년도 산업기사 3회 • 163
2006년도 산업기사 1회 • 166
2006년도 산업기사 2회 • 169

2006년도 산업기사 3회 • 172
2007년도 산업기사 1회 • 175
2007년도 산업기사 2회 • 179
2007년도 산업기사 4회 • 183
2008년도 산업기사 1회 • 187
2008년도 산업기사 2회 • 191
2008년도 산업기사 4회 • 194
2009년도 산업기사 1회 • 197
2009년도 산업기사 2회 • 200
2009년도 산업기사 4회 • 204
2010년도 산업기사 1회 • 207
2010년도 산업기사 2회 • 210
2010년도 산업기사 4회 • 214
2011년도 산업기사 1회 • 217
2011년도 산업기사 2회 • 220
2011년도 산업기사 4회 • 224
2012년도 산업기사 1회 • 228
2012년도 산업기사 2회 • 232
2012년도 산업기사 4회 • 236
2013년도 산업기사 1회 • 240
2013년도 산업기사 2회 • 244
2013년도 산업기사 4회 • 247

핵심내용

항공기체

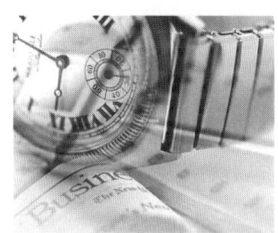

I. 기체의 구조

1 기체 구조의 개요

㈎ 항공기 기체의 구성

- 동체(fuselage), 날개(wing), 조종면(control surface), 착륙장치(landing gear), 꼬리날개(tail, empennage)
- 비행중 항공기에 작용하는 힘 : 양력, 항력, 추력, 중력, 관성력
- 비행중 기체 구조에 작용하는 하중 : 물체가 외부에서 힘의 작용을 받았을 때 그 힘을 외력이라 하고 재료에 가해진 외력을 하중(load)이라 한다. 인장력(tension), 압축력(compress), 전단력(shear), 굽힘력(bending), 비틀림력(torsion)

㈏ 기체 구조의 형식

(1) 담당하중 정도에 따라,
- 1차 구조(primary structure) : 항공기 구조 중 결함이 있을 경우 항공기의 구조부에 치명적인 손실을 초래하는 부분(wing, spar, rib, skin, bulkhead, longeron, frame, stringer, 조종장치, 엔진 마운트).
- 2차 구조(secondary structure) : 비교적 적은 하중을 담당하는 구조부분, 2개의 스파를 가지는 날개의 앞전 부분.

(2) 구조의 종류에 따라
  (가) 트러스 구조(truss structure)
  - 금속 튜브를 용접으로 제작, 트러스를 구성하는 모든 요소가 인장과 압축하중을 견디며 bar, beam, rod, tube, wire 등으로 구성.
  - 하중 전달 경로 : 공기력 → 외피 → 트러스 구조
  - 제작이 용이하고 비용이 적으나, 내부 공간 마련이 어려움.
  (나) 응력 외피 구조
  - 외피가 하중을 담당 하도록 만들어진 구조.
  - Monocoque Type : former, frame, bulkhead를 사용해서 동체의 모양을 만들고 기본적인 모든 응력을 skin이 담당. 수직방향 보강재와 외피로 구성되며 외피가 두껍고

작은 손상에도 파괴의 확산이 이루어지며, 무게가 무거워진다.
- Semi-Monocoque Type : 기본적인 하중은 longeron이 견디고 stringer에 의해 강도 보강. 벌크헤드, 프레임, 스트링어, 론저론은 유선형 동체 설계와 제작을 가능하게 하고, 자체의 응력 표피 제작으로 상당한 손상에 견디고, 서로 강하게 밀착되어 있음.

다 Fail Safe Structure

- 반복 하중을 받은 항공기의 주 구조부가 파괴 되더라도 남은 구조에 의해 치명적 파괴 또는 구조 변형을 방지 하도록 설계된 구조.
- 다경로 하중 구조(redundant structure) : 일부 부재가 파괴 될 경우, 그 부재가 담당하던 하중을 분담할 수 있는 다른 부재가 있어 구조 전체로서는 치명적인 결과를 가져오지 않는 구조형식.
- 이중 구조(double structure) : 큰 부재 대신 2개의 작은 부재를 결합시켜 하나의 부재와 같은 강도를 가지게 함으로써, 치명적인 파괴로부터 안전을 유지 할 수 있는 구조 형식.
- 대치 구조(back up structure) : 하나의 부재가 전체의 하중을 지탱하고 있을 경우 이 부재가 파손될 것을 대비하여 준비된 예비적인 대치 부재를 가지고 있는 구조 형식.
- 하중 경감 구조(load dropping structure) : 부재가 파손되기 시작하면 변형이 크게 일어나므로 주변의 다른 부재에 하중을 전달 시켜 원래 부재의 추가적인 파괴를 막는 구조 형식.

2 동체(Fuselage)

가 항공기 동체

- 항공기의 main structure나 body
- wing, tail wing, landing gear의 장착점
- 응력구조 전달 방법 : 트러스, 모노코크, 세미 모노코크 구조

나 세미 모노코크 구조(semi monocoque structure)

외피가 하중의 일부를 담당하여 외피와 뼈대가 같이 하중을 담당하는 구조로 현대 항공기의 동체 구조로서 가장 많이 사용한다. 정역학적으로 부정정 구조물이다.

(1) 구성
- 스트링거(stringer, 세로지) : 세로대보다 단면적이 적어 무게가 가볍고 훨씬 많은 수를 배치하며, 주로 외피의 형태에 맞추어 외피를 부착하기 위해서 사용되며, 외피의 좌굴

(buckling) 방지.
- 세로대(longeron) : 세로 방향의 주부재로 굽힘하중 담당.
- 링 (ring) : 수직 방향의 보강재로서 세로지와 합쳐 외피 보호.
- 벌크헤드(bulhkhead) : 동체의 앞뒤에 하나씩 있으며, 집중 하중을 외피(skin)에 골고루 분산하고, 동체가 비틀림에 의해 변형되는 것을 방지.
- 외피(skin) : 동체에 작용하는 전단응력을 담당하고, 때로는 스트링거와 함께 압축 및 인장 응력을 담당.

다 여압 상태의 동체구조

(1) 여압실의 구조
- 조종실, 객실, 화물실은 여압 해야 할 공간.
- 보통 사람이 무리 없이 견딜 수 있는 기압고도는 3,300m이므로, 고공비행 항공기의 객실 압력 고도를 최저 3,000m로 맞춘다.
- 여압강도는 기체의 구조 강도를 고려하며, 여압실 단면 형상을 이중 거품형으로 제작.
(2) 여압실의 기밀 : 밀폐제(sealant)를 사용하고 조종, 기관 조종 계통은 고무시일, 고무콘 등 이용.
(3) 창문 및 출입문
- 윈드실드 패널(windshield panel): 내측판 – 비닐층 – 금속산화 피막 – 외측판으로 구성.
- 윈드실드 강도 기준
  - 외측판 : 최대 여압실 압력의 7~10배.
  - 내측판 : 최대 여압실 압력의 3~4배.
  - 충격강도 : 무게 1.8kg의 새가 설계 순항 속도로 비행하고 있는 비행기의 윈드실드에 충돌해도 파괴되지 않아야 한다.
- 객실 창문은 응력집중 방지를 위해 원형유지.
- 출입문은 플러그형으로, 동체 안으로 여는 문(기밀이 용이함).
(4) 비상탈출구(emergency exit) : T류 항공기 경우, 승객 정원이 44명 이상의 항공기는 승무원을 포함해서 최대 정원이 90초 이내에 탈출할 수 있어야 함.

3 날개(Wing)

가 날개 형상의 종류

(1) 사각형, 타원형, 테이퍼형, 삼각형, 후퇴익, 전진익, 오지형, 이중 삼각형 등.
(2) 부착위치에 따라 고익, 중익, 저익, 겹날개 구조형식에 따라 트러스형, 세미모노코크형으

로 구분.
(3) 날개의 주요 구조 부재
- 날개보(spar) : 날개에 작용하는 대부분의 하중을 담당하며 굽힘 하중과 비틀림 하중을 주로 담당하는 날개의 주 구조 부재. 전단력과 휨 모멘트를 담당.
- 리브(rib) : 공기 역학적인 날개골을 유지하도록 날개의 모양을 만들어 주며, 날개 외피에 작용하는 하중을 날개보에 전달.
- 스트링거(stringer) : 날개의 굽힘 강도를 크게 하기 위하여 날개의 길이 방향으로 리브 주위에 배치하며, 좌굴을 방지하며, 외피를 금속으로 부착하기 좋게 하여 강도를 증가.
- 외피(skin) : 전방 날개보, 후방 날개보 사이의 외피는 날개 구조상 큰 응력을 받기 때문에 응력외피라 하며, 높은 강도가 요구되나, 날개 앞전과 뒷전 부분의 외피는 응력을 별로 받지 않으며 공기역학적인 형태를 유지. 비틀림 모멘트를 담당.

[나] 날개의 장착과 내부 공간 이용

(1) 날개의 장착
- 지주식 날개(braced type wing) : 날개의 중간 부재와 동체를 지주로 연결한 것. 구조가 가벼운 장점은 있으나, 항력이 증가하는 단점이 있음(주로 저속 항공기용). 날개와 동체 연결 스트러트는 비행 중 인장하중 사용.
- 외팔보식 날개(cantilever wing) : 항력이 적어 고속기에 적합. 다소 중량적임.

(2) 날개의 내부 공간
- 인티그럴 탱크(integral tank) : 전후방 날개보 사이의 공간을 그대로 연료탱크로 사용.
- cell type : 금속 제품 연료탱크(군용기용).
- bladder type : 합성고무로 연료탱크를 따로 만들어 장착.

[다] 날개의 부착 장치와 조종면

(1) 앞전 고양력 장치 : 고정, 가변식 slot, drop nose, handley page slot, kruger flap, local camber
(2) 뒷전 고양력 장치 : 캠버의 증가, 양력 추가 발생(plane flap, split flap, fowler flap, slotted flap, blow flap, blow jet)
(3) 도움날개(aileron) : 세로축에 대한 옆놀이 운동(rolling) 발생. 차동 보조익 운동(역요잉 방지 및 조종력 경감).
(4) Spoiler : ground spoiler(speed brake 역할), flight spoiler(aileron의 보조 역할)
(5) 날개의 방빙 및 제빙장치
- 방빙장치(anti-icing system) : 전열식, 가열 공기식
- 제빙장치(deicing system) : 알콜 분출식, 제빙 부츠식

4 꼬리날개(Empennage)

- 형태 : 일반형, T형, ruddervator
- 수평꼬리 날개 : horizantal stabilizer와 elevator로 구성, 가로축에 세로 안정과 pitching 운동.
- 수직꼬리 날개 : vertical stabilizer와 rudder, 방향 안정과 yawing 운동.

5 조종 계통(Flight System)

㉮ 주조종면(1차 조종면)과 항공기 운동

- aileron : 세로축(X)에 대한 rolling moment
- elevator : 가로축(Y)에 대한 pitching moment
- rudder : 수직축(Z)에 대한 yawing moment

㉯ 부조종면(2차 조종면) : tab, flap, spoiler 등

- tab : 조종면의 trailing edge에 설치, 조종면의 균형과 움직임을 도와줌. trim tab(항공기의 정적 균형을 얻기 위함, 조작은 조종면과 반대로 작용), balance tab(조종력 경감)
- stabilator : 전 가동식 수평꼬리 날개(승강키+수평 안정판)
- 조작 방식 : 수동 조종장치(manual flight control system), 동력 조종장치(powered flight control system), fly-by-wire control system
- 조종운동 : 옆놀이 조종(rolling), 키놀이 조종(pitching), 빗놀이 조종(yawing)

㉰ 운동 전달 방식

(1) 수동 조종장치(manual control system)

　(가) 케이블 조종계통(cable control system)

- cable assembly : 조종 케이블과 부품을 접합시키는 터미널 연결부와 케이블 장력을 조절하기 위한 턴버클로 구성.
- 케이블 장력 조절기(cable tension regulator)
- pulley : cable 방향전환.
- fairlead : cable의 처짐과 진동방지 및 3°이내 방향 수정.
- adjustable stops : 조종면 운동제한.
- 조종 로크(control lock) : 조종면 고정(악 기류시, 지상).

- 경량, 느슨함이 없음, 방향 전환이 자유로움, 저단가
- 마찰이 크다, 마모가 많다, space가 필요(케이블 간격은 7.5cm이상 유지), 신장(늘어남)이 크다(강성이 낮다).

(나) Push pull rod Control System
- Push pull rod Assembly : tube, rod end, check nut 등.
- Bell Crank : 회전 운동을 직선 운동으로 전환(방향 전환).
- 마찰이 적고, 늘어나지 않음(강성이 높다). 무겁고, 관성력이 크다. 느슨함이 있다. 가격이 비싸다.
- Torsion tube Control System : 조종 계통의 힘의 전달이 튜브에 회전을 줌.
- 레버 형식 : 플랩 계통에 사용.
- 기어 형식 : 방향 전환이 큰 장소(마찰력이 작음).

(2) 동력 조종장치(Power Control System)
- 조종간이나 방향타 페달의 움직임을 유압 서보 엑츄에이터(hydraulic servo actuat-or) 등을 매개로 조종면에 전달.
- 유압 부스터(hydraulic booster) → 가역식 조종 방식(초음속 항공기용으로 부적합)
- 비 가역식 조종방식 : 조종간이나 조종면에 힘 전달 가능. 역방향 힘전달은 불가(대형기, 고속기용).
- 인공 감각 장치

(3) 자동 조종장치(Automatic Pilot System)
- 장거리 비행시 조종사가 이 장치를 사용하여 설정한 비행 상태를 지정해 놓으면 그대로 비행하기 때문에 매우 편리.
- 미리 설정된 방향과 자세로부터 변위를 검출하는 계통.
- 그 변위를 수정하기 위해 조종량을 산출하는 서어보 엠프(계산기).
- 조종 신호에 따라 작동하는 서보 모터.
- 변위를 검출하는 데는 gyroscope를 사용.
- directional gyro(방향 탐지), vertical gyro(항공기 자세)를 감지.

(4) Fly-By-Wire Control System : 조종간이나 방향키 페달의 움직임을 전기적인 신호로 변환하고 컴퓨터에 입력 후 전기, 유압식 작동기(servo motor)를 통해 조종계통을 작동.

라 조종면의 평형
- 평형의 원리 : M=L×W, 즉 양끝의 M이 0 상태.

- 정적 평형 : 어떤 물체가 자체의 무게 중심으로 지지되는 경우, 정지된 상태를 그대로 유지하려는 경향.
- 과소 평형(under balance) : 조종면을 평형대에 장착했을 때, 수평 위치에서 조종면의 뒷전이 내려가는 경우로 플러터의 원인이 됨(+상태).
- 과대 평형(over balance) : 조종면의 뒷전이 올라가는 경우로 효율적인 비행을 하려면 조종면의 앞전이 무거운 과대 평형을 유지. 대부분 항공기 조종면은 이와 같음(-상태).
- 동적 평형(dynamic balance) : 운동 중에 진동이 생기지 않고 모든 회전력이 각각의 계통 내부에서 균형을 이루고 있는 회전체의 상태, 즉 조종면이 비행중인 항공기의 운동에 따라 움직일 때 균형을 유지하려고 하는 효과. 날개 폭 방향의 중량 분포도 관련.

마 작동 점검 및 조절

(1) 조종 기구의 조절(rigging)
- 조종면의 정확한 작동 조절
- 조종면의 작동 범위 및 평형상태 조절
- 조종 케이블의 장력 조절

(2) 확인 방법
- 조종 로드의 검사 구멍에 핀이 들어가지 않도록 장착.
- 턴 버클 배럴 밖으로 나사산이 3개 이상 나오지 않게 장착.
- 케이블 안내기구 반경 2inch 범위 이내에 케이블 연결기구가 위치해서는 안 됨.
- 케이블 장력측정기(cable tension meter)
- 케이블 장력 조절기(cable tension regulator)
- 조종면 각도 측정(각도기)
- 프로펠러 깃 각도 측정 코너 수준기(coner spirit level)

(3) rigging 시, 기본 절차
- 조종실의 조종장치, 벨 크랭크 및 조종면 중립위치 고정.
- 방향타, 승강타, 보조날개는 중립 위치에서 케이블 장력측정.
- 비행기 조립시 주어진 작동범위(travel) 내에 조종면을 제한하기 위해 조종장치의 stopper를 조절.

6 착륙 장치(Landing Gear System)

㉮ 기능 : take off, landing, taxing, 지상정지, 방향전환(steering), 제동기능(brake)

㉯ 착륙장치의 종류

- 사용목적 : 육상용(타이어 바퀴형,스키형), 수상용(플로우트형, 비행정형)
- 장착방법 : 고정형, 접개들이형(retractable type)
- 장착위치 : 앞바퀴형(nose gear type), 뒷바퀴형(tail gear type)
- 앞 바퀴형 장점
  ① 이·착륙 저항이 적고 착륙성능 양호.
  ② 승객에 안락감, 조종사 시야 양호.
  ③ 급브레이크 시, 전복의 위험이 적다.
  ④ 가스터빈 엔진 배기가스 분출이 용이.
  ⑤ 중심이 주바퀴 앞에 있어 지상전복(ground loop) 위험이 적다.

㉰ 완충장치(Shock Absorber)

- 역할 : 항공기 착륙시 충격흡수, 안전 착륙 확보
- 고무 완충장치 : 고무의 탄성 이용, 완충효율 50%
- 평판 스프링식 완충장치 : 스프링의 탄성 이용, 완충효율 50%
- 공기 압축식 완충장치 : 공기의 압축성 이용, 완충효율 47%
- 올레오(oleo)식 완충장치(공기유압식) : 공기의 압축성과 작동유의 비압축성이 오리피스를 통하여 이동함으로써 충격을 흡수. 완충효율 80%
- 올레오 완충장치는 구조상 바퀴(wheel)가 회전하므로 이를 막기 위해 torque link 장착.
- metering pin : 하부 챔버에서 상부 챔버로의 작동유 흐름 비율을 조절.

㉱ 주 착륙장치(Main Landing Gear)

(1) 구조
- 완충 스트럿 어셈블리(shock absorber strut assembly)
- 접개들이 기구 어셈블리(retracting mechanism assembly)
- 작동 실린더(actuating cylinder)
- wheel-tire 등

(2) 구성
- 트러니언(trunnion) : 착륙장치를 동체 구조재에 연결시키는 부분.
- 토션 링크(torsion link, scissor link) : 2개의 A자 모양으로 윗 부분은 완충 버팀대에 아래 부분은 오레오 피스톤과 축으로 연결되어 피스톤이 과도하게 빠지지 못하게 하고, 스트러트의 축을 중심으로 안쪽 실린더가 회전하지 못함.
- 트럭(truck) : 이착륙할 때 항공기의 자세에 따라 힌지를 중심으로 앞과 뒤로 요동.
- 센터링 실린더(centering cylinder) : 완충 스트러트가 항상 트럭에 대하여 수직이 되도록 하는 장치.
- 스너버(snubber) : 센터링 실린더가 급격하게 작동되는 것을 방지하고, 지상 활주시 진동을 감쇄시키기 위한 장치.
- 이퀄라이저 로드(제동 평형 로드, equalizer rod) : 2개 또는 4개로 구성되며 바퀴가 전진함에 따라 항공기의 무게가 앞바퀴에 많이 걸리는 것을 뒷바퀴로 옮겨, 앞뒤 바퀴가 같은 무게를 받도록 한다.
- 항력 스트러트(drag strut, 항력 버팀대) : 착륙 장치의 앞뒤 방향의 힘을 지탱.
- 옆 버팀대(side strut) : 착륙장치의 측면 방향의 힘을 지탱한다.
- 로크 기구 : 다운 로크(down lock)와 업 로크(up lock) 기구는 착륙장치를 내렸거나 올렸을 때, 그 상태를 유지하도록 고정시키는 기구.
- 바퀴 : 휠(wheel)과 타이어로 구성되며 휠은 바퀴축에 장착되는 부분이고, 타이어는 튜브리스 타이어가 많이 사용.

(3) 착륙장치의 접어들임과 내림(L/G Control System)
- L/G cont' lever UP, DOWN → gear slector v/v 유로선택 → gear actuator → gear 작동(up, down)
- nose gear는 전방으로, main gear는 안쪽으로 retract.
- gear down lock(green light on), gear 작동중(red light on), gear up lock(light off)
- Alternate Extension(Emergency Extension) : 유압계통의 고장시 L/G를 기계적 또는 전기적으로 gear의 up lock를 풀어서 자중으로 gear down lock 시켜줌, gear cont' lever DW에 놓고 EXTEND 시에만 작동.

마 앞 착륙장치(Nose L/G)

(1) 시미댐퍼(shimmy damper)
- 시미현상 : 앞 착륙장치 및 뒷 착륙 장치에서 지상 활주 중, 지면과 타이어의 마찰에 의해 타이어 밑면의 가로축 방향의 변형과 바퀴의 선회축 둘레의 진동과의 합성된 진동이 좌우로 발생하는데 이러한 진동.

- piston type, vane type
- shimmy damper : steering 작동과 shimmying 방지 역할.

(2) 조향장치(steering system)
- ground 와 taxing 중, 항공기 방향조절.
- 기계식 : 방향키 페달과 연동으로 작동.
- 유압식 : 방향 제어 핸들과 방향제어 v/v를 작동시켜 동작.

(바) 뒤 착륙장치
- 대형기 : 올레오 완충장치
- 소형기 : 평판 스프링식
- 테일 스키드 : 기체의 손상 방지용

(사) 브레이크 장치(Brake System) : 감속, 정지, 대기(holding), 방향전환 등

(1) 기능에 따른 분류
- 정상 브레이크(페달식), 파킹 브레이크(핸드 브레이크), 비상 브레이크, 보조 브레이크

(2) 3가지 기본 형식
- 독립적인 계통(소형기), 파워 조종계통(대형기), 파워 부스트 계통(소형기 중 독립적인 계통을 사용할 수 없는 경우)

(3) 작동과 구조 형식의 분류
- 팽창 튜브 브레이크 : 소형 항공기용
- 싱글 디스크 브레이크 : 회전 디스크(rotation disk)의 양쪽에 마찰을 가해서 브레이크를 잡고, 이 디스크는 L/G 휠에 key로 연결.
- 멀티 디스크 브레이크(multiple disk brake) : (대형 항공기용) 몇 개의 회전 디스크와 고정 디스크, actuating cylinder, 자동 조절기 등으로 구성(air bleeding, 디스크 마모 점검, 디스크 교환, 작동검사 등).
- 세그먼트 로터 브레이크(segment rotor brake) : 고압력 유압계통에 사용, 제동은 브레이크 라이닝과 회전 세그먼트의 세트 등으로 구성.
- brake de-booster cylinder : 브레이크 압력을 감소시키고, 작동유의 흐름량 증가. 즉, 브레이크를 빨리 풀게 함.
- 안티 스키드 장치(antiskid system) : 휠과 안티스키드 감지 장치의 속도차를 감지, 브레이크의 유압을 조절함으로써 브레이크 작동을 효율적으로 사용.

(4) Skid Control System의 기능
- Normal Skid Control : 휠 회전이 줄어들 때 사용.
- Locked Wheel Skid Control : 휠이 락크 될 시, 브레이크를 완전히 릴리스 시킴.
- Touch Down Protection : 착륙 접근시 브레이크 작동 방지.
- Fail-Safe Protection : skid cont' sys' 고장시 자동적으로 브레이크 계통을 완전 수동으로 전환. 경고등 ON.

아 바퀴(wheel) 및 타이어

(1) Wheel
- 종류 : split wheel, removable flange wheel, fixed flange drop center wheel
- 재질 : AL합금
- 2개의 roller bearing에 의해 축에 지지. inner bearing과 outer bearing의 외경은 차이가 있음. 장착시 주의 요함.
- fuse plug (3~4개) 일명, thermal fuse

(2) Tire
- tread : 내구성과 강인성을 갖도록 합성 고무성분, 마멸 담당.
- side wall : 활주로 상의 물을 측면으로 분산되게 설계.
- core body : 여러 개의 ply를 서로 직각으로 겹친 부분.
- breaker : 직선 트레드 부분 보호.
- chafer : 제동열 차단.
- wire bead : 타이어 골격, 강도 유지.
- tire 강도지수는 ply로 구분. 보통 10ply.

자 계통의 점검 및 조절
- 완충 스트럿의 팽창길이 : 통상 torque link의 상하 피벗점들 사이.
- 브레이크 마멸 지시핀 : 브레이크 디스크 마멸 상태 확인.
- wheel의 균열은 허용불가.
- brake air bleeding(중력방식, 압력방식)
- brake 비정상 작동 : dragging, grabbing, fading
- 타이어 팽창 : 비행 후, 최소 2시간 이후에 압력점검(더운 날씨 3시간), 정상팽창(균등한 마모), 과대팽창(중앙선 부분 마모), 과소팽창(양 사이드 부분 마모)
- 타이어 보관 : 어둡고, 직사광선을 피함, 낮은 온도.
- 3일 이상 비행하지 않고, 파킹된 항공기는 48시간 마다 이동(타이어 보호).

7 기관 마운트 및 나셀(Eng' Mount, Nacelle)

㈎ 기관 마운트 : 기관을 기체에 장착하는 지지부, 기관의 추력을 기체에 전달하는 역할.

- 종류 : 용접 강관 엔진마운트, 세미모노코크 엔진 마운트, 베드형 엔진 마운트
- 제트 기관을 날개에 장착하는 경우, pylon에 장착하는 경우 구조물이 부수적으로 필요하지 않아 항공기 무게 감소하고, 날개의 공기 역학적 성능저하. 착륙 장치가 길어야 함.
- 동체에 장착방식 : 공기 역학적 성능양호. 착륙 장치를 짧게 할 수 있음.
- 방화벽(fire wall) : 기관의 열이나 화염이 기체로 전달되는 것을 차단. (스테인레스강)
- QEC(Quick Engine Change) : eng' 장탈시 부수되는 계통, 즉 연료, 유압, 전기계통, control linkage 및 eng' mount 등을 쉽게 장탈 가능한 엔진.

㈏ 카울링 및 나셀

- cowling : 나셀의 앞부분에 위치. 정비시 쉽게 장탈 가능. (카울 플랩 → 기관냉각)
- nacelle : 외피, 카울링, 구조부재, 방화벽, 기관 마운트로 구성.
- air scoop : 기화기에 흡입되는 공기 통로.
- 역추진 장치(thrust reverser) : 착륙거리 단축.

8 기체의 정비 및 수리

㈎ 항공기 기계요소(Hardware)

① 규격(specification)
② class 1(loose fit), class 2(free fit), class 3(medium fit), class 4(close fit)
③ 나사의 표시법

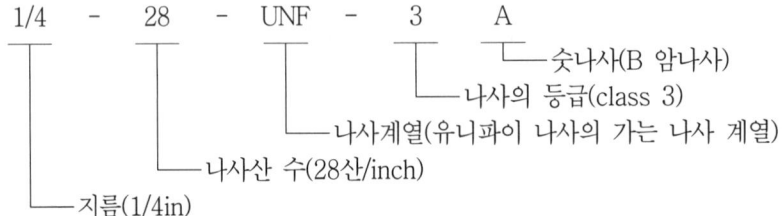

④ 나사의 등급 : 항공기용 나사는 숫자가 높을수록 정밀도가 높다.
- 1등급(CLASS 1) : LOOSE FIT로 강도를 필요로 하지 않는 곳에 사용.

- 2등급(CLASS 2) : FREE FIT로 강도를 필요로 하지 않는 곳에 사용.
- 3등급(CLASS 3) : MEDIUM FIT로 강도를 필요로 하는 곳에 사용하며, 항공기용 볼트는 거의 3등급으로 제작.
- 4등급(CLASS 4) : CLOSE FIT로 너트를 볼트를 끼우기 위해서는 렌치(wrench)를 사용해야 한다.

(1) BOLT : 항공기용 볼트는 주로 인장과 전단력을 받는 결합부분에 사용.
- AN 볼트의 식별 : 볼트의 재질, 용도 등을 식별할 수 있도록 볼트 머리에 표시를 하고 있다.
- 볼트의 지름 표시법의 단위 : NO. 10에서 5/8in까지는 1/16in 단위, 3/4in에서 1 1/2in까지는 1/8in의 단위로 나누어져 있다.
- 볼트의 길이의 단위 : 볼트의 길이는 1/16in의 배수가 되어 있으나, AN blt 1/8in의 배수가 되어 있는 것도 있다.
- thread의 종류와 구분 : long thread(tension과 전단력이 작용하는 곳), short thread(전단력이 작용하는 곳), full thread(tension이 작용하는 곳)
- 볼트의 취급 : 그립의 길이는 부재의 두께와 같거나 약간 길어야 하고, 와셔의 삽입은 한쪽 2장, 양쪽 3장까지가 최대.

(2) NUT
  (가) 일반 너트(비 자동고정 너트) : 평너트, 캐슬너트, 체크너트 등
  (나) 고정너트 : 전 금속형, 홈이 있는 형, 변형 셀프 락크형, 분할 나사산형
    ① 파이버 고정형(인서트 비금속재) : 너트 윗부분에 나일론 또는 fiber를 삽입하여 숫나사 등이 끼워졌을 때, 나일론 등의 탄성 변형에 의해 락크.
    ② self locking nut를 사용해서는 안 되는 장소
- self locking nut의 느슨함으로 인한 볼트의 결손이 비행기 안전성에 영향을 주는 장소.
- 회전력을 받는 곳(pulley, bell crank, lever, linkage).
- 너트, 볼트, 스크류가 느슨해져 엔진 흡입구내에 떨어질 우려가 있는 장소.
- 비행전, 비행후 정례적으로 정비를 위해 수시로 열고 닫는 점검창, door.

    ③ self locking nut를 볼트에 장착시 볼트나사 끝부분은 너트면 보다 2산에 상당하는 길이 이상 나와야 한다.
  (다) 특수너트(플레이트 너트) : anchor nut라 불리며, 얇은 패널에 너트를 부착하여 사용, 점검창 등을 낼 때 사용.

(3) SCREW
  (가) 스크류와 볼트의 차이점 : 머리에 드라이버를 사용할 수 있는 홈, 스크류 나사 등급

은 class 2. 강도가 낮다. 볼트에 비해 긴 나사부. grip도 확실히 정해져 있지 않음.
(나) 용도에 의한 분류
- 구조용 스크류(structural screw) : 항공기의 주요 구조부에 사용. 볼트와 같은 재질. 정해진 그립. 같은 치수의 볼트와 같은 강도.
- 기계용 스크류(machine screw) : 항공기 여러 곳에 가장 많이 사용.
- self tapping screw : 자체의 외경보다 약간 작게 펀치한 구멍. 나사를 끼우지 않은 드릴구멍 등에 스크류를 끼워 사용.

(4) 와셔(washer)
(가) 형상 및 사용목적
- 일반 와셔(평와셔) : 힘을 분산. 볼트, 너트의 코터핀 구멍위치 등의 조절. 장착부품 보호, 구조물. 장착 부품의 조임면의 부식방지.
- lock washer : 셀프락크 너트, 코터핀, 안전 지선을 사용할 수 없는 곳에 볼트, 너트, 스크류의 느슨함 방지용.
- 특수와셔 : 고강도 카운터 싱크 및 고강도 평와셔, taper pin washer

(나) 와셔의 취급
- 와셔의 사용 개수는 최대 3개까지 허용. 락크와셔 및 특수와셔는 사용 개수에 포함되지 않음.
- 와셔는 볼트와 같은 재질 사용.
- 락크와셔는 1, 2차 구조부, 장탈착, 부식되기 쉬운 곳에 사용금지.
- 기밀을 요하는 부분에는 락크와셔 사용 금지.

(5) 리벳(rivet)
(가) 고형 리벳(solid shank rivet)
- 머리 형태에 의한 분류
  ① 둥근 머리 리벳(ROUND HEAD RIVET, AN 430, AN 435, MS 20435) : 두꺼운 판재나 강도를 필요로 하는 내부 구조물을 연결에 사용.
  ② 납작 머리 리벳(FLAT HEAD RIVET, AN 441, AN 442) : 내부 구조 결합에 사용.
  ③ 접시 머리 리벳(COUNTER SUNK HEAD RIVET, AN 420, AN 425, MS 20426) : 고속기 외피로 사용.
  ④ 브래지어 머리(납작 둥근 머리) 리벳(BRAZIER HEAD RIVET, AN 455, AN 456) : 흐름에 노출되는 얇은 판재를 연결하는데 널리 사용.
  ⑤ 유니버설 리벳(UNIVERSAL RIVET, AN 470, MS 20470) : 기체의 내·외부의 구조에 사용.

- 재질에 의한 분류 :
  ① 1100 (2S), A : 순수 알루미늄 리벳으로 비구조용 사용.
  ② 2117 T(AD), A17ST : 항공기에 가장 많이 사용되며, 열처리를 하지 않고 상온에서 작업.
  ③ 2017 T(D), 17ST : ICE BOX RIVET으로 2117 T 리벳 보다 강도가 요구되는 곳에 사용되며, 상온에서 너무 강해 풀림처리 후 사용. 상온 노출 후 1시간 후에 50%정도 경화되며, 4일쯤 지나면 100% 경화. 냉장고에서 보관하고 냉장고에서 꺼낸 후 1시간 이내 사용해야 함.
  ④ 2024 T(DD), 24ST : ICE BOX RIVET으로 2017 T 보다 강한 강도가 요구되는 곳에 사용하며, 열처리 후 냉장 보관하고 상온 노출 후 10~20분 이내에 작업.
  ⑤ 5056(B) : 마그네슘(Mg)과 접촉할 때 내식성이 있는 리벳이며, 마그네슘 합금접합용으로 사용되며, 머리에 +표로 표시.
  ⑥ 모넬 리벳(M) : 니켈 합금강이나 니켈강 구조에 사용되며, 내식강 리벳과 호환하여 사용할 수 있는 리벳.
  ⑦ 구리(C) : 동합금, 가죽 및 비금속 재료에 사용.
  ⑧ 스테인레스강(F, CR STEEL) : 내식강 리벳으로 방화벽, 배기관 브라켓 등에 사용.

(나) Blind rivet
- 체리 리벳(cherry rivet) : 버킹바(bucking bar)를 댈 수 없는 곳에 쓰이며, 돌출 부위를 가지고 있는 스템(stem)과 속이 비어있는 리벳 생크 및 머리로 구성.
- 리브 너트(RIVNUT) : 항공기의 날개나 테일 표면에 고무재 제빙부츠를 장착하는데 사용.
- 폭발 리벳(EXPLOSIVE RIVET) : 생크 끝 속에 화약을 넣어 리벳 머리에 가열된 인두로 폭발시켜 리벳작업. 연료탱크나 화재 위험 있는 곳에서는 사용 금지.

(6) 특수 고정부품
- 턴 락크 패스너(turn lock fastener) : 주스 패스너(dzus fastener), 캠로크 패스너(cam lock fastener), 에어로크 패스너(air lock fastener)
- 고전단 리벳(hi-shear rivet), 고정 볼트(lock bolt), 고강도 고정 볼트(hi-strength lock bolt), 조볼트(jaw bolt), 테이퍼 로크(taper lock)

(7) 케이블과 턴버클
- 케이블에 의해 조작되는 항공기 시스템 : flight control, engine control, landing gear, nose steering control
- flexible cable : 일명 control cable, 항공기 조종계통에 쓰임. 유연성이 높고 굽힘 피로에

잘 견딤(7×7 cable, 7×19 cable).
- non-flexible cable : flexible cable에 비해 인장 응력이 작음(1×7cable, 1×19cable).
- 케이블의 검사 기준 : 풀리나 드럼 등에 접촉하고 작동시, 케이블에 반복하여 구부림 응력이 가해지는 부분에 와이어가 1개라도 단선이 있을 때 점검카드 발행 후 경과 관찰(7×19 cable은 단선수 6개에 이르기 전에 교환, 7×7cable은 단선수 3개에 이르기 전에 교환).

(8) 항공기용 튜브와 호스 및 접합기구
   (가) 튜브(tube) : 상대 운동을 하지 않은 두 지점 사이의 배관에 사용.
- 호칭치수 : 외경(분수)×두께(소수)
- 이중 플레어방식 : 직경 3/8in 이하 Al 튜브에 적용.
- 표준 플레어 각도 : 37°

   (나) 호스 : 상대운동을 하는 두 지점 사이의 배관에 사용(내경(분수)×두께(소수)).
   (다) 배관 작업
- 튜브 절단 : 튜브 중심선에 대해 직각.
- 굽힘 작업 : 지정된 최소굽힘 반지름 이하로 하지 말 것.
- 굽힘 부분의 직경이 원래 직경의 75% 이하가 되면 사용 불가.
- 호스 연결시 전체길이의 5~8% 더 긴 호스를 선택.
- 호스 보관 : 어둡고 서늘하고 건조한 곳에 보관, 4년까지 보관 가능.

나 기본작업

(1) 체결작업 : 항공기의 부품을 조립하거나, 다른 부품에 장착하기 위해 체결용 부품을 이용하여 결합하는 작업.
- 일반적인 볼트의 체결방법 : 앞에서 뒤로, 위에서 아래로, 회전 부품은 머리가 회전방향, 안에서 바깥쪽으로.
- 볼트의 그립 길이 : 부재의 두께와 동일. 약간 긴 것(와셔를 이용하여 길이 조절).
- 자동 고정너트 사용횟수 : 화이버 고정형 자동고정너트(약 15회), 나일론 계통 자동 고정너트(약 200회).
- 최소 분리 회전력(minimum breakaway torque) : 너트를 볼트에 완전히 끼웠을 때, 일체의 축방향 하중이 전혀 없는 상태에서 너트를 회전 시키는데 소요되는 최소 회전력.
- torque wrench : 체결 작업시 체결 부품의 정확한 torque값 확인(beam type torque wrench, dial type torque wrench, limit type torque wrench).
- torque 값 : 볼트, 너트의 조임 토큐는 정비 매뉴얼에 지정되어 있는 경우, 그 토큐를 최우선 적용(너트 쪽에 거는 것이 일반적이나 볼트 쪽에 거는 경우 샹크와 조임부의 마찰을 고려하여 너트 토크값 보다 1.2배 정도 더 크게 적용).

(2) 안전 고정작업
- 복선식 안전결선(safety wire) : 고정작업 부품이 4~6in(10.2~15.2cm)의 넓은 간격시 연속 고정부품은 3개로 제한하며, 비교적 좁은 간격시 24in(61cm)길이 안전 결선으로 함께 고정시킬 수 있는 범위까지 고정.
- 단선식 안전결선(safety wire) : 3개 이상의 체결부품이 기하학적으로 밀착되어 복선식 작업이 곤란시, 전기계통 부품이나 비상장치 등 단선식이 적합시 수행하며, 결선시 24in 길이 안전 결선으로 고정할 수 있는 부품의 숫자로 제한.
- 코터핀(cotter pin) 장착
  ① prefered method(우선법) : 볼트의 상단으로 구부리는 방법.
  ② alternate method(차선법) : 너트 둘레로 감아 구부리는 방법.
  ③ 단선식 결선법(single wrap method) : 케이블 직경이 1/8 in 이하에 사용, 턴버클 엔드에 5~6회(최소 4회) 감아 마무리.
  ④ 복선식 결선법(double wrap method) : 케이블 직경이 1/8 in 이상인 경우 사용.
  ⑤ 배럴의 검사 구멍에 핀을 꽂아보아 핀이 들어가지 않으면 양호.
  ⑥ 턴버클 엔드의 나사산이 배럴 밖으로 3개 이상 나오지 않도록 함.

(3) 구조 부재의 수리작업(structure repair)
  (가) 구조수리의 기본 원칙 : 강도 유지, 본래의 윤곽 유지, 중량의 최소 유지, 부식에 대한 보호.
  (나) 성형법(molding method)
    1) 판금 설계
      - 최소굽힘 반지름(최소 굴곡반경)
        ① 판재를 최소 예각으로 굽힐 때 내접원의 반지름.
        ② 풀림 처리한 판재는 그 두께와 같은 정도의 굽힘 반지름.
        ③ 보통 최소굽힘 반지름 : 두께의 3배 정도 (R=3T)
      - 굽힘 여유, 굴곡 허용량(BA : Bend Allowance) : 평판을 구부려서 부품을 만들 때에 완전히 직각으로 구부릴 수 없으므로 굽히는데 소요되는 여유 길이.
        $$BA = \frac{\theta}{360} 2\pi (R + \frac{1}{2}T)$$
      - 세트백(set back) : 굴곡된 판 바깥면의 연장선의 교차점과 굽힘 접선과의 거리.
        $$SB = k(R+T) = \tan\frac{\theta}{2}(R+T), \quad ※ 90°일 때 k=1$$
    2) 판재의 절단 및 굽힘가공
      - 블랭킹(blanking) : 펀치와 다이를 프레스에 설치하여 판금 재료로부터 소정의 모양을 떠내는 것.

- 펀칭(punching) : 필요한 구멍을 뚫는 것.
- 트리밍(trimming) : 가공된 제품의 불필요한 부분을 떼어내는 것.
- 세이빙(shaving): 끝 다듬질하는 것.
- 굽힘가공(접기가공, folding) : 얇은 판을 굽히는 작업.
- 수축가공(shrinking) : 한쪽 길이를 압축시켜 짧게 함으로서 재료를 굽힘.
- 신장가공(stretching) : 재료의 한쪽을 늘려서 길게 함으로서 재료를 굽힘.
- 크림핑 가공(crimping) : 길이를 짧게 하기 위해 판재를 주름잡는 가공.
- 범핑가공(bumping) : 가운데가 움푹 들어간 구형면을 가공하는 작업.
- 플랜징(flanging) : 원통의 가장자리를 늘려서 단을 짓는 가공.
- 시임작업(seaming) : 판재를 서로 구부려 끼운 후 압착시켜 결합시키는 작업.
  ※ 스프링 백(spring back) : 재료가 변형 후 탄성에 의해 본래의 형태로 되돌아가려는 성질.
  ※ 릴리프 홀(relief hole) : 2개 이상의 굴곡이 교차하는 장소는 안쪽 접선의 교점에 응력이 집중하여 교점에 균열이 일어나는 것을 방지(응력제거 구멍).
- 크리닝 아웃(cleaning out) : trimming, cutting, filing 등 손상 부분을 완전히 제거(원형, 라운딩 사각형).
- 크린 업(clean up) : 모서리의 찌꺼기, 날카로운 면 등이 판의 가장자리에 없도록 하는 것.
- 스톱 홀(stop hole) : 균열(crack) 등이 일어난 경우, 균열의 끝 부분에 뚫는 구멍 (직경 1/8 in or 3/32 in).
- smooth out : scratch, nick 등 sheet에 있는 작은 흠 제거.

(다) 리벳 작업
- 리벳의 직경 : D=3T
- 리벳의 길이 : 돌출길이(1.5D), 벅테일 높이(0.5D), 벅테일 지름(1.5D)
- 리벳의 피치 : 같은 열에 이웃하는 리벳 중심 간의 거리(6~8D, 최소 3D).
- 열간 간격(횡단피치) : 열과 열 사이의 거리(4.5~6D, 최소2.5D).
- 연거리(끝거리) : 판재의 모서리와 최 외곽열의 중심까지의 거리(2~4D).
  (접시머리 리벳 최소 연거리 : 2.5D)
- 리벳과 리벳 구멍의 알맞은 간격은 0.002~0.004in
- 드릴작업 : 경질재료, 얇은 판의 드릴 각도(118° 저속 고압).
            연질재료, 두꺼운 판의 드릴 각도(90° 고속 저압).
- cleco : 판을 겹쳐놓고 구멍을 뚫는 경우 판이 어긋나지 않도록 클레코를 사용하여 고정.
- dimpling : 얇은 판 때문에 카운터 싱킹 한계(0.04in 이하)를 넘을 때 적용 (countersink).

(4) 비파괴 검사(Non-Destructive Inspection)
   (가) 육안검사 : 눈으로 직접 혹은 확대경을 이용하고, 경우에 따라 강한 빛을 사용하여 결함을 검사(보통 균열, 부식, 긁힘, 찍힘, 마모, 붕괴 등).
   (나) 특수 기계를 이용한 검사 : 자기검사, 형광침투검사, 착색침투검사, 초음파 검사 등.
   (다) 치수 측정검사 : 마이크로 메터, 게이지 등의 측정 공구로 행하는 검사.
   (라) 검사의 특징
     • 자기 검사(magnaflux inspection) : 자화가 되는 재료를 대상.
     • 형광침투 검사(fluorescent penetrant inspection) : 알루미늄 합금, 마그네슘 합금, 구리 등 비자성체 부품 가능.
     • 착색침투 검사(dye penetrant) : 금속 비금속 사용 가능.
     • X-ray inspection : 일반적인 결함 발견에 많이 사용. 전문성 필요. 사소한 결함까지 발견 가능. 판독시 많은 시간이 필요. 특정 부분 검사.
     • 와전류 검사(eddy-current inspection) : 금속의 내면 검사에 효과적. 고주파 전자기파를 금속부에 쬐어 금속 내부에 발생하는 와전류를 보고 판독. 재료가 불균일할 경우 계기가 규정치 이상을 지시. magna test 이용.
     • 초음파 검사(ultrasonic inspection) : oscilloscope를 통해 아주 작은 결함까지 발견 가능하며 초음파를 물체표면에 보내주면 결함부에서 반사하는 반향파를 측정하여 결함의 깊이, 위치, 크기를 판독.
     • 각 부분의 검사방법
     ① 날개장착 표피 : 와전류 검사
     ② 날개의 스파 : 시각 검사 및 와전류 검사
     ③ 날개의 장착 볼트 : 자기검사
     ④ 수평 안정판 : 방사선 검사
     ⑤ 도살 핀, 세로대 : 초음파 검사
     ⑥ 벌크헤드 : 시각 및 보어스코프
     ⑦ 엔진 마운트 : 자기검사
     ⑧ 강착장치 스트러트 : 방사선 검사
     ⑨ L/G 사이드 브레이스 장착 볼트 : 착색침투

II. 기체의 재료

◼ 기체 재료의 개요

㉮ 금속의 일반적 특징

(1) 상온에서 고체이며, 결정체이다.
(2) 전기 및 열전도율이 좋다.
(3) 전성 및 연성이 좋다.
(4) 금속 특유의 광택을 가진다.

㉯ 금속의 결정 구조

금속의 내부 구조 및 공간격자의 결합 방법은 금속의 성질(강도)에 중요한 영향을 끼침(체심 입방 격자, 면심 입방 격자, 조밀 육방 격자).

㉰ 금속의 변태

(1) 변태 : 금속이 온도 변화에 따라 고체가 액체, 기체로 변하는 것.
(2) 동소 변태 : 원자 배열의 변화, 즉 결정격자의 변화로 동소체로 되는 것.
(3) 자기 변태 : 원자 배열의 변화 없이 자성만 변화.

㉱ 합금의 상태

(1) 합금 : 금속의 성질을 개선하기 위해 금속 원소에 1개 이상의 금속 또는 비금속 원소를 첨가.
(2) 종류
  - 공정 : 두 가지 금속 성분이 기계적으로 혼합된 조직을 가진 합금.
  - 고용체 : 각 성분 금속을 기계적인 방법으로 구분할 수 없는 조직을 가진 합금.
  - 화합물 : 친화력이 큰 금속이 화학적으로 결합하여 독립된 화합물 생성.
  - 공석 : 고온에서 균일한 고용체로 된 것이 고체 내부에서 공정 조직으로 분리.

㉲ 금속의 성질

(1) 비중 : 물체와 동일한 부피의 물의 무게와 비교한 값.

(2) 용융 온도 : 금속이 녹는 온도. 용융 온도는 금속의 강도가 낮을수록 낮다.
(3) 전성 : 퍼짐성. 얇은 판으로 가공(판금 공작). 구리.
(4) 연성 : 뽑힘성. 가는 관이나 선으로 늘릴 수 있는 성질.
(5) 탄성 : 외력으로 변형된 후, 변형력이 없어지면 원래 상태로 되돌아가는 성질.
(6) 취성 : 부서지는 금속의 성질. 구조용 재료로 부적합. 주철.
(7) 인성 : 재료의 질긴 성질. 찢어지거나 파괴되지 않는 성질.
(8) 전도성 : 열이나 전기를 전도시킬 수 있는 성질. 용접, 압접 가공.
(9) 강도 : 인장, 압축, 휨 등의 하중에 견딜 수 있는 정도.
(10) 경도 : 재료의 단단한 정도.

바 금속의 기공

(1) 단조 : 가열하여 해머 등으로 단련 및 성형하는 것.
(2) 압연 : 회전하는 로울러 사이에 재료를 넣고 가공.
(3) 프레스 : 금속 판재를 프레스 형틀사이에서 성형.
(4) 압축 : 실린더 모양의 용기에 넣고 압력을 주어 봉재, 판재 등의 제품으로 가공.
(5) 인발 : 원뿔형의 구멍이 있는 공구에서 봉재와 선재를 길게 뽑아내어 가공.

2 철강 재료

가 탄소강

(1) 탄소강의 성질에 영향을 주는 원소
 • C : 인장 강도, 경도 증가. 연성은 줄고, 충격에 대해 약함. 용접성은 떨어짐.
 • Si : 저합금강의 크리프 강도나 탄성한계 증가. 내산화성, 내식성 증가.
 • Mn : 신장, 내충격성, 내마모성이 증가. 담금질 경화 심도가 깊어짐.
 • P : 함유량 0.05% 이하가 보통. 경화 균열의 주원인. 용접성 떨어짐.
 • S : 황화철을 만들고 고온 가공시 균열을 일으키고, 충격저항을 감소시킴.

(2) 탄소강의 분류 : 탄소 함유량에 따라 저, 중, 고탄소강
 ※ 대표적인 재료 규격
   ① AA 규격 : 미국 알루미늄 협회(The Aluminum Association)의 규격으로 알루미늄 합금용 규격.
   ② ALCOA 규격 : 미국의 ALCOA사(Aluminum Company of America)의 규격, 알루미늄 합금 규격.

③ AISI 규격 : 미국 철강 협회(American Iron and Steel Institute)의 규격, 철강 재료의 규격.
④ AMS 규격 : SAE의 항공부(Aerospace Material Specification)가 민간 항공기 재료에 대해 정한 규격. 티타늄 합금, 내열합금에 많이 쓰임.
⑤ ASTM 규격 : 미국 재료시험 협회(American Society of Testing Materials)의 규격, 마그네슘 합금에 많이 쓰임.
⑥ MIL SPEC : 미군 양식(Military Specification)이다.
⑦ SAE 규격 : 미국 자동차 기술 협회(Society of Automotive Engineers)의 규격으로 철강에 많이 쓰임(최근에는 SAE 대신에 AISI 규격이 많이 사용).

강의 종류	재료 번호	강의 종류	재료 번호
탄소강	1×××	크롬강	5×××
망간강	1 3××	크롬 바나듐 강	6×××
니켈강	2×××	텅스텐 크롬강	7 2××
니켈 크롬강	3×××	니켈 크롬 몰리브덴 강	8 1××
몰리브덴 강	4 0××		8 6××~8 8××
	4 4××		
크롬 몰리브덴 강	4 1××	실리콘 망간	9 2××
니켈 크롬 몰리브덴 강	4 3××	니켈 크롬 몰리브덴 강	9 3××~9 8××
	4 7××		

나 특수강

(1) 특수강
  • 합금강이라고도 하며 탄소강을 기본으로 하여 1개 이상의 특수 원소 첨가.
  • 탄소강에 탄소, 규소, 망간, 인, 황의 원소만 함유시 합금강이 아님.
  • 특수 원소 : 니켈, 크롬, 텅스텐, 몰리브덴, 바나듐, 코발트, 규소, 망간, 붕소, 티탄

(2) 종류
  • 니켈강(SAE 2330) : 고온에서 기계적 성질이 좋고 강도가 큼, 내마멸성, 내식성이 우수하여 볼트, 너트에 사용.
  • 크롬강 : 자경성을 가지고 있음(내식강).
  • 니켈-크롬강(SAE 3140) : 담금질 특성이 좋아 크랭크 축, 와셔 등에 사용.
  • 니켈-크롬-몰리브덴강(SAE 4340) : 착륙 장치, 강력 볼트에 사용.
  • 크롬-몰리브덴강(SAE 4130) : 트러스용 재료.

- 크롬-니켈강
  - 페라이트형 : 단조, 압연이 용이한 스테인리스강.
  - 마텐 자이트형 : 열처리에 의해 쉽게 강화, 기계적 성질, 내식성 양호하고, 제트 기관의 흡입관, 압축기 베인, 터빈, 배기구에 사용. 13Cr강.
  - 오스테나이트형 : 비자성체이며 내식성, 충격 저항, 기계 가공성이 양호, 터빈 부품 재료, 방화벽에 사용. 18-8스테인레스강.

(3) 식별(S.A.E에 의한 식별)

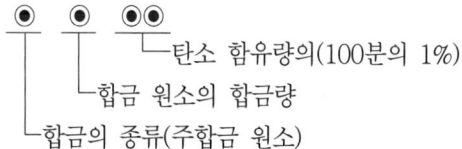
탄소 함유량의(100분의 1%)
합금 원소의 합금량
합금의 종류(주합금 원소)

3 비철금속 재료

㉮ 구리와 그 합금

(1) 구리의 특성
- 붉은색의 비자성체, 전연성, 내식성이 우수하고 열 및 전기 전도율 양호.
- 비중이 크기 때문에 전기 계통에만 사용.

(2) 구리의 합금
- 베릴륨-구리 : 열처리에 의해 강도가 3배 이상 증가하고 피로에도 강하므로 다이어프램, 베어링, 부싱, 와셔 등에 사용.
- 황동 : 구리+아연(귀금속 광택이 나므로 객실 용품에 사용)
- 청동 : 구리+주석(주조성이 우수).

㉯ 알루미늄과 금 합금

(1) 특성 : 비중 2.7, 용융점 660℃의 흰색 광택을 내는 비자성체로 내식성, 가공성, 전도성이 우수하며 1911년 두랄루민이 실용화되면서 항공기에 사용.

(2) 합금의 성질
- 가공성이 좋다.
- 내식성이 좋다.
- 강도, 강성이 크다.

- 상온에서 기계적 성질이 좋다.
- 시효 경화성 : 열처리 후 시간이 지남에 다라 재료의 강도와 경도가 증가.

(3) 알루미늄 합금의 식별 기호
- ALCOA 규격 식별 기호 : 알코아 회사에서 제조한 알루미늄 합금의 규격 표시.
- AA규격 표시 방법

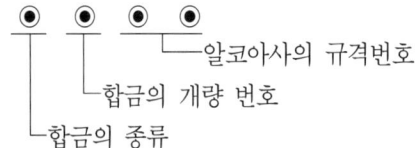

- AA규격 합금의 종류

합금번호	종 류	합금번호	종 류
1 XXX	순도 99% 이상 A	6 XXX	마그네슘 + 규소
2 XXX	구 리	7 XXX	아 연
3 XXX	망 간	8 XXX	그밖의 원소
4 XXX	규 소	9 XXX	예비 번호
5 XXX	마그네슘		

- AA규격 식별 기호 : 제조 과정에 있어서의 가공, 열처리 조건의 차이에 의해 얻어진 기계적 성질의 구분.
  * F : 제조 된 그대로의 것.
  * O : annealing(연화), 재결정화의 처리가 된 것(연제품 : wrought).
  * H : 가공경화된 것(strain hardened).
  * W : 용체화 처리후 자연 시효된 것.
  * T : 열처리 한 것(F. O. H 이외의 열처리).

(4) 알루미늄 합금의 종류
- 1100 : 99%의 순수 알루미늄의 내식성 양호, 열처리불능, 구조용으로 사용 불가.
- 2014 : 알루미늄-구리의 합금으로 인공 시효에 의해 내력 증가.
- 2017(duralumin) : 알루미늄-구리 합금으로 대표적인 가공용 알루미늄 합금. 열간 가공으로 주물의 결정 조직 파괴, 물에 급냉 후 시효강화, 0.2% 탄소강과 기계적 성질이 유사하며 비중은1/2 정도. 구조부의 골격, 외피(skin), 리벳(rivet)에 사용.
- 5052 : 알루미늄-마그네슘 합금으로 샌드위치(honey comb sandwich) 재료.
- 7075(ESD : Extra Super Duralumin) : 알루미늄-아연의 합금. 강도가 높고, 내식성이 우수하여 큰 강도가 요구되는 구조 부분에 사용.

※ 알클래드(alclad) : 내식성이 나쁜 초강 알루미늄 합금에 내식성이 좋은 순수 알루미늄을 실제 두께의 5~10%로 압연하여 접착한 것.

댜 마그네슘과 그 합금

(1) 비중이 1.07~2.0으로 알루미늄의 2/3 정도로서 실용 금속 중 가장 가볍다.
(2) 염분 부식이 심하고, 순수 마그네슘은 공기 중에서 발화한다.
(3) 열간 가공(300℃)을 해야 한다.
(4) 강도가 두랄루민의 1/3 정도이다.
(5) 용도 : nose gear, door, 조종면, 외피, oil tank

랴 티탄과 그 합금

(1) 비중 4.5로 내식성, 내열성(용융점 : 1,730℃)이 좋고 비강도가 크다.
(2) 용도 : 방화벽, 외피, 압축기 디스크, 깃(blade)

먀 저용융점 합금

용융점이 주석의 녹는점 231.9℃보다 더 낮은 합금으로 퓨즈, 안전장치, 부품 땜 납용에 사용.

4 금속의 열처리

갸 철강 재료의 열처리

(1) 열처리 : 금속의 가열이나 냉각 속도를 변화시키면 조직의 변화로 인하여 기계적 성질이 변하는데, 필요한 성질을 얻기 위하여 인위적으로 온도를 조작하는 행위.

(가) 일반 열처리
- 담금질(quenching) : 강의 A1 변태점(723℃)보다 20~30℃ 높게 가열 후 급랭시켜 경도가 가장 높은 마이텐자이트(martensite) 조직을 얻어내는 것.
- 뜨임(tempering) : 내부 응력을 제거하기 위하여 A1 변태점 이하의 적당한 온도에서 가열하는 조직.
- 풀림(annealing) : 금속의 기계적 성질을 개선하기 위하여 일정 온도에서 일정시간 가열 후 천천히 냉각시키는 조작. 완전 풀림, 연화 풀림, 구상화 풀림, 항온 풀림, 응력 제거 풀림.
- 불림(normalizing) : 내부 응력을 제거하고 강의표준 조직인 오스테나이트를 얻기 위한 조작.

(나) 항온 열처리 : 균열 방지와 변형 감소를 위한 열처리로 널리 이용.

(다) 금속의 표면 경화법 : 강의 표면층만을 경화시켜 내부의 인성을 그대로 유지, 내마모성, 내피로성 등을 향상.
- 고주파 담금질법, 화염 담금질법
- 침탄법 : 고체, 액체, 가스 침탄법(gear, spline의 면, 축의 journal section 등)
- 질화법 : 암모니아(NH_3) 가스를 520~550℃로 50~100시간 가열하여 질화물 형성(왕복 엔진의 cylinder barrel).
- 시안화법(침탄 질화법) : 침탄과 질화가 동시에 이루어지는 작업.
- 금속 침투법 : 강재를 가열하여 합금 피복층 형성(제트 엔진의 터빈 베인이나, 터빈 블레이드에 고온 산화방지 목적으로 코팅됨).

④ 비철 금속 재료의 열처리
  (1) 알루미늄 합금의 열처리 : 고용체화 처리, 인공 시효 처리, 풀림처리
  (2) 마그네슘 합금의 열처리 : 고용체화 처리, 인공 시효 처리

⑤ 금속의 부식 처리
  (1) 부식의 종류
  - 표면 부식(surface corrosion) : 세척용 화학 약품, 공기 중의 산소 등의 화학 작용에 의해 생기며, 습기가 접촉하게 되면 금속 표면에 에칭(etching)이 심해져, 까칠까칠한 서리가 얼어붙은 것처럼 됨.
  - 점 부식(pitting corrosion) : 주로 알루미늄 합금, 마그네슘 합금, 스테인레스 강의 표면에 발생. 초기에 백색이나 회색인 부식 생성물이 나타나서 홈(pit) 내에 침전됨. 퇴적물 제거 시 표면에 작은 홈이 보임.
  - 입자간 부식(intergranular corrosion) : 합금의 결정 입자 경계에서 발생. 초기 단계에서 탐지하기 어렵고 초음파 검사 및 와전류 탐상 방법, X-ray 탐상 방법 등으로 탐지. 부적당한 열처리를 했을 경우 생김.
  - 응력 부식(stress corrosion) : 금속에 일정한 응력이 걸린 상태에서 부식되기 쉬운 환경에 노출되면 그들의 합성 효과에 의해 발생. 냉간 가공이나 높은 온도에서 급냉시킬 때 또는 성형할 때와 같이 내부 구조가 변화될 때 발생.
  - 전해 부식(galvanic corrosion) : 알루미늄 합금과 스테인리스강과 같은 이질 금속이 접촉되는 부분에 전기 화학적 작용에 의해 발생.
  - 미생물 부식(microbial corrosion) : 케로신을 연료로 하는 항공기의 연료 탱크에 발생.
  - 찰과 부식(fretting corrosion) : 밀착된 2개의 금속판의 진동 등에 의해 서로 맞부딪쳐 생김.
  - 필리폼 부식(filiform corrosion) : 페인트 도장을 한 알루미늄 합금 표면에 세균 형태로 발생하는 부식.

라 부식 처리

- 알로다인 처리(alodine) : 알루미늄을 크롬산 용액으로 처리.
- 양극처리(anodizing) : 알루미늄 합금, 마그네슘 합금을 양극으로 하여 황산, 크롬산 등의 전해액에 담금. 양극에 발생하는 산소에 의해 산화피막 형성.
- 다우처리(dow treatment) : 마그네슘을 크롬산 용액으로 처리하는 방법.
- 알칼리 착색법 : 철금속에 산화물의 피막 형성.
- 파커라이징(parkerizing) : 철금속에 인산염 피막 형성.
- 밴더라이징(banderizing) : 철강재료 표면에 구리 석출.
- 메탈라이징(metallizing) : 알루미늄이나 아연 같은 금속을 특수 분무기에 넣어서 방식처리해야 할 부품에 용해 분착시키는 방법.
- 알클래드(alclad) : 알루미늄 합금 표면에 순수 알루미늄 피막을 실제 두께의 5~10% 압연.
- 금속, 알루미늄 내부 방식처리 : 뜨거운 아마인유로 세척.

5 비금속 재료

가 합성수지

(1) 합성수지
- 플라스틱이라 하며 인공 합성된 고분자 물질을 주원료로 하여 성형한 재료.
- 열경화성 수지 : 한번 가열하여 성형하면 다시 가열해도 연해지거나 용융되지 않는 수지 페놀 수지, 에폭시 수지, 불포화 에스테르, 폴리우레탄 등.
- 열가소성 수지 : 가열하여 성형한 후 다시 가열하면 연해지고 냉각하면 굳어지는 수지, 폴리 염화 비닐(PVC), 폴리에틸렌, 나일론 등.

(2) 종류
- 폴리염화비닐 : 유기 용제에 녹기 쉽고 열에 약하며 비중이 큼. 전기 및 열에 대한 부도체이므로 전선 피복, 절연 재료, 객실내장재.
- 에폭시 수지 : 대표적 열경화성 재료. 성형 후 수축률이 적으며 우수한 기계적 강도를 가지며 구조물용 접착제, 도료의 재료, 레이돔이나 동체, 날개 구조재용 복합 재료의 모재 수지로 사용.

나 고무

- 액체, 가스의 손실 방지 및 진동, 잡음의 감소.
- 천연고무 : 유연성 양호, 시간이 지남에 따라 탄력성 감소.

- 합성고무 : 부틸(타이어용 튜브), 부나(타이어 재료), 네오프렌(기화기, 다이어프램), 실리콘 고무(출입문, 창틀의 충진재, 밀폐제)

㈐ 접착제
- 합성고무계 : 니트릴 고무, 클로로프렌 고무
- 합성수지계 : 에폭시 수지, 시아노 아크릴 수지

㈑ 항공용 도료
- 합성수지 도료(알키드 수지계 도료), 폴리우레탄 사용.

6 복합 재료

㈎ 연료비 절감, 비행 성능 향상 및 구조물을 경량화하기 위해 금속 재료보다 가볍고 강도가 높은 복합 재료 사용

㈏ 강화재 : 하중을 주로 담당하는 것으로 섬유 형태를 주로 사용
- 유리 섬유 : 기계적 강도 떨어짐(레이돔, 객실 내부 구조 등 2차 구조에 사용).
- 탄소 섬유 : 유기 섬유를 탄화시켜 제조하며, 열처리를 더하여 흑연화 시킨 것. 강도, 강성이 뛰어나 1차 구조물 재료로 사용.
- 아라미드 섬유, 보론 섬유, 알루미나 섬유, 세라믹

㈐ 모재 : 강화재의 결합 및 전단, 압축 하중을 담당, 습기나 화학 물질로부터 강화재 보호.

III. 기체 구조의 강도

1 비행 상태와 하중

㈎ 비행 중 항공기기체
- 비행중 항공기에 작용하는 힘 : 양력, 항력, 추력, 중력, 관성력

- 비행중 기체에 전달되는 하중 : 인장력, 압축력, 전단력, 비틀림력, 굽힘력
- 응력의 종류 : 인장 응력, 압축 응력, 전단 응력
- 비행중 기체 부재에 작용하는 하중 : 날개(윗면-압축력, 아래면-인장력), 동체(윗면-인장력, 아래면-압축력)

나 구조 하중과 부재

- 부재(구조부재) : 봉재(bar), 판재(plate), 셀(chell), 보(beam), 기둥(column)
- 강도(strength) : 부재의 재료가 하중에 대하여 견딜 수 있는 저항력.
- 강성(stiffness) : 부재의 외형이 하중에 대하여 변형되지 않는 정도.
- 항공기의 하중 : 공기력에 의한 하중(양력, 항력), 추진 기관에 의한 하중(엔진 위치에 따라), 관성력에 의한 하중(가속, 감속시), 돌풍에 의한 하중, 여압에 의한 하중(여압하중), 이착륙에 의한 하중

다 하중 배수와 속도-하중배수(V-n) 선도

- 하중배수(load factor) (n) : 항공기에 작용하는 공기력의 합력에서 기체축에 수직한 성분 N을 항공기의 무게(W)로 나눈 값이며, 보통 받음각에서 N은 양력 L과 거의 같기 때문에 L/W가 된다.
- 등속 수평 비행시 $n = \dfrac{L}{W} = 1$
- 실속 속도 V_s일 때 $n = \dfrac{V^2}{V_s^2}$
- 정상 선회 비행시 $n = \dfrac{1}{\cos\theta}$
- 제한 하중 배수(limit load factor) : 제한 하중을 구조물의 정상운용 상태의 하중으로 나눈 값. 그리고 반복 하중 발생시 영구 변형이 일어나지 않는 설계상의 하중을 제한하중이라 함.
- 안전 계수 : 하중에 대한 안전성을 갖도록 함. 기체 구조 설계에서 안전 계수는 1.5임.
- 극한 하중(설계 하중, 종극 하중) = 한계 하중×안전 계수 : 구조상의 최대 하중으로 기체의 영구 변형이 일어나더라도 파괴되지 않는 하중.

라 V-n 선도

- 항공기의 속도에 대한 한계하중 배수를 나다내어 항공기의 안선한 비행범위를 전해주는 도표.
- 정부 기관에서 항공기의 유형에 따라 정한다(제작자에 대하여 구조상 안전하게 설계 및 제작 지시, 항공기 사용자에게 안전운항 범위 지시).
- V_D(설계 급강하 속도) : 구조상의 안전성과 조종면의 안전을 보장하는 설계상의 최대 허용 속도.
- V_C(설계 순항속도) : 가장 효율적인 속도.

- V_B(설계 돌풍 운용속도) : 기상 조건이 나빠 돌풍이 예상될 때 항공기는 V_b 이하로 비행.
- V_A(설계 운용속도) : flap up 상태에서 설계 무게에 대한 실속 속도.
- V_S(실속 속도)

마 힘과 모멘트

- 힘(force) : 물체에 작용하여 물체의 형태와 운동 상태를 바꾸는 것(크기, 방향, 작용점을 가진 물리량(vactor), 크기만을 가진 물리량(scalar)).
- 모멘트(moment) : 힘의 회전 능률(길이×힘)

바 항공기의 무게와 평형(Weight and Balance)

(1) 용어와 정의
- 무게중심 : 설계시 정해지며 항공기의 비행 성능 및 안정성, 조종성을 위하여 정해진 중심 위치 및 이동 가능한 범위 내에서 비행하여야 함.
- 평형 : 항공기 내부의 오물 축적, 연료 소모, 승객, 승무원, 탑재물의 위치에 따라 변하는 중심을 무게를 조절하여 평형을 이룬다.
- 평균 공력시위(MAC) : 항공기의 무게중심(cg)을 표시하는 기본단위.
- 기준선(reference datum) : 항공기의 세로축(기축)에 대하여 설정. 부품의 위치나 중심의 위치를 표현.
- 동체 스테이션(fuselage station) : 기준이 되는 제로점 또는 기준선에서 거리로 나타남.
- 버톡라인(buttock line) : 수직인 중심선의 오른쪽 또는 왼쪽에 평행한 폭을 나타냄.
- 워터라인(water line) : 동체의 낮은 부분에서 어떤 정해진 거리만큼 떨어진 수평면의 수직선을 측정한 높이.
- % MAC : 날개 시위상의 임의점의 위치를 백분율로 나타냄.

$$\%MAC = \frac{H-X}{C} \times 100$$

- 중심 한계 : 항공기의 무게가 연료, 승객, 탑재물 등에 의하여 변하므로 안전한 비행을 위한 중심 이동이 가능한 범위를 정함(전방 한계, 후방 한계, 기수 처짐, 꼬리 처짐).

(2) 무게 측정을 위한 준비 작업
- 자세를 수평으로 하고 가능한 한 연료 및 윤활유 배출.
- spoiler, slat, rotor는 정확한 위치(제작사 지침)에 놓음.
- 비행하는데 불규칙 적으로 사용하는 품목 제거.
- 각종 점검창, 출입문, 비상구, 캐노피는 정상 비행상태.
- 제작사의 지침에 따라 알맞은 저울 선택.

- 옆 하중이 발생하지 않도록 브레이크는 풀어놓음.

(3) 무게의 구분
- 기체 구조의 무게 : 날개, 꼬리 날개, 착륙 장치, 조종면, 나셀 등의 무게.
- 동력 장치 무게 : 기관, 프로펠러, 연료, 유압 계통
- 고정 장치 무게 : 전기, 전자, 공유압, 조종, 공기, 방빙, 계기
- 추가 장비 무게 : 식량, 음료수, 서비스 용품, 비상 장비
- 유용 하중 : 최대 총무게-자기 무게
- 탑재 하중 : 유상 하중(play load) 승객, 화물, 무장 계통
- 기본 자기 무게 : 사용 불가능 연료, 배출 불가능 윤활유, 냉각액, 작동유 등.
- 운항 자기 무게 : 기본 자기 무게+운항에 필요한 승무원, 장비품, 식료품
- 설계 단위 무게 : 남자 승객-75kg(165lb), 여자 승객-65kg(143lb)

2 부재의 강도

가 응력(stress)

- 인장응력 : 인장하중에 의한 응력(압축응력 : 압축하중에 의한 응력)

  수직응력 $\sigma = \dfrac{P}{A}$ (P : 하중, A : 단면적)

- 전단응력 : 전단력에 의해 단면에 평행하게 작용하는 응력

  전단응력 $\tau = \dfrac{V}{A}$

나 변형률

- 변형되기 전의 양에 대한 변형된 후의 양의 비율.
- 세로변형률(종변형률) : 수직하중에 의해 수직방향으로 변형된 비율.

  종변형률 $\epsilon = \dfrac{\delta}{l}$

- 가로변형률(횡변형률) : 하중이 작용하는 방향에 수직한 방향으로 변형된 양의 비율.

  횡변형률 $\epsilon' = \dfrac{d'\ d}{d} = \dfrac{\lambda}{d}$

- 전단 변형률 : 재료의 길이방향으로 일정거리 떨어진 두 단면에 서로 반대방향의 전단응력이 작용하여 변형된 양의 비율.

  전단변형률 $\gamma = \dfrac{\delta}{l}$

- 푸아송비 : 재료의 탄성한계 내에서의 종변형률과 횡변형률의 비.

  푸아송비 $\nu = \dfrac{\epsilon'}{\epsilon}$ 푸아송수 $= \dfrac{1}{\nu} = \dfrac{\epsilon}{\epsilon'}$

- 탄성계수 사이의 관계

  1) 종탄성계수 E와 전단탄성계수 G 사이의 관계 $G = \dfrac{E}{2(1+\nu)}$

  2) 종탄성계수 E와 체적탄성계수 K 사이의 관계 $K = \dfrac{E}{3(1-2\nu)}$

  3) 종탄성계수 E, 전단탄성계수 G, 체적탄성계수 K 사이의 관계 $K = \dfrac{GE}{9G-3E}$

- 열응력 : 온도 변화로 인하여 발생하는 응력

  $\delta = l\alpha\Delta T$ (a : 열팽창계수, 선팽창 계수) $\epsilon = \dfrac{\delta}{l} = \dfrac{l\alpha\Delta T}{l} = \alpha\Delta T$

다 탄성변형 에너지

(1) 수직응력에 의한 탄성변형 에너지

- 탄성변형 에너지 : $U = W = \dfrac{1}{2}P\delta = \dfrac{1}{2}P\dfrac{Pl}{AE} = \dfrac{P^2l}{2AE}$

- 단위체적당 탄성변형 에너지 : $u = \dfrac{U}{V} = \dfrac{\dfrac{P^2l}{2AE}}{Al} = \dfrac{\sigma^2}{2E}$

- 전체적에 대한 탄성변형 에너지 : $U = uV = \dfrac{\sigma^2}{2E}Al$

2) 전단응력에 의한 탄성변형 에너지

- 단위체적당의 탄성변형 에너지 : $u_s = \dfrac{U_s}{V} = \dfrac{\dfrac{P^2l}{2AG}}{Al} = \dfrac{\tau^2}{2G}$

- 전체적에 대한 탄성변형 에너지 : $U_s = u_sV = \dfrac{\tau^2}{2E}Al$

라 내압용기에 작용하는 응력

- 축응력 : $\sigma_x = \dfrac{pR}{2t}$

- 원주응력(후프응력) : $\sigma_y = \dfrac{pR}{t}$

마 단면의 성질

(1) 단면1차모멘트(면적 모멘트) : 도형의 면적과 그 도형으로부터 어떤 축까지의 수직거리를 곱한 것.

$$Q_x = A\overline{y}, \quad Q_y = A\overline{x}$$

(2) 단면2차모멘트(관성모멘트) : 도형의 면적과 그 도형으로부터 어떤 축까지의 수직거리의 제곱을 곱한 것.

$$I_x = \int y^2 dA, \quad I_y = \int x^2 dA$$

(3) 단면의 회전반경과 단면계수

$$k = \sqrt{\frac{I}{A}} \quad Z_1 = \frac{I_x}{e_1} \quad Z_2 = \frac{I_x}{e_2}$$

바 원형축의 비틀림

(1) 비틀림 모멘트(=우력) : $T = Fd$

(2) 비틀림 각 : $\theta = \dfrac{TL}{GJ}$

(3) 전단응력의 최대치 : $\tau = \dfrac{TR}{J}$

3 강도와 안정성

- 크리프(creep) : 일정한 응력을 받는 재료가 일정한 온도에서 시간이 경과함에 따라 하중이 일정하더라도 변형율이 변화하는 현상.
- 응력 집중 : 노치(notch), 작은 구멍, 키, 홈, 필릿 등과 같은 단면적의 급격한 변화가 있는 부분에 대단히 큰 응력이 발생하는 것.
- 피로(fatigue) : 반복 하중에 의하여 재료의 저항력이 감소되는 현상.
- 좌굴(buckling) : 축방향의 압축력을 받는 부재 중 기둥이 압축 하중에 의해 파괴되지 않고 휘어지면서 파단되어 더 이상 하중에 견디지 못하게 되는 현상.

$$\lambda = \frac{l}{k} \quad (l : \text{기둥의 길이, } k : \text{단면의 회전반지름})$$

4 구조 시험

기체 구조 설계상의 요구 조건들을 확인하기 위한 시험.

가 구조 시험이 필요한 이유

- 설계 계산 과정에서 사용한 공식과 가정의 불일치.
- 설계 기준으로 선택한 재료의 기계적 성질이 실제와 차이(항복강도, 극한강도).
- 설계시 모든 조건을 고려할 수 없다(이론보다 시험을 통해 확인).
- 새로운 재료의 출현(기존 방법으로 해결할 수 없는 문제).

나 정하중 시험

- 한계하중, 극한하중의 조건에서 기체의 구조가 충분한 강도와 강성을 가지고 있는가 시험.
- 강성 시험 : 한계 하중보다 낮은 하중으로 기체 각 부분의 강성 측정.
- 한계하중 시험 : 안전의 위험을 초래하는 잔류 변형 확인.
- 극한하중 시험 : 파괴 여부 확인.
- 파괴 시험 : 충분한 시험 자료를 얻은 뒤, 예측할 수 없는 많은 자료를 얻는다.

다 낙하 시험

- 실제의 착륙상태 또는 그 이상의 조건에서 착륙 장치의 완충 능력 및 하중전달 구조물의 강도를 확인하기 위하여 실시.
- 자유낙하 시험 : 고정익 비행기의 경우 규정에 명시된 제한 하강율로 낙하시 착륙장치 완충능력 시험.
- 여유 에너지 흡수 낙하시험 : 제한 하강율×1.2 하강율로 낙하시 착륙장치의 에너지 흡수능력 시험.
- 작동시험 : 착륙장치 UP, DOWN 작동여부 확인.

라 피로시험

- 부분 구조 피로시험 : 구조부재 모양, 결합방식, 체결 요소의 선정 및 복잡한 구조부재의 설계를 위해 피로 강도를 결정.
- 전체 구조 피로시험 : 기체 구조 안전수명 결정.

마 지상 진동 시험

- 동하중에 의한 공진 현상에 대해 중점적 관찰.
- 공진 : 외부 하중의 진동수와 재료의 고유 진동수가 같을 때 상당히 큰 변위가 발생.

과년도 출제문제

1995년도 기능사 1급 1회 항공기체

1. 항공기용 Bolt에서 Grip의 길이는?

㉮ 볼트가 장착될 재료 두께는 그립 길이와 같아야 한다.
㉯ 볼트가 장착될 재료 두께는 그립 길이의 1~1.5배이어야 한다.
㉰ 볼트가 장착될 재료 두께는 그립 길이에 볼트직경 길이를 합한 것과 같아야 한다.
㉱ 볼트그립의 길이는 가장 얇은 판 두께의 3배는 되어야 한다.

▶ 그립의 길이는 부재의 두께와 같거나 약간 길어야 한다. 그립 길이의 미세한 조정은 와셔의 삽입으로 가능하다. 이 경우 한쪽 2장, 양쪽 3장이 한계이다.

2. 다음 착륙장치에 대한 설명 중 틀린 것은?

㉮ 트러니언 - 기체와 외부실린더를 연결해준다.
㉯ 토크링크 - 외부 실린더와 내부 실린더의 회전방지
㉰ 제동평형로드 - 지상활주 중 불안정한 진동을 감소시킨다.
㉱ 센터링실린더 - 착륙 접지시 완충버팀대와 트럭을 직각으로 해준다.

▶ 제동 평형 로드 - 지상활주 중 트럭의 앞, 뒤 바퀴가 균일하게 항공기의 하중을 담당하도록 하는 기구.

3. 판재두께 0.062inch, 굽힘 반지름 1/4inch, 굽힘각도 90°일 때, 굽힘여유는?

㉮ 0.34in ㉯ 0.44in
㉰ 0.54in ㉱ 0.64in

▶ 굽힘여유 $BA = \dfrac{\theta}{360} \cdot 2\pi(R + \dfrac{T}{2})$

4. 샌드위치 구조에 대한 설명 중 맞는 것은?

㉮ 두 금속판 사이에 구조재를 넣기 어려운 부분에 금속판넬을 넣는다.
㉯ 두 금속판 사이에 접착제를 이용하여 허니컴 구조를 접착시켜 단위 면적당 무게와 강도를 증가시킨다.
㉰ 두 금속판 사이에 구조재를 넣기 어려운 부분에 가벼운 나무를 넣는다.
㉱ 위 모두 맞다

▶ 허니컴 샌드위치 구조란 코어(core)가 알루미늄, FRP, 종이 등을 얇게 하여 벌집 모양으로 성형한 것으로 90~99%가 공간으로 되어 있으며 강도비, 피로강도, 중량대 강도비가 커서 구조부재에 적당하다.

5. 알루미늄 합금에 산화피막을 입힌 것을 무엇이라 하는가?

㉮ 두랄루민 ㉯ 알루마이트
㉰ 실루민   ㉱ 아노다이징

▶ 알루미늄 표면에 산화피막(Oxide Film)이 형성되면 공기가 금속표면과 접촉하는 것을 막아

더 이상의 부식진행을 차단한다. 이 막을 형성하는데는 아래와 같은 두가지 방법이 있다.
- 알로다인처리 (화학적 처리) : 알루미늄 표면에 크롬산 아연처리한 것
- 아노다이징 (전해액처리) : Electrolyte treatment, 알루미늄 합금이나 마그네슘 합금을 양극으로 하여 황산, 크롬산아연 등의 전해액에 담그면 양극에서 발생하는 산소에 의해 산화피막이 금속의 표면에 형성되는 처리이다.

6. 고전단 리벳을 사용하여 알루미늄 합금 피팅을 할 때 설명 중 맞는 것은?

㉮ Shear 리벳은 알루미늄 합금 리벳을 3개 사용했을 때보다 강도가 적다.
㉯ 균열을 방지하기 위해 850°로 가열 담금질한다.
㉰ 고전단 리벳과 알루미늄 사이에 아연도금 부식방지 처리를 한다.
㉱ 정밀공차를 둔다.

● 고전단 리벳은 나사가 없는 볼트라고도 하며 높은 전단강도가 요구되는 곳에 사용되는 영구결합용 리벳으로 정밀공차를 두어 체결한다. 보통 리벳보다 전단강도는 3배정도 강하다.

7. Landing Gear Down중 경고등의 색깔은?

㉮ 오랜지색　　㉯ 호박색
㉰ 적색　　　　㉱ 초록색

● Landing gear의 작동
- up : 점멸
- down : 녹색
- 작동중 : 적색

8. 실속도가 140km/h인 비행기의 비행속도가 200km/h 되었을 때 하중배수를 구하시오.

㉮ 0.5　　㉯ 1
㉰ 2　　　㉱ 3

● $n = \dfrac{V^2}{V_s^2}$

9. 0.0625inch의 판재에 1/8inch 직경의 유니버설 리벳으로 접합시 리벳의 길이는?

㉮ 5/16　　㉯ 1/8
㉰ 1/4　　　㉱ 3/8

● 리벳의 길이 L=G+1.5D

10. 다음 중 항공기 동체 외피에 많이 사용하는 리벳은?

㉮ 2014　　㉯ 2024
㉰ 7075　　㉱ 7076

● ice-box 리벳이라고도 하는 2017과 2024 재질의 리벳은 강도가 높은 구조부재의 결합용으로 많이 사용됨

11. 두께 0.125inch인 판을 굽힘반지름 0.051 inch로서 90° 굽힐 때 세트 백(Set Back)은?

㉮ 0.176″　　㉯ 0.125″
㉰ 0.051″　　㉱ 0.017″

● 세트 백은 굽힘 접선에서 굽힘점까지의 길이를 말한다.
SB=K(R+t)

12. 항공기에 사용하는 우포 중 가장 적합한 면은?

㉮ 질산 및 낙산 dope를 칠한 면
㉯ 아일랜드 아마포
㉰ 낙산 또는 질산 dope을 칠하고 광택 가공한 면
㉱ 나일론 면

● 천 외피에 도프를 하면 천이 팽팽해지고, 습기, 공기 등의 침투를 방지하고, 천의 강도와 수명을 연장시켜준다. 그러므로 도프 칠 후에 광택 가공하는 것은 바람직하다. 낙산은 내구성이 좋고 수축효과가 양호하며 질산은 유동성이 좋고 천에 바르기 쉽고 불에 잘 타는 성질이 있다.

13. 다음 중 밸런스 탭(Balance Tab)에 관한 것 중 맞는 것은?

㉮ 1차 조종면과 연결하여 탭만 조종하여 작동한다.
㉯ 1차 조종면에 연결되어 있지 않고 2차 조종면 만을 움직여서 1차 조종면을 움직인다.
㉰ 혼과 조종면 사이에 스프링을 설치하고 Tab과 조종면이 서로 반대방향으로 움직인다.
㉱ 조종면이 움직이는 방향과 반대방향으로 움직이도록 연결되어 있다.

14. 다음 중에서 부식의 종류가 아닌 것은?

㉮ 표면부식 ㉯ 입간부식
㉰ 자장부식 ㉱ 응력부식

● 부식의 종류 : 표면부식(surface corrosion), 점 부식(pitting corrosion), 입자간 부식(intergranular corrosion), 응력부식(stress corrosion), 전해부식(galvanic corrosion), 마찰부식(fretting corrosion), 필리폼부식(filiform corrosion)

15. 다음 자료를 이용하여 항공기 무게중심의 위치를 구하여라.

측정 항목	무게	팔길이
항공기(자기무게)	470	+24
윤활유	8	−80
조종사	80	+12
연 료	25	+46

㉮ 15.5cm ㉯ 18.85cm
㉰ 21.87cm ㉱ 24.54cm

● $C.G = \dfrac{w_1 l_1 + w_2 l_2 + \cdots w_n l_n}{w_1 + w_2 + \cdots w_n}$

1. ㉮	2. ㉰	3. ㉯	4. ㉯	5. ㉱
6. ㉱	7. ㉰	8. ㉰	9. ㉯	10. ㉯
11. ㉮	12. ㉰	13. ㉰	14. ㉰	15. ㉰

1995년도 기능사 1급  2회 항공기체

1. Vs=200km/h의 전투기가 설계제한 하중계수가 9일 때 이 전투기의 설계 기동 속도는?

   ㉮ 566km/h ㉯ 600km/h
   ㉰ 622km/h ㉱ 650km/h

   ● $V = \sqrt{n} \times V_s$

2. Bolt 부품번호가 AN 12-17일 때 이 Bolt의 직경은?

   ㉮ 5/16 ㉯ 3/8
   ㉰ 3/4   ㉱ 17/32

   ● 12 - 볼트의 지름 12/16 inch
      17 - 볼트의 길이 17/8 inch

3. 다음 중에서 탄소강이란 무엇인가?

   ㉮ 철에 탄소가 0.01~4% 포함된 것
   ㉯ 철에 탄소가 2.0~3.0% 포함된 것
   ㉰ 철에 탄소가 0.03~2.0% 포함된 것
   ㉱ 철에 탄소가 3.0~5.0% 포함된 것

   ● 철강재료의 분류
   · 순철 : 탄소함유량 0.025% 이하
   · 탄소강 : 탄소함유량 0.025%~2.0%
   · 주철 : 탄소함유량 2.0% 이상

4. 조종면의 정적 평형을 유지하기 위해 일반적으로 행하는 작업은?

   ㉮ 조종면 뒤에 trim tab을 단다.
   ㉯ 조종면 앞에 특정한 장치를 한다.
   ㉰ 조종간을 길게 한다.
   ㉱ 조종면의 앞전에 무게를 추가한다.

   ● 정적평형이란 물체가 자체의 무게중심으로 지지되고 있는 경우, 정지상태를 유지하려는 경향을 말하며 조종면의 뒷전이 올라간 과대평형 상태가 효율적인 비행이 가능하므로 앞부분에 무게를 첨가한다.

5. 단축 유니버설 리벳 작업을 할 때 연거리 및 리벳의 간격은?

   ㉮ 연거리는 리벳 직경의 3배 이상, 간격은 리벳 직경의 4배 이상
   ㉯ 연거리는 리벳 직경의 2배 이상, 간격은 리벳 길이의 3배 이하
   ㉰ 연거리는 리벳 직경의 3배 이상, 간격은 리벳 길이의 4배 이상
   ㉱ 연거리는 리벳 직경의 2배 이상, 간격은 리벳 직경의 3배 이상

   ● · 연거리: 모서리와 이웃하는 리벳의 중심거리 (2~4D, 접시머리리벳 2.5D)
   · 피치: 열과 열사이의 거리 (3~12D)

6. Carbon Fiber에 대한 설명중 맞는 것은?

   ㉮ 밀도는 Boron 및 유리보다 높다.
   ㉯ 피치계는 우주 장비에 적합하다.
   ㉰ 500℃ 이상에서 탄화규소와 결합하여 부식이 발생한다.
   ㉱ 열팽창이 크다.

● 카본 섬유는 피치계, 폴리아크릴로니트릴계의 유기물 섬유를 탄화시켜 수지와 조합한 것을 말하며 CFRP(carbon fiber reinforced plastics)라 한다.

7. 다음 중 주익에 걸리는 굽힘 모멘트를 담당하는 것은?

㉮ 외피
㉯ 날개보
㉰ 리브
㉱ 날개보 플랜지

● · 외피 : 비틀림, 전단응력
· 플랜지 : 전단응력
· 리브 : 날개골의 형상을 유지하며, 날개 외피에 작용하는 하중을 날개보에 전달함.

8. 알루미늄 합금재료의 드릴 작업시 드릴날의 여유각은?

㉮ 2°
㉯ 5°
㉰ 12°
㉱ 18°

● 드릴날의 여유각이 매우 예리할 때는 얇은 판의 구멍은 원형으로 되지 않고, 오히려 삼각형에 가까운 구멍이 된다. 일반적인 여유각은 10~15°로 보통 12°가 가장 많다.

9. Monocoque구조에 대해 맞는 것은?

㉮ 강관에 알루미늄 외피를 씌운다.
㉯ 강관으로 이루어진 구조
㉰ 주 구성부재는 벌크헤드, 스파, longeron 등이 있다.
㉱ 외피가 하중 모두 담당

10. 재료의 변형은 하중에 의하여 어느 작은 변위에서는 응력과 변형율의 비례관계가 σ=Eε로 성립된다. 이것은 무엇인가?

㉮ 관성계수
㉯ 후크의 법칙
㉰ 영률
㉱ 응력-변형률

● σ=Eε(σ: 응력, E : 탄성계수, ε: 변형률)
후크의 법칙은 응력과 변형률의 관계를 나타내고 응력과 변형률 곡선에서 비례 한도점을 벗어나면 후크의 법칙은 성립하지 않는다.

11. 항공기의 기체 구분은 1차와 2차 구조로 분류된다. 아래의 구조 중에서 1차 구조에 해당하는 것은?

㉮ spar
㉯ rib & spar
㉰ bulkhead
㉱ 모두

12. 다음 중 튜브의 호칭치수는?

㉮ 바깥지름(두께)×두께(분수)
㉯ 바깥지름(분수)×두께(소수)
㉰ 바깥지름(분수)×두께(분수)
㉱ 바깥지름(소수)×두께(소수)

● 튜브의 호칭치수 : 외경(분수)×두께(소수)
호스의 호칭치수 : 내경 (1/16in 간격)

13. 다음 스크류 표기 방법에서 AN 551P458-6에서 P가 의미하는 것은?

㉮ 계열
㉯ 머리 홈
㉰ 재질
㉱ 지름

● 551 : 계열번호, P : 머리의 홈(필립스), 458 : 지름, 6 : 스크류의 길이(1/16in 단위)

14. 튜브 Bending시 만곡부의 지름이 외경의 몇 % 이하로 되면 안 되는가?

㉮ 100% ㉯ 75%
㉰ 50% ㉱ 25%

● 튜브 밴딩시 지름이 6.3mm 이하이면 손 공구 없이 작업하며, 6mm~13 mm 이면 손 공구를 사용한다.

15. 알루미늄과 아연을 특수 분무기에서 흡착하여 부식을 방지하는 방법은?

㉮ 아노다이징 ㉯ 메탈라이징
㉰ 도금 ㉱ 벤더라이징

● 철 금속의 부식방지 처리 : 도금, 유기물 코팅 및 금속 스프레이 (metal spraying) 작업을 통해 처리한다.

1. ㉯	2. ㉰	3. ㉰	4. ㉱	5. ㉱
6. ㉯	7. ㉯	8. ㉰	9. ㉱	10. ㉯
11. ㉱	12. ㉯	13. ㉰	14. ㉯	15. ㉯

1995년도 기능사 1급 3회 항공기체

1. 항공 도면에서 은선(Hidden line)표시는 무엇을 의미하는가?

㉮ 도형의 중심 또는 대칭선을 나타내는 선이다.
㉯ 물체의 보이지 않는 부분의 형상이나 모서리 부분을 나타낼 때 사용한다.
㉰ 주로 외형선의 ½굵기로 단면을 나타내거나 단면위치를 나타내는 선이다
㉱ 물체의 보이는 부분의 형상을 나타내는 선이다.

2. 주익의 구성 요소로 옳은 것은?

㉮ Spar, Rib, Stringer
㉯ Spar, Longeron
㉰ Spar, Rib, Stringer, Skin
㉱ Spar, Rib, Stringer, Skin, Longeron

3. 운항 자기 무게에 포함되지 않는 것은?

㉮ 장비품
㉯ 오일
㉰ 사용할 연료
㉱ 승무원의 수화물

● 운항자기무게＝기본자기무게＋승무원, 장비품, 식료품(승객, 화물, 연료, 윤활유의 무게는 제외)

4. 세미 모노코크에 대한 설명으로 틀린 것은?

㉮ 하중의 일부를 외피가 담당
㉯ 트러스 구조보다 복잡
㉰ 뼈대가 모든 하중을 담당
㉱ 공간 마련이 용이

5. 다음 중 탄소 함유량이 가장 많은 것은?

㉮ 2130　　㉯ 2015
㉰ 2050　　㉱ 3140

● 합금강의 경우 SAE(society of automotive engineering)수로 표시하며 첫 번째수는 강의 주성분 합금재, 둘째수는 이금속의 퍼센트, 나머지 두수는 강에 포함된 탄소의 함유량을 퍼센트로 나타낸다.

6. 항공기용 연료 탱크에 대한 설명으로 틀린 것은?

㉮ 전방날개보와 후방날개보 사이를 연료탱크로 이용
㉯ 현대에는 주로 셀 탱크를 많이 이용.
㉰ 날개 내부가 연료탱크로 되어 있는 것을 "Wet Wing"이라 한다.
㉱ 인테그럴 탱크라는 종류도 있다.

7. 항공기에 사용하는 호스(Hose)에서 No.6의 지름의 크기는?

㉮ 직경이 1/8인치　㉯ 직경이 1/4인치
㉰ 직경이 1/2인치　㉱ 직경이 3/8인치

● 호스의 호칭치수 : 내경 (1/16in 간격), No 6는 6/16 in 즉 3/8 in 내경을 의미한다.

8. 쥬스 패스너의 구성 요소가 아닌 것은?
㉮ 스터드   ㉯ 그로밋
㉰ 어크로스 슬리브   ㉱ 스프링

● 쥬스 패스너-스터드, 그로밋, 스프링
캠로크 패스너-스터드, 그로밋, 리셉터클
에어로크패스너-스터드, 크로스핀, 리셉터클

9. 비행 중 항공기에 작용되는 외력은?
㉮ 양력, 항력, 추력, 중력
㉯ 양력, 항력, 전단력, 비틀림력
㉰ 휨, 인장력, 전단력, 압축력, 비틀림력
㉱ 양력, 항력, 인장력, 전단력

10. 항공기가 착륙시 돌풍에 의한 영향에 대비하여 몇 %의 안전여유를 두는가?
㉮ 10   ㉯ 20
㉰ 30   ㉱ 40

● 착륙시의 속도는 실속속도의 1.3배, 이륙시의 속도는 실속속도의 1.2배이다.

11. 현대의 고속 제트기에는 수평 안정판이 동체에 고정되어 있지 않고 움직이게 장착되어 있다. 무엇에 의해 작동되는가?
㉮ 조종간
㉯ 페달
㉰ 조종 계통 트림
㉱ 비행중 공기 속도

12. 항공기 타이어에 오일이 묻었을 때 세척 방법은?
㉮ 보로로 닦고 공기로 건조시킨다.
㉯ 에스테놀(Estenol)로 세척하고 공기로 건조한다.
㉰ 알콜이나 락카시너(Alchol or Laqaer thinner)로 세척하고 압축공기로 건조시킨다.
㉱ 비누와 따뜻한 물로 세척하고 보로로 건조시킨다.

● 타이어에 묻은 오일, 가솔린, 제트연료, 유압 작동유, 솔벤트 등은 화학적으로 고무를 파괴시키므로 이때는 알칼리 세제(비눗물)를 이용하여 세척해 주어야 한다.

13. 알루미늄 합금판에서 "Alclad"란 판의 면을 어떻게 부식에 대해 처리한 것을 말하는가?
㉮ 크롬 - 인산염 처리
㉯ 전기 도금 - 화학 처리
㉰ 카드뮴 판을 입힘
㉱ 순 알루미늄을 피복

● 알크래드 처리는 알루미늄 합금에 순수 알루미늄판을 압연시킨 것이다.

14. 산소계통 취급시 안전사항은?
㉮ 의심나는 부분을 중성 크리닝 솔벤트로 칠해본다. 누설이 되는 곳은 솔벤트가 눈에 띄게 처진다
㉯ 토크렌치로 피팅이 단단히 잠겨있는가를 검사하고 균열이 갔는지 염색 침투 검사 방법으로 검사한다.
㉰ 비눗물을 접합부에 뿌려 거품 여부를 검사한다.

㉣ 계통 배관을 육안검사하고 배관부분에 균열이 없고 피팅을 제대로 조이고 나면 계속적인 누설은 생기지 않는다.

● 산소는 산소와 접촉된 것을 산화시키고 급속히 반응하면 연소 혹은 폭발에 이르므로 다음과 같이 취급에 유의해야 한다.
· 산소의 배관이나 장비품에 물, 기름, 오존, 이물질의 혼합 혹은 부착을 피한다.
· 오염이나 세척시 트리클로로 에틸렌을 사용한다.
· 비눗물을 바른 후 기포가 생기는지 여부를 통해 누출여부를 판단한다.
· 액체산소는 용기 전체를 교환하고, 고체산소는 내용물의 교환만으로도 가능하다.

15. 재료의 두께가 0.051″인 판재를 굴곡반경 0.125″, 굽힘각도 90°로 굽힘 작업을 한다. 세트 백은 얼마인가?

㉠ 1.175″ ㉡ 0.157″
㉢ 0.176″ ㉣ 1.157″

1. ㉡	2. ㉢	3. ㉢	4. ㉢	5. ㉢
6. ㉡	7. ㉣	8. ㉢	9. ㉠	10. ㉢
11. ㉢	12. ㉣	13. ㉣	14. ㉢	15. ㉢

1995년도 기능사 1급 4회 항공기체

1. 대형 항공기에 사용하는 착륙장치의 종류는?

㉮ 스프링식 착륙장치
㉯ 공기 압축식 착륙장치
㉰ 올레오식 착륙장치
㉱ 고무 완충식 착륙장치

● 올레오식 착륙장치의 완충효율은 75% 정도로 스프링식 또는 고무식에 비해 월등하다.

2. 볼트와 너트 체결시 1,500lbs로 조이려 한다. 토크 렌치의 길이가 16″, 연장공구의 길이가 4″다. reading 토크값은?

㉮ 1,000lbs   ㉯ 1,200lbs
㉰ 1,500lbs   ㉱ 1,700lbs

● $T_w = \dfrac{L}{L+A} T_A$
(T_w : 토크 렌치의 지시값, T_A : 실제값)

3. 소형 항공기의 앞 착륙 장치 문을 작동시키는 것은 무엇인가?

㉮ 유압
㉯ 전기
㉰ 유압, 전기
㉱ link를 이용한 기계적 장치

4. 볼트 규격이 AN12-170이다. 이 볼트의 직경은 몇 인치인가?

㉮ 3/4   ㉯ 3/8
㉰ 5/8   ㉱ 7/8

5. 용접시 가장 먼저 고려해야 할 사항은 무엇인가?

㉮ 재질   ㉯ 토오치의 크기
㉰ 용접봉의 두께   ㉱ 용접봉의 재질

● 용접시 가장 중요한 조건은 금속의 재질이다.

6. 턴 버클을 복선식으로 안전결선할 때 사용하는 케이블의 사이즈는 얼마인가?

㉮ 1/8in 이상   ㉯ 1/8in 이하
㉰ 3/8in 이상   ㉱ 3/8in 이하

● 턴 버클의 안전결선시 케이블의 지름이 1/8inch(=3.2mm)이하인 경우에는 단선 결선법을 1/8inch(=3.2mm) 이상 일 경우에는 복선 결선법을 사용한다.

7. 날개에서 굽힘 하중을 받는 부재는?

㉮ 스파   ㉯ 외피
㉰ 플렌지   ㉱ 웨브

● 스파에 굽힘하중이 작용하는 경우 스파의 플렌지는 압축 혹은 인장하중을 받으며 웨브부분은 전단하중을 받는다.

8. 다음 중에서 앞바퀴형 착륙장치의 장점이 아닌 것은?

㉮ 중심이 동체 후방에 몰려 있어 착륙성능이 좋다.
㉯ 중심이 기체 앞에 있어 지상 전복 위험이 적다.

㉰ 제트기관은 배기가스 때문에 앞에 있어야 한다.
㉱ 이륙시 저항이 많아 연료소모량이 많아진다.

● 이륙시 저항이 많고 연료소모량이 많은 것은 뒷바퀴형 착륙장치이다.

9. Internal Wrenching Bolt 의 용도로 맞는 것은?

㉮ 인장하중과 전단하중이 작용하는 부분에 사용한다.
㉯ 1차 구조부에 사용한다.
㉰ 2차 구조부에 사용한다.
㉱ 아무 곳에나 사용한다.

● 내부 렌칭 볼트(Internal wrenching bolt)는 MS2004-MS20024이다. 고강도로 만들어져 비교적 하중과 전단 하중이 작용하는 곳에 사용된다. 알렌렌치(allen wrench)를 사용한다.

10. 알루미늄 합금의 인공시효 처리 온도는 얼마인가?

㉮ 100℃~160℃   ㉯ 180℃~250℃
㉰ 250℃~350℃   ㉱ 400℃~450℃

● 용체화 처리된 알루미늄 합금을 상온에 방치하면 점차 단단해지고 강도가 커진다. 이것을 시효경화라고 한다. 시효경화 중인 금속을 120℃ ~ 200℃정도로 장시간 가열하면 경화가 촉진된다.

11. 기준선에서 날개 앞전까지의 거리가 150mm, 무게중심(C.G)까지의 거리가 170mm이고, 시위가 80mm일 때 무게중심(C.G)은 몇 % MAC에 위치하는가?

㉮ 10%   ㉯ 15%
㉰ 25%   ㉱ 30%

● % MAC = $\dfrac{X - X'}{C} \times 100 \%$

X = 기준선으로부터 무게중심까지의 거리
X' = 기준선으로부터 평균공력시위의 앞전까지의 거리
C = 평균공력시위

12. SAE 항공부가 민간항공기 재료에 대해 정한 규격으로 티타늄 합금에 많이 쓰이는 것은?

㉮ AISI   ㉯ AA
㉰ AMS   ㉱ ASTM

● 티타늄 합금은 알루미늄 합금보다 강도비, 내열성이 크고 내식성이 양호하여 기체, 엔진등의 구조용으로 많이 쓰이고 있다. (비중 알루미늄의 1.6배) 티타늄 합금에 대한 표시법으로는 상품명, MIL규격, AMS규격 등이 많이 쓰인다.(Aerospace Material Specification)

13. 항공기의 무게와 평형작업을 하는데 다음과 같이 무게와 거리가 측정되어 있다. 이때 c.g의 위치는 몇 in인가?

항 목	무 게	팔길이
왼쪽 바퀴	617lbs	68 in
오른쪽 바퀴	614lbs	68 in
앞바퀴	152lbs	26 in

㉮ 67.5   ㉯ 63.4
㉰ 53.4   ㉱ 48.5

14. Al-Si 합금에서 Cu, Mg, Ni이 함유된 금속은?

㉮ Lo-ex   ㉯ 실루민
㉰ 라우탈   ㉱ 하이드로날룸

● Al-Cu-Si 계 합금을 Lautal(라우탈)이라고 한다. 라우탈 합금의 공정점 부근 조성을 Silumin(실루민)이라고 한다.

15. $l=150$cm, $d=3$cm인 고정기둥의 세장비는 얼마인가?

㉮ 21.54 ㉯ 63.7
㉰ 112.5 ㉱ 200

● λ(세장비)$=\dfrac{L}{K}$
(K : 최소단면회전 반지름, L : 기둥의 길이)
$K=\sqrt{\dfrac{I}{A}}=\dfrac{d}{4}$ (I : 관성모멘트, A : 단면적)

1. ㉰	2. ㉯	3. ㉱	4. ㉮	5. ㉮
6. ㉮	7. ㉮	8. ㉱	9. ㉮	10. ㉮
11. ㉰	12. ㉰	13. ㉯	14. ㉯	15. ㉱

1996년도 기능사 1급 1회 항공기체

1. 다음 중 부적절한 열처리에 의해 생기는 부식은?

㉮ 입간 부식 ㉯ 응력 부식
㉰ 진동 부식 ㉱ 전식

- 입간부식(intergranular) : 금속 재료의 결정입계에서 합금성분의 불균일한 분포로 인하여 부적절한 열처리시 입간으로 불순물이 집적되어 부식현상이 발생한다.
- 응력부식(stress) : 강한 인장응력과 부식환경 조건이 재료내에 복합적으로 작용하여 발생하는 부식
- 진동부식(fretting) : 서로 밀착된 부품사이에서 진동이 발생하는 경우 발생하는 부식
- 전식(surface): 제품 전체의 표면에서 발생하는 부식

2. 다음 중에서 캠록 파스너의 주요부품은?

㉮ 스터드, 스프링, 그로밋
㉯ 그로밋, 스터드, 리셉터클
㉰ 크로스핀, 리셉터클, 스터드
㉱ 크로스핀, 스터드, 그로밋

3. 아아크 용접시 모재의 비이드에 공기가 들어갔을 때 나타나는 현상은?

㉮ 스패터   ㉯ 기공
㉰ 오우버 랩 ㉱ 슬랙 쉬임

- slag이란 용접비드 위에 생성되는 단단하고 취성을 가진 유리 같은 재료로 용접 후 반드시 슬랙을 깨고 비드 부분을 검사해야 함.

4. 온도변화에 따라 자동적으로 케이블의 장력을 조절하여주는 부품은?

㉮ 턴 버클
㉯ 케이블 텐션 미터
㉰ 케이블 텐션 레귤레이터
㉱ 케이블 드럼

- 턴버클 : 케이블의 장력을 조절하는 부품
- 케이블 텐션미터 : 케이블의 장력을 측정하는 기구
- 벨크랭크 : 로드와 케이블의 운동방향 전환
- 풀리 : 케이블 유도 및 방향전환
- 페어리드 : 케이블을 3° 이내의 범위에서 방향 유도 및 처짐과 진동 방지
- 쿼드란트 : 1/4부채꼴 형태로 케이블 운동전달

5. 플라스틱의 팽창 계수는?

㉮ 알루미늄과 강철보다 크다.
㉯ 알루미늄과 강철보다 작다.
㉰ 알루미늄과 강철 사이이다.
㉱ 알루미늄과 같고 강철보다 작다.

- 플라스틱의 특성: 내식성우수, 저탄성계수, 고열팽창계수

6. 다음 설명 중 옳은 것은?

㉮ 좌굴하중을 기둥 단면적으로 나눈 값을 임계응력이라고 한다.
㉯ 축인장력에 의해 굽힘이 되어 파괴되는 현상을 좌굴이라 한다.

㉰ 세장비가 30~150일 때 장주(long column)라 한다.
㉱ 세장비가 클수록 좌굴하중은 커진다.

▶ 좌굴응력 = $\dfrac{좌굴하중}{단면적}$

세장비(λ) = $\dfrac{L(기둥의 길이)}{k(최소단면회전반지름)}$

7. 목재에서 가장 교착력이 좋은 허용 수분 함량은?

㉮ 2~4% ㉯ 8~12%
㉰ 40~44% ㉱ 44~80%

8. 리벳 구멍을 뚫을 때 리벳과 구멍 사이의 간격은?

㉮ 1/1000~2/1000인치
㉯ 2/1000~4/1000인치
㉰ 3/1000~5/1000인치
㉱ 5/1000~7/1000인치

9. 다음 중에서 페이딩 현상이란 무엇인가?

㉮ 제동장치에 공기가 차 있어 제동효과가 떨어지는 현상
㉯ 라이닝에 기름이 묻어 제동상태가 거칠어지는 현상
㉰ 제동장치가 원상태로 회복이 잘 안 되는 현상
㉱ 제동시 마찰열로 가열되어 미끄러지는 현상

▶ · 그래빙 : 라이닝에 기름이 묻어 제동상태가 거칠어지는 현상
· 드래깅 : 제동장치가 원상태로 회복이 잘 않되는 현상

10. 다음은 토크 링크에 대한 설명이다. 틀린 것은?

㉮ 스트러트의 행정을 제한한다.
㉯ 실린더의 축을 중심으로 안쪽 실린더가 회전하는 것을 방지한다.
㉰ 완충 스트러트의 안쪽 실린더와 바깥쪽 실린더에 장착되어 있다.
㉱ 착륙장치와 항공기의 구조부에 연결되어 있다.

▶ · 완충스트럿 : 주착륙 장치의 가장 핵심
· 항력스트럿 : 완충스트럿의 보강 및 지지
· 사이드스트럿 : 착륙장치가 옆으로 주저앉는 것 방지
· 트럭 : 주착륙 장치에 바퀴가 장착되는 곳
· 센터링실린더 : 착륙시 완충스트럿과 트럭의 수직
· 스너버 : 센터링실린더의 완만한 작동
· 제동평형로드 : 제동시 트럭의 균일 제동하중 작용

11. 항공기 무게 중심의 허용 범위는 누가 결정하는가?

㉮ 항공기 운용자 ㉯ 항공기 제작자
㉰ 항공기 정비사 ㉱ 항공기 조종사

12. 다음 중에서 크리닝 아웃이 아닌 것은?

㉮ 트리밍 ㉯ 컬링
㉰ 피일링 ㉱ 크린업

▶ · 크리닝 아웃 : 손상부분 제거
· 크린업 : 모서리의 찌꺼기나 날카로운 면 제거

13. 다음 설명 중 맞는 것은?

㉮ 조종실 전방의 바람막이 부분을 윈도우(window)라 한다.
㉯ 조종실의 측방 부분을 윈드실드(windshield)라 한다.
㉰ 조종실의 투명판은 파괴를 막기 위해 에폭시 수지판을 많이 사용한다.
㉱ 조종석의 투명한 덮개를 캐노피(canopy)라 한다.

▶ 조종실의 투명판은 파괴를 막기 위해 아크릴 수지판 사용

14. 쉐이크 프루프 록 와셔(shake proof lock washer)의 용도에 대한 설명이다. 옳은 것은?

㉮ 높은 온도에 잘 견디고 심한 진동하에서도 사용할 수 있다.
㉯ 스크류를 자주 장탈하는 부분에 사용한다.
㉰ 주구조물 및 부구조물에 고정장치로 사용한다.
㉱ 공기 중에 노출되어 부식되기 쉬운 곳에 사용한다.

15. 플러터 현상이 생길 때 이것을 방지하기 위한 방법으로 옳지 못한 것은?

㉮ 앞전에 납을 달아 무게를 증가시킨다.
㉯ 날개의 앞전을 가볍게 한다.
㉰ 대부분의 제작사에서는 앞전 하강 상태의 조종면 사용을 추천하고 있다.
㉱ 조종면의 균형을 이루려면 정적 및 동적균형을 모두 고려해야 한다.

▶ 효율적인 비행을 하려면 조종면의 앞전이 무거운 과대 평형상태를 유지해야한다.

1. ㉮	2. ㉯	3. ㉯	4. ㉰	5. ㉮
6. ㉮	7. ㉰	8. ㉯	9. ㉱	10. ㉱
11. ㉯	12. ㉱	13. ㉱	14. ㉮	15. ㉯

1996년도 기능사 1급 2회 항공기체

1. 다음 중 self-locking nut의 종류가 아닌 것은?

㉮ AN 320 캐슬전단너트
㉯ Boot-self locking
㉰ 탄성 스톱 너트
㉱ 스테인레스 스틸 locking nut

▶ • 일반너트 : 평너트(AN 315), 캐슬너트(AN 310), 체크너트(AN 316)

2. 구조용 캐슬너트에 대한 설명으로 틀리는 것은?

㉮ 인장용 홈이 있는 너트이다.
㉯ 나사끝 구멍이 있는 볼트, 또는 구멍이 있는 스터드와 함께 사용한다.
㉰ 세트 스크류 끝부분에 나사가 있는 로드에 장착되어 고정하는 역할을 한다.
㉱ 장착부품과 상대운동을 하는 볼트에 사용한다.

3. 항공기 정비용 도형식 도표를 주로 사용하는 곳은?

㉮ 분해조립시
㉯ 주로 고장탐구시
㉰ 위치를 나타낼 때
㉱ 위 모두 맞다

▶ 논리 흐름도(logic flow chart) : 고장 탐구를 더욱 쉽게 하기 위하여 고안된 도면

4. 동체 구조에서 반 모노코크를 올바르게 설명한 것은?

㉮ 구조부가 삼각형을 이루는 기체의 뼈대가 하중을 담당하고, 표피는 항공역학적인 요구를 만족하는 기하학적형태만을 유지하는 구조이다.
㉯ 골격과 외피가 공히 하중을 담당하는 구조로써, 외피는 주로 전단 응력을, 골격은 인장, 압축, 굽힘 등 모든 하중을 담당하는 구조이다.
㉰ 하중의 대부분을 표피가 담당하며, 내부에 보강재가 없이 그 속의 가껍질로 구성된 구조이다.
㉱ 동체 내부공간을 확보하기 위해 세로대 및 세로지를 이용한 구조이다.

5. 타이어를 장탈하고 수리하여 장착하는 정비는?

㉮ 대수리   ㉯ 소수리
㉰ 소개조   ㉱ 예방정비

▶ 보수
• 경미한 보수 : 항공기의 지상취급, 세척, 보급등 유자격 정비사의 감독하에 할 수 있는 작업
• 일반적 보수 : 감항성에 영향을 끼치는 부분에 대한 유자격 정비사의 확인을 받아야 하는 작업

▶ 수리 : 항공기간 그 부품 및 장비의 손상이나 기능불량 등을 원래의 상태로 회복시키는 작업
• 소수리 : 감항성에 영향을 끼치지 않는 정비
• 대수리 : 감항성에 영향을 끼치는 수리작업으로 관계기관의 확인이 필요한 작업

▶ 개조
 · 소개조 : 대개조 이외의 개조작업
 · 대개조 : 항공기 중량, 강도, 기관의 성능, 비행성능 및 감항성에 중대한 영향을 끼치는 개조작업

6. 다음 중 금속의 성질에 대한 연결이 바르게 된 것은?

㉮ P : 연신율과 충격저항을 감소시켜 준다.
㉯ Mn : 구리를 약간 포함했을 때 취성을 증가시킨다.
㉰ Si : 크리프 강도와 연신율 증가
㉱ C : 용접성과 주조성을 좋게 해준다.

▶ · 탄소 : 인장강도 증가, 연신율과 충격강 및 용접성 감소
 · 규소 : 유동성 증가, 단접성과 가공성 및 충격강도 감소
 · 망간 : 강도와 고온가공성, 주조성 증가, 연신율 감소 억제, 적열 메짐 방지
 · 인 : 인장강도, 경도, 절삭성 증가, 연신율과 충격저항, 용접성 감소
 · 황 : 충격저항 감소, 적열 메짐 발생

7. 다음 지지점과 반력의 관계 중에서 틀린 것은?

㉮ 고정 지지점 : 수평분력을 받는다
㉯ 롤러 지지점 : 수직분력을 받는다
㉰ 힌지 지지점 : 수직분력과 저항 회전 모멘트
㉱ 힌지 지지점 : 3방향의 힘을 다 받는다

8. 항공기 조종계통의 cable 구조에서 7×19는 무엇을 뜻하는가?

㉮ 7개 wire로 된 19개의 가닥으로 구성
㉯ 19개의 wire로 된 7개의 가닥으로 구성되어 1개의 cable 구성
㉰ 7개의 wire로 구성
㉱ 19개의 가닥으로 구성

▶ 가용성 케이블 : 7×7 케이블. 7×19 케이블
 비가용성 케이블 : 1×7 케이블, 7×19 케이블

9. 고탄소강 및 Stainless steel의 드릴(Drill) 작업시 맞는 각도 및 작업속도는?

㉮ 고압, 저속, 118° ㉯ 저압, 고속, 100°
㉰ 고압, 저속, 90°   ㉱ 고압, 저속, 45°

▶ · 경질, 얇은 판 : 118°, 저속
 · 연질, 두꺼운 판 : 90°, 고속

10. 도우프 작업시 Blushing 현상의 원인은?

㉮ 작업 주변이 다습하기 때문
㉯ 작업 주변이 건조하기 때문
㉰ 작업 주변이 온도가 높기 때문
㉱ 작업 주변이 온도가 낮기 때문

▶ 다습한 기상 조건에서 도프 작업을 하면 도프 희석제가 증발하면서 대기중의 수증기가 응결하여 표면에 흰 반점이 나타나는 현상으로 천의 신축이나 보호 역할을 하지 못함

11. 조종면의 Balance 중에서 동적평형이란?

㉮ 물체의 자체의 무게중심으로 지지되고 있는 상태
㉯ 조종면을 어느 위치에 올려놓거나 회전 모멘트가 영으로 평형되는 상태
㉰ 조종면을 평형에 위치했을 때 조종면의 뒷전이 밑으로 내려가는 경향
㉱ 조종면을 평형에 위치했을 때 조종면의 뒷전이 위로 올라가는 경향

- 정적평형 : 어떤 물체가 자체의 무게 중심으로 지지되고 있는 경우
- 과대평형 : 조종면의 뒷전이 올라가는 경우
- 과소평형 : 조종면의 뒷전이 내려가는 경우

12. 아래와 같은 항공기의 무게중심을 구하여라.

무게 측정점	순무게(LB)	거리(inch)
왼쪽 바퀴	700	68
오른쪽 바퀴	720	68
앞바퀴	150	10

㉮ 60.25″ ㉯ 62.46″
㉰ 65.25″ ㉱ 67.46″

● 중심위치$(c.g) = \dfrac{총모멘트}{총무게}$

13. 티타늄 합금의 성질 중 맞는 것은?

㉮ 티타늄이 고온에서 산소, 질소, 수소에서 친화력을 주어 이러한 가스를 흡수하면 매우 약해진다.
㉯ 티타늄은 열전도 계수가 크다.
㉰ 티타늄은 Cu가 합금된 원소로 몇 %씩 포함하고 있어 취성을 감소시키는 역할을 한다.
㉱ 티타늄에 불순물이 들어가면 가공후 강도가 증가한다.

● 티타늄 합금은 열전도 계수가 작고 Al을 합금하여 취성을 감소시키고, 불순물의 함유함에 따라 가공후 강도가 현저히 감소한다.

14. 아래 그림에서 M.A.C 상의 c.g를 %로 나타낸 것은?

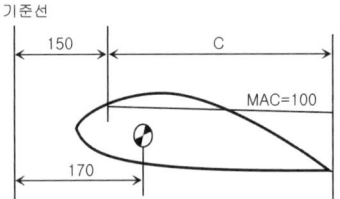

㉮ 20% ㉯ 25%
㉰ 30% ㉱ 35%

● 항공기의 무게중심은 MAC상의 위치로 나타내며 MAC에 대한 백분율로 나타낸다.

15. 연료 계통에는 벤트 계통이 있다. 이 벤트 계통의 역할은?

㉮ 연료탱크의 압력을 감소하고, 연료증발을 방지한다.
㉯ 연료탱크를 가압하여 연료공급을 돕는다.
㉰ 연료탱크 내의 증기를 배출하여 발화를 방지한다.
㉱ 연료탱크 내외의 압력차를 적게 하여 탱크 보호 및 연료공급을 용이하게 한다.

1. ㉮	2. ㉰	3. ㉯	4. ㉯	5. ㉱
6. ㉮	7. ㉰	8. ㉯	9. ㉮	10. ㉮
11. ㉯	12. ㉰	13. ㉮	14. ㉮	15. ㉱

1996년도 기능사 1급 3회 항공기체

1. 항공기 무게를 측정한 결과 다음과 같이 나타나 있다. c.g를 구하여라. (단, 윤활유 8G/L이 Oil Tank에 만재 되어 있으며, Oil 1G/L당 무게는 7.5lbs)

위치	무게	거리
왼쪽 주바퀴	617	68
오른쪽 주바퀴	614	68
앞바퀴	152	-26
Oil	-60	-30

㉮ 57.67inch   ㉯ 61.64inch
㉰ 63.64inch   ㉱ 67.67inch

2. 이차 조종면(Secondary control surface)에서 평형탭(Balance Tab)을 올바르게 설명한 것은?

㉮ 조종 특성을 위해 Cable에 의해 수시로 조절 가능한 Tab
㉯ 일차 조종면과 이차 조종면은 서로 반대방향으로 작동하여 일차 조종면과 이차 조종면에 작용하는 동압이 평형 되는 위치에서 일차 조종면의 위치가 정해지게 되는 것.
㉰ 이차 주종면과 이차 조종면이 spring으로 통해 연결되어 있어 일차 조종면과 이차 조종면이 서로 반대로 작동한다.
㉱ 위 모두 맞다.

3. 수송 유형 비행기의 제한하중배수가 (+)방향으로 2.5 이며, 항공기의 안전율을 1.5로 하였을 때 종극하중은?

㉮ 1.0   ㉯ 3.75
㉰ 4.0   ㉱ 6.25

● 종극하중=제한하중×안전율

4. Anti-Skid 장치란?

㉮ 비상계통에 있고 전기식, 관성식이 있다.
㉯ 제동압이 과대하게 되면 타이어의 미끄러짐을 방지하고 정상제동을 행하는 장치이다.
㉰ 유압식 브레이크에 장비 되어 있고 작동유 유출을 방지한다.
㉱ 비상제동 계통에 있고 전기식만 있다.

● 스키드 현상이 없을 때는 바퀴와 같은 회전속도로 회전하지만, 스키드가 생기게 되면 바퀴의 회전 속도가 낮아지므로 앤티스키드 감지장치의 회전속도와 차이가 생기게 된다. 이때의 회전수 차이를 감지하여 앤티스키드 제어밸브로 하여금 브레이크 계통으로 들어가는 작동유의 압력을 감소시켜 제동력 감수에 의한 스키드 현상을 방지한다.

5. 큰 날개의 구성 요소로 옳은 것은?

㉮ 스파(spar), 리브(rib), 세로대(stringer), 스킨(skin)
㉯ 스파(spar), 리브(rib), 가로대(longeron), 스킨(skin)
㉰ 스파(spar), 리브(rib), 벌크헤드(bulk-head), 스킨(skin)
㉱ 스파(spar), 리브(rib), 벌크헤드(bulk-head), 가로대(longeron), 스킨(skin)

6. 기체구조 형식에서 응력외피구조는?

㉮ 목재 또는 강판으로 트러스를 구성하고 그 위에 천 또는 얇은 금속판의 외피를 씌운 구조형
㉯ 트러스 구조와는 달리 항공기에 작용하는 하중의 일부를 외피가 담당하는 구조
㉰ 두개의 외판사이에 벌집형, 거품형, 파(wave)형 등의 심을 넣고 고착시켜 샌드위치 모양으로 만든 구조
㉱ 하나의 구조가 파괴되더라도 나머지 구조가 그 기능을 담당해주는 구조

7. 세미 모노코크 구조의 동체에 작용하는 전단하중을 담당하는 부재는?

㉮ 스트링거   ㉯ 론제론
㉰ 외피   ㉱ 벌크헤드

8. 재료가 밀착되어서 작은 진동이 계속 일어날 때 생기는 부식은?

㉮ 표면 부식
㉯ 이질금속간의 접촉부식
㉰ 입간 부식
㉱ 프레팅 부식

9. 다음 중 회전축의 편심도를 측정하는 공구는 무엇인가?

㉮ 마이크로 미터
㉯ 다이얼 게이지
㉰ 버니어캘리퍼스
㉱ 프로트랙터(protractor)

● 프로트랙터(protractor) : 프로펠러의 깃각 등을 측정하는 각도기

10. 다음은 딤플링시 주의 사항을 설명한 것이다. 틀린 것은?

㉮ 7,000 시리즈의 알루미늄 합금, 마그네슘 합금, 그 외 티타늄합금은 홈 딤플링을 적용한다. 그렇지 않으면 균열을 일으킨다.
㉯ 판을 2개 이상 겹쳐서 동시에 딤플링하는 방법은 가능한 한 삼가한다.
㉰ 반대방향으로 다시 딤플링 해서는 안된다.
㉱ 판재를 수평으로 고정한다.

● 딤플링 작업은 판재의 두께가 0.04in 이하로 얇아서 카운터싱크 작업이 불가능할 때 사용한다.

11. 다음 지지보의 형태는?

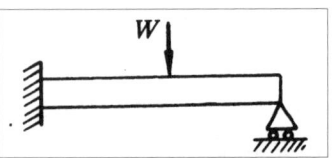

㉮ 단순보   ㉯ 고정지지보
㉰ 고정보   ㉱ 돌출보

12. 다음 케이블 조종 계통에 사용되는 부품 중에서 케이블의 방향을 전환하는 곳에 사용되는 것은?

㉮ 페어리드   ㉯ 벨 크랭크
㉰ 케이블 드럼   ㉱ 풀리

13. 마그네슘 합금의 규격에 대한 설명 중 틀린 것을 고르시오.

AZ	—	92	—	A	—	T6
①		②		③		④

㉮ ① : 합금의 원소
㉯ ② : 합금의 중량 %
㉰ ③ : 합금의 용도
㉱ ④ : 합금의 질별기호

▶ ① 함유원소 (A : Al, Z : Zn, M : Mn, K : Zr, H : Th)
② Al 9%, Zn 2%를 포함
③ 순도가 높음
④ 열처리법(담금질후 인공시효 처리한 것)

14. 항공기 볼트의 두부에 삼각형이 의미하는 것은 무엇인가?

㉮ 내식성이 요구되는 곳에 사용된다.
㉯ 일반적인 볼트로써 기체구조 아무 곳이나 사용된다.
㉰ 정밀공차 볼트로써 진동이 있는 곳에 공차가 없이 정밀하게 끼워 쓰인다.
㉱ 외부의 인장하중이 작용하는 곳에 사용한다.

15. 2017T보다 강한 강도를 요구하는 항공기의 주요 구조용으로 사용되며, 열처리 후 냉장고에 보관하여 상온에 노출 후 10~20분 이내에 사용하여야 하는 리벳은 무엇인가?

㉮ A17ST(2117) - AD
㉯ 17ST(2017) - D
㉰ 24ST(2024) - DD
㉱ 2S(1100) - A

▶ · A17ST(2117) - AD : 열처리를 하지 않고 상온에서 작업을 할 수 있으며, 항공기 구조에 가장 많이 사용되는 리벳
· 17ST(2017) - D : 풀림처리 후 시효경화능력이 있으므로 냉장고에서 꺼내어 상온노출시 1시간 후에 50% 정도 경화되고 4일 후 완전 경화 됨
· 2S(1100) - A : 순수 알루미늄 리벳으로서, 열처리가 불필요한 비구조용 리벳으로 사용됨

1. ㉯	2. ㉯	3. ㉯	4. ㉯	5. ㉮
6. ㉯	7. ㉰	8. ㉱	9. ㉯	10. ㉱
11. ㉯	12. ㉱	13. ㉰	14. ㉰	15. ㉰

1996년도 기능사 1급 4회 항공기체

1. 날개의 가동장치에 있어서 날개의 앞전 부분의 일부를 앞으로 밀어내어 날개 본체와 간격을 만든 다음 이 간격으로부터 높은 압력의 공기를 날개의 윗면으로 유도함으로써 날개의 윗면을 따라 흐르는 기류의 떨어짐을 막고 실속 받음각을 증가시키는 동시에 최대양력을 증대시키는 장치는?

㉮ Flap   ㉯ Spoiler
㉰ Slat   ㉱ 이중간격 Flap

2. 다음은 응력(Stess)에 대한 설명이다. 잘못된 것은?

㉮ 물체에 외력이 작용할 때 생기는 단위 면적당 외력
㉯ 응력의 단위는 kg/cm^2
㉰ 응력의 크기는 단면적에 비례
㉱ 응력의 크기는 물체에 작용하는 외력에 비례

● $\sigma = \dfrac{P}{A} = E\epsilon$

3. 항공기 연료 보급에서 금연 거리는?

㉮ 15m   ㉯ 9m
㉰ 6m   ㉱ 3m

● ・항공기와 연료차와의 거리 : 3m(10ft)
・제트기관 접근금지거리 : 전방 60m(200ft), 후방 150m(500ft), 흡입구 주위 10m(25ft)
・레이더계통 조작시 : 격납고, 항공기 15m(50ft), 연료 급배유 장소 30m(100ft)
・산소취급시 : 15m(50ft)

4. 무게가 1,500kg인 항공기의 중심위치가 기준선 후방 50cm에 위치할 때, 기준선 전방 100cm에 있는 화물 75kg을 기준선 후방 100cm로 옮겼을 때 새로운 중심 위치는?

㉮ 기준선 후방 40cm
㉯ 기준선 후방 50cm
㉰ 기준선 후방 60cm
㉱ 기준선 후방 70cm

● 75(150+X)+75(50−X)=1500X

5. 사용전 열처리를 해야 하는 리벳으로 맞는 것은?

㉮ A : 1100   ㉯ DD : 2024
㉰ M : 모넬   ㉱ KE : 7050

● 저온엔 보관되어 있지 않은 Ice Boxed Rivet은 시효경화 되어 있어 열처리 후 10~20분 이내 작업해야 함

6. 용접재의 두께가 0.065″~0.125″일 때 적합한 용접 Tip은?

㉮ 0.026″   ㉯ 0.031″
㉰ 0.037″   ㉱ 0.042″

● 용접 토오치는 여러 개의 형태와 크기로 제작되어 있어 작업의 종류 및 용접할 모재의 두께에 따라 적절량의 열이 발생할 수 있도록 몇 가지 크기의 교환형으로 되어 있다.

7. 적당한 Oleo Strut의 신장도를 측정하는 방법은?

㉮ Strut의 작동유의 양을 측정
㉯ Strut의 공기 압력을 측정
㉰ Strut의 노출된 부분의 길이를 측정
㉱ Strut의 전체 길이를 측정

8. 세미모노코크형 동체는 구조상 표피로 덮여진 수직과 종방향 부재로 구성되어 있다. 종방향 부재는 다음 중 무엇인가?

㉮ 프레임(Frame)
㉯ 벌크헤드(Bulkhead)
㉰ 스트링거(Stringer)
㉱ 포머(Former)

- 종부재 : 론저론, 스트링어
- 횡부재 : 벌크헤드, 포머, 프레임, 링, 스티프너

9. 다음 중 항공기 너트의 식별 방법이 아닌 것은?

㉮ 황색 색깔
㉯ 내부특징으로 넌셀프락킹 혹은 셀프락킹
㉰ 금속의 광택
㉱ 특수문자가 너트에 표시되어 있다

10. 10×10cm인 정사각형 단면보에서 휨 모멘트 3,200kg·m가 작용할 때, 최대 휨 응력을 구하여라.

㉮ 880kg/cm²
㉯ 1,730kg/cm²
㉰ 1,921kg/cm²
㉱ 3,250kg/cm²

$$\sigma = \frac{My}{I} = \frac{M \cdot \frac{h}{2}}{\frac{b \cdot h^3}{12}}$$

11. 다음 중에서 조종면에 힘을 전달하는 장치가 아닌 것은?

㉮ 페어리드   ㉯ 케이블 드럼
㉰ 토크 튜브   ㉱ 쿼드란트

- 케이블을 3° 이내의 범위에서 방향유도 및 처짐과 진동 방지

12. 다음 중 멀티 디스크 브레이크의 구성품이 아닌 것은?

㉮ Rotor   ㉯ Stator
㉰ Brake Block   ㉱ Piston

13. 다음 중 복합소재에 대해 맞는 것은?

㉮ 모재(고체)+보강재(액체)
㉯ 모재(액체)+보강재(고체)
㉰ 모재(고체)+보강재(고체)
㉱ 모재(액체)+보강재(액체)

- 복합재료란 2종류 이상의 소재를 인위적으로 조합하여 원래의 소재보다 뛰어난 성질이나 아주 새로운 성질을 갖도록 만들어진 재료이다.

14. 다음 중 인터널 렌칭 볼트가 사용되는 곳은?

㉮ 표준육각볼트와 같이 아무 곳에 사용됨
㉯ 정밀공차볼트와 같이 사용
㉰ 크레비스볼트와 같이 사용
㉱ 고강도강으로 만들어져 있으며 인장과 전단이 작용하는 부분에 사용

15. 다음 중에서 리벳작업을 위한 드릴 작업 시 드릴의 크기는?

㉮ 리벳 생크의 직경보다 0.002~0.004인

치 큰 드릴을 사용
㉯ 리벳 생크의 직경과 같은 크기의 드릴을 사용
㉰ 리벳 생크의 직경보다 0.02~0.04인치 큰 드릴을 사용
㉱ 리벳 생크의 직경보다 0.001~0.002인치 작은 드릴을 이용

● 드릴작업은 리벳과 같은 직경의 드릴을 사용한 후 리머작업으로 마무리한다.

1. ㉰	2. ㉰	3. ㉮	4. ㉰	5. ㉯
6. ㉰	7. ㉰	8. ㉰	9. ㉱	10. ㉰
11. ㉮	12. ㉰	13. ㉯	14. ㉱	15. ㉯

1996년도 기능사 1급  5회 항공장비

1. 인테그럴 연료 탱크의 장점은?

㉮ 연료 누설 방지가 용이하다.
㉯ 화재 위험이 적다.
㉰ 무게가 감소된다.
㉱ 부피를 작게 할 수 있다.

● 앞날개보, 뒷날개보와 외피로 이루어진 공간을 연료탱크로 이용한 방식

2. 리벳을 제거할 때의 주의 사항으로 옳은 것은?

㉮ 리벳보다 한 사이즈 작은 드릴을 사용한다.
㉯ 리벳이 관통할 때까지 드릴링 한다.
㉰ 리벳보다 한 사이즈 작은 펀치를 사용한다.
㉱ 리벳 헤드는 줄로 갈아 없앤다.

3. 판금 작업시 일반적으로 사용하는 전개도 작성 방법은?

㉮ 평행선법, 삼각형법, 방사선법
㉯ 평행선법, 삼각형법, 투상도법
㉰ 삼각형법, 투상도법, 방사선법
㉱ 투시도법, 투상도법, 삼각형법

● • 평행선법: 노관이나 원통 및 파이프 접합 등과 같은 부품을 제작할 때 사용.
• 방사선법: 원뿔이나 삼각뿔 형태의 부품을 제작할 때 사용.

4. 항공기 기체 구조의 2가지 형태는?

㉮ 트러스, 워랜 트러스
㉯ 트러스, 모노코크
㉰ 모노코크, 캔틸레버
㉱ 캔틸레버, 워랜 트러스

5. 날개의 주구조인 스파의 형태가 아닌 것은?

㉮ 단스파　　㉯ 다스파
㉰ 박스빔　　㉱ 정형재

6. 접개들이식 랜딩기어를 비상으로 내리는 세 가지 방법이 아닌 것은?

㉮ 핸들을 이용하여 기어의 업락크를 풀었을 때 자중에 의해 내려와 기계적으로 락크
㉯ 핸드펌프로 유압을 만들어 내림
㉰ 축압기에 저장된 공기압을 이용하여 내림
㉱ 기어 핸들 밑에 있는 비상스위치를 눌러서 기어를 내린다

7. 항공기에서 사용하는 각종 유체의 누설을 방지하기 위하여 사용하는 시일(seal) 중 O-ring의 두께는 홈의 깊이보다 얼마 정도 커야 하는가?

㉮ 5%　　㉯ 8%
㉰ 10%　　㉱ 12%

● O-ring 시일은 작동유, 오일, 연료, 공기 등 유체의 누설을 막아내는 역할을 한다.

8. 0.04인치 두께의 판 두개를 붙일 때 리벳의 직경은?

㉮ 0.08 ㉯ 0.12
㉰ 0.125 ㉱ 0.16

9. 섬유강화플라스틱(F.R.P)에 대한 설명으로 옳지 못한 것은?

㉮ 경도, 강성이 낮은데 비하여 비강도가 크다
㉯ 내식성, 진동에 대한 감쇠성이 크다
㉰ 최근 항공기의 조종면에는 F.R.P 허니컴 구조가 사용된다
㉱ 인장강도, 내열성이 높으므로 엔진 마운트로 사용된다

10. 조종케이블의 엔드피팅을 부착하는 방법 중에서 터미널 연결 부분의 강도가 케이블과 같은 강도가 유지되는 방법은?

㉮ 스웨이징 ㉯ 5단엮기
㉰ 랩 소울더 ㉱ 용접

▶ • 스웨이징 : 연결부의 강도 100%
• 랩 소울더 : 연결부의 강도 90%
• 5단 엮기 : 연결부의 강도 75%

11. 기본 자기 무게가 1,200kg이고 c.g가 300cm인 항공기에 300kg의 화물을 탑재하는 경우 c.g가 400cm로 이동한다. 이때 탑재하는 화물의 위치는?

㉮ 400cm ㉯ 800cm
㉰ 1,200cm ㉱ 1,600cm

▶ $400 = \dfrac{1{,}200 \times 300 + 300 \times X}{1{,}200 + 300}$

12. 다음 알루미늄 판재의 굽힘 허용값을 구하라.
(단, 곡률 반지름 R : 0.125inch, 두께 T : 0.040 inch, θ : 90°이다)

㉮ 0.228인치 ㉯ 0.259인치
㉰ 0.342인치 ㉱ 0.456인치

▶ $BA = \dfrac{\theta}{360} 2\pi \left(R + \dfrac{T}{2}\right)$

13. Anti-skid 의 설명으로 맞는 것은?

㉮ 착륙중 브레이크 작동시 지면과 닿는 부분만의 타이어의마모를 방지
㉯ 가로 진동을 방지
㉰ 굴러갈 동안 휠 저항을 방지하기 위하여
㉱ 타이어의 미끄럼 방지

14. 볼트머리에 두 개의 점이 볼록 튀어나온 것은?

㉮ AD ㉯ DD
㉰ D ㉱ A

▶ • AD : 볼트머리에 홈이 파여 있는 것
• D : 볼트머리에 한 개 점이 볼록 튀어나옴.
• A : 볼트머리가 매끈한 것.

15. 항공기 외피에 주로 사용되는 곳은?

㉮ 둥근 머리 리벳
㉯ 카운터 싱크 리벳
㉰ 납작 머리 리벳
㉱ 브래지어 머리 리벳

1. ㉰	2. ㉮	3. ㉮	4. ㉯	5. ㉱
6. ㉱	7. ㉯	8. ㉯	9. ㉱	10. ㉮
11. ㉯	12. ㉮	13. ㉱	14. ㉯	15. ㉯

1997년도 기능사 1급 1회 항공기체

1. An airplane which has good longitudinal stability should have a minimum tendency to (   ).

㉮ roll   ㉯ pitch
㉰ yaw   ㉱ spin

2. 세미모노코크(Semi-Monocoque) 구조에서 Wing이나, Landing Gear 등을 부착하는 부분으로서 큰 응력을 받는 곳에 사용되는부재는?

㉮ Bulkhead   ㉯ Longeron
㉰ Stringer   ㉱ Frame

● 벌크헤드: 객실 내의 압력 유지, 날개 착륙장치 등의 장착부, 비틀림에 의해 변형되는 것을 막고, 집중하중을 외피로 확산

3. 다음 중 일반적으로 많이 사용되는 순수 알루미늄(99.45%)은?

㉮ 1100   ㉯ 2017-T
㉰ 2117-T   ㉱ 5056

● • 1×××: 알루미늄 99% 이상
• 2×××: 구리계 합금
• 3×××: 망간계 합금
• 4×××: 규소계 합금
• 5×××: 마그네슘 합금
• 7×××: 아연계 합금

4. 강(Steel)을 변태점보다 높은 온도에서 일정시간 가열한 후 물, 기름, 등에서 급속 냉각시켜 경도를 높이는 열처리 방법을 무엇이라고 하는가?

㉮ 풀림(Annealing)
㉯ 불림(Normalizing)
㉰ 담금질(Quenching)
㉱ 뜨임(Tempering)

● • 풀림: 일정 온도에서 어느 정도의 시간이 경과된 다음 노내에서 서서히 냉각시키는 열처리법
• 불림: 담금질의 가열 온도보다 약간 높게 가열한 다음 공기 중에서 냉각하는 처리법
• 담금질: 높은 온도로 가열한 후 급랭시켜 강도와 경도를 증대
• 뜨임: 적당한 온도로 재가열하여 재료 내부의 잔류 응력을 제거

5. 평행선을 이용한 전개도법은 어떠한 물체에 적용되는가?

㉮ 원뿔, 각뿔   ㉯ 원기둥, 각기둥
㉰ 깔때기, 원기둥   ㉱ 육각뿔, 사각뿔

6. 1/4-28-UNF-3A에서 UNF가 의미하는 것은?

㉮ 나사의 직경   ㉯ 나사산의 수
㉰ 나사의 계열   ㉱ 나사의 규격

● UNF는 유니파이 나사의 가는 나사 계열을 의

미함
1/4: 지름 1/4inch, 28: 1inch당 나사산 수, 3: 나사의 등급, A: 숫나사

7. 플라스틱 중에서 가열하면 화학반응이 진행되어 그 온도에서 고체화하며 냉각 후에는 가열전과 다른 구조로 되고, 여러번 가열해도 연화하지 않는 것을 무엇이라 하는가?

㉮ 열가소성 수지 ㉯ 열경화성 수지
㉰ 염화비닐 수지 ㉱ 아크릴 수지

● ・열가소성 수지 : 가열하면 연화와 경화가 반복하여 일어난다. 종류에는 폴리 염화비닐, 폴리에틸렌, 나이론, 폴리메틸메타크릴레이트 등이 있다.
・열경화성 수지: 페놀 수지, 에폭시 수지, 불포화 폴리에스테르, 폴리우레탄 등이 있다.

8. 비행기의 기체축과 운동 및 조종면이 맞게 연결된 것은?

㉮ 세로축－옆놀이(Rolling)－도움날개
㉯ 대칭축－키놀이(Pitching)－승강키
㉰ 가로축－빗놀이(Yawing)－방향타
㉱ 수직축－선회운동(Spinning)－스포일러 (Spoiler)

9. 리벳 작업시 사용되는 카운터싱크 커터(Countersink cutter)의 종류가 아닌 것은?

㉮ 고정식 커터
㉯ 스톱 카운터 싱크 커터
㉰ 마이크로 스톱 카운터 싱크 커터
㉱ 압력식 카운터 싱크 커터

10. 크리프(Creep) 현상에서 맞는 것은 어느 것인가?

㉮ 재료를 장시간 방치해 두면 심하게 진행한다.
㉯ 주위 온도가 상온 이하에서 진행한다.
㉰ 금속조직이 안정된 것은 약하다.
㉱ 18-8 스테인리스강, 고 Ni-Cr 강은 일반적으로 약하다.

● 일정한 온도하에서 일정한 하중을 가할 때 시간의 흐름과 함께 변형이 생기는 현상

11. 항공기의 위치 표시방법(Location Numbering) 중에서 수직중심선에 평행하게 좌, 우측의 넓이를 측정하는 기준선은 무엇인가?

㉮ 퓨스라지 스테이션
    (Fuselage Station : F. S)
㉯ 버턱(버트) 라인
    (Buttock Line(Butt Line) : B. L)
㉰ 워터 라인(Water Line : W. L)
㉱ 레퍼런스 라인(Reference Line : R. L)

● ・동체 스테이션 : 기준선에서 모든 수평 거리가 측정 가능한 상상의 수직선이다.
・버턱 라인 : 버턱 라인은 동체의 단면의 중앙의 중심선을 기준으로 일정한 간격으로 평행선의 폭을 말한다.
・워터 라인 : 동체의 낮은 부분에서 어떤 정해진 거리만큼 떨어진 수평면의 수직선을 측정한 높이를 나타낸 것이다.

12. 날개에서 비틀림 응력을 받는 부재는?

㉮ 외피, 스트링어   ㉯ 외피, 스파
㉰ 스파, 스트링어   ㉱ 리브

13. 리브에 대한 설명 중 맞는 것은?

㉮ 날개의 모양을 만들어 주고, 스파에 응력을 전달한다.
㉯ 스킨에 응력을 전달한다.
㉰ 날개의 스팬(Span)을 늘려준다.
㉱ 상기 다 맞다.

14. 용접의 강도와 모양에 심각한 영향을 미치는 용접봉의 직경은 어떻게 결정되는가?

㉮ 사용될 용접 불꽃의 형태
㉯ 용접될 재질과 두께
㉰ Tip의 크기
㉱ Flux 형태

▶ 용접봉의 직경은 용접부의 냉각과 관계된다.

15. 항공기 기체(Aluminum)표면에 Bonding을 할 경우 조치 사항은?

㉮ 알루미늄 표면에 Fiber washer를 사용한다
㉯ 알루미늄 표면에 Paint를 한다
㉰ 알루미늄 표면에 납땜을 한다
㉱ 아노다이징 처리한다

▶ 아노다이징한 알루미늄에 본딩을 할 경우에는 절연되어있으므로 피막을 제거한 후에 본딩한다. 본딩 후에는 적절한 보호코팅을 한다.

1. ㉯	2. ㉮	3. ㉮	4. ㉰	5. ㉯
6. ㉰	7. ㉯	8. ㉮	9. ㉱	10. ㉱
11. ㉯	12. ㉯	13. ㉮	14. ㉯	15. ㉮

1997년도 기능사 1급  2회 항공기체

1. Wing Rib에 중량경감 구멍의 목적은?

㉮ Crack의 진전을 방지한다.
㉯ 피로한도 및 내마모성을 향상시킨다.
㉰ 응력집중을 피하고 하중전달을 직선이 되도록 한다.
㉱ 중량경감 및 강도를 증가시킨다.

● 스탬프 리브 : 무게를 감소시키기 위해서 강도에 영향이 없는 범위 내에서 불필요한 부분의 재료를 절단해 준 것이다.

2. 브레이크를 밟았을 때 스펀지 현상이 나타났다. 해결책은?

㉮ 작동유(MIL-H-5606)를 보충한다.
㉯ 에어 브리딩을 해준다.
㉰ Air를 보충한다.
㉱ 페달을 반복해서 밟는다.

● 스펀지 현상 : 작동유에 공기가 들어가 있어 정확한 작동력을 얻지 못하는 현상.

3. 기계가공, 용접 및 열처리 중에 발생된 내부 응력을 제거하는 데 사용하는 열처리는?

㉮ 담금질(quenching)
㉯ 뜨임(tempering)
㉰ 풀림(annealing)
㉱ 불림(normalizing)

4. 구조용 스크류의 NAS-144DH-22에서 DH는 무엇을 나타낸 것인가?

㉮ 스크류의 머리모양
㉯ 드릴헤드
㉰ 스크류의 재질
㉱ 스크류의 길이

5. 용접 후 급하게 담금질하면 생기는 현상은?

㉮ 금속이 변색한다.
㉯ 금속입자에 파괴가 일어난다.
㉰ 용접부에 균열이 생긴다.
㉱ 부식이 생긴다.

6. 드릴 작업시 드릴구멍 가장자리에 남은 칩을 효과적으로 제거하기 위한 방법을 바르게 설명한 것은?

㉮ 드릴 작업시 자동적으로 제거
㉯ 줄로 갈아서 제거
㉰ 구멍 뚫을 때 사용했던 드릴의 1배나 2배의 드릴로 손으로 돌려서 작업
㉱ 같은 크기의 드릴로 반대편에서 뚫어준다.

● 리벳 구멍이 너무 작으면 리벳을 넣을 때 리벳의 보호막이 손상되며 너무 크면 충분한 강도를 갖지 못한다.

7. 드릴작업이나 리벳 작업시 유의 사항에 대해 설명한 것 중 옳은 것은?

㉮ 공기압축기의 압력을 가능한 낮게(30psi 이하) 유지한다.
㉯ 드릴 작업시 장갑을 착용해서는 안 되고, 보안경을 착용해야 한다.
㉰ 드릴 작업시 장갑, 보안경을 반드시 착용한다.
㉱ 드릴과 리벳 작업시 작업물과 공구의 위치는 편리한 각도에서 작업하면 된다.

8. Hydraumotor에서 스크류를 돌려 회전시킬 때 작동하는 것은?

㉮ 도움 날개   ㉯ 수평 안전판
㉰ 탭   ㉱ 에어 브레이크

9. 2024 알루미늄을 45°로 굽힐 때 굽힘여유는 얼마인가? (단, T=0.8㎜, R=2.4㎜)

㉮ 0.97   ㉯ 1.92
㉰ 2.19   ㉱ 2.98

▶ $BA = \frac{\theta}{360} 2\pi (R + \frac{T}{2})$

10. 다음 중 케이블 조종계통에서 회전운동을 직선운동으로 방향을 바꾸어 주는 것은?

㉮ 토크튜브   ㉯ 벨 크랭크
㉰ 풀리   ㉱ 페어리드

▶ ・토크튜브 : 직선운동을 회전운동으로 변환
  ・풀리: 케이블의 방향전환
  ・페어리드 : 3°이내의 케이블의 방향전환

11. 다음 중 하중계수에 대한 설명으로 틀린 것은?

㉮ 하중계수는 기체에 작용하는 하중을 무게로 나눈 값이다.
㉯ 등속 수평비행시 하중계수는 "1"이다.
㉰ 하중계수는 비행속도의 제곱에 비례
㉱ 선회 비행시에 경사각이 클수록 하중계수는 작아진다.

▶ 하중계수$(n) = \frac{L}{W} = 1 + \frac{a}{g} = \frac{1}{\cos\theta} = \frac{V^2}{V_s^2}$

12. 케이블 조종계통에서 턴버클 배럴에 있는 구멍의 목적은?

㉮ 기름 주입
㉯ 검사용구멍
㉰ 안전결선
㉱ 장탈착을 쉽게 하기 위해

▶ 턴버클: 케이블의 장력 조절

13. 항공기 기체구조에 인장력과 압축력으로 이루어진 응력은?

㉮ 전단 응력   ㉯ 굽힘 응력
㉰ 토큐   ㉱ 비틀림 응력

14. V-n 선도에 대한 설명으로 틀린 것은?

㉮ 정부기관에서 정한다.
㉯ 제작회사에서 정한다.
㉰ 설계제작시 참고하는 자료이다.
㉱ 사용자가 사용할 때 안전운용범위 지시

▶ V-n 선도: 항공기의 속도에 대한 제한 하중 배수를 나타내며 항공기의 안전한 비행 범위를 정해 주는 도표

15. What should be checked when a shock strut bottom during a landing?

㉮ Air pressure
㉯ Packing seals for correct installation
㉰ Fluid level
㉱ Tire pressure

1. ㉱	2. ㉯	3. ㉱	4. ㉯	5. ㉰
6. ㉰	7. ㉯	8. ㉯	9. ㉰	10. ㉯
11. ㉱	12. ㉯	13. ㉮	14. ㉯	15. ㉰

1997년도 기능사 1급  항공기체

1. A well-designed rivet joint will subject the rivet to( )

㉮ compressive loads   ㉯ shear loads
㉰ tension loads   ㉱ bending loads

2. Fuselage Frame Station 137이 의미하는 것은?

㉮ 기수(Nose)로 부터 137cm 후방
㉯ 기수(Nose)로 부터 137inch 후방
㉰ 버턱 라인(B.L)으로부터 137cm 후방
㉱ 버턱 라인(B.L)으로부터 137inch 후방

3. 비행기의 자기무게가 아닌 것은?

㉮ 기체자기무게   ㉯ 동력장치무게
㉰ 고정장치무게   ㉱ 최대이륙하중

● 항공기 무게와 평형에서는 항공기 설계나 운항에 필요한 내용에 따라 정한 무게를 사용한다.

4. 원뿔은 어떤 방법을 이용하여 전개도를 그리는가?

㉮ 평행선법   ㉯ 방사선법
㉰ 산가형법   ㉱ 투시도법

5. 스플라이스(splice) 수리에 대한 내용 중 가장 올바른 것은?

㉮ 스플라이스의 길이는 가장 긴 플랜지 폭의 2배 이상 필요하다.
㉯ 균열된 부분은 리벳지름의 3~4D가 되도록 타원형으로 오려내어 손상의 확산을 막는다.
㉰ 스플라이스 수리는 스므스 스킨을 수리하는데 가장 좋은 방법
㉱ 스플라이스 수리시 파손된 것을 크린업 처리한다.

● 리벳작업을 통한 수리로는 오버패치수리, 플러쉬패치의 수리, 스플라이스 수리등이 사용된다.

6. 최신 항공기는 연료소비 절감을 위해 첨단복합소재(ACM)를 사용하고 있다. 다음 중 ACM을 사용하지 않는 것은?

㉮ aileron, elevator, rudder
㉯ eng' cowling
㉰ thrust reverser firing
㉱ exhaust cone

● ACM(Advanced Composite Material): FRP에 비해 비강도, 비강성이 높은 재료로서 1차구조는 물론 2차구조에도 쓰임.

7. 굴곡작업에 대한 내용이다. 가장 올바른 것은?

㉮ 알크래드된 표면에 작업표시는 금긋기 바늘 사용
㉯ 굴곡작업에 알맞은 재료를 직선상태에서 보고 사이트라인을 벤딩머신의 끝에다 맞춘다.

㉰ 딱딱한 금속에서는 연한금속보다 스프링백이 잘 일어나지 않아 거의 무시할 수 있으나 연한 금속은 달리 고려해야 한다.
㉲ 굴곡부에 생기는 신축 등 가혹한 조건을 받는 곳에는 판의 그레인 방향에 일치시키지 말아야 한다.

● 굴곡 작업시 작업표시는 유성펜을 사용하며 스프링백을 고려해야 하고 가혹한 조건을 받는 곳에는 판의 그레인 방향에 일치시켜야 한다.

8. 다음 트라이 사이클 기어에 대한 설명 중 틀린 것은?

㉮ 기어의 배열은 노스기어와 메인기어로 되어 있다.
㉯ 빠른 착륙속도에서 강한 브레이크를 사용
㉰ 이착륙중에 조종사가 좋은 시야를 가질 수 있게 한다.
㉲ 항공기 중력중심이 메인기어를 후방으로 움직여 그라운드 루핑을 일으키기 쉽다.

● 트라이 사이클 기어(앞바퀴형)의 장점
 · 이륙시 저항이 적고, 착륙성능이 좋다.
 · 조종사의 시계가 좋다.
 · 앞으로 전복될 위험이 적다.
 · 배기가스의 배출을 용이하게 한다.
 · ground looping의 위험이 적다.

9. 다음 중 oleo type shock strut에 관한 내용 중 틀린 것은?

㉮ 스트럿 내에는 미터링 핀이 있다.
㉯ 스트럿 내에는 압축공기와 유압유가 들어 있다.
㉰ 압축공기는 착륙시 초기충격을 흡수
㉲ 유압유는 이륙시에 스트러트가 급격히 빠지는 것을 방지

● 오레오 스트럿는 오리피스에서 유체의 마찰에 의해서 에너지가 흡수되고, 작동유는 공기를 압축시켜 충격에너지가 흡수된다.

10. 다음의 알루미늄 합금 중에서 이질금속간의 부식을 방지하기 위해 나머지 셋과 접촉해서는 안 되는 금속은?

㉮ 1100   ㉯ 2014
㉰ 3003   ㉲ 5052

● 이질금속간의 부식(갈바닉 부식, 동전기 부식)은 금속 사이의 회로가 형성되어 부식이 일어나는 것을 말함. 서로 다른 그룹이 접촉하면 부식 발생
 · 그룹1 . 1100, 3003, 5052, 5056, 5356, 6061
 · 그룹2 : 카드뮴, 아연, 알루미늄과 알루미늄 합금

11. 비행기 조종면에 매스 밸런스(Mass balance)를 하는 최대 목적은?

㉮ 조종면의 진동방지
㉯ 기수올림모멘트 방지
㉰ 조종면 효과증대
㉲ 힌지모멘트 감소

● 균형추의 부착은 조종면의 평면에 24g 으로 설계되었으며 힌지 라인에서 전후방에 각 12g, 평형으로 12g씩 나누어져 있다.

12. 항공기 엘리베이터의 trim tap을 내리면 항공기는?

㉮ 기수가 올라간다.
㉯ 기수가 내려간다.

㉰ 좌측으로 돈다.
㉴ 우측으로 돈다.

13. AN 규격 볼트의 설명으로 바른 것은?

㉮ 규격표시는 AN number 및 dash number 로써 표기
㉯ AN 알루미늄 합금 볼트에는 머리에 A 형 모양이 튀어 올라와 있다.
㉰ 직경이 1/4inch 이하의 알루미늄 합금볼트는 1차 구조부재에 사용
㉴ AN 12-17은 직경이 12/8inch, 길이가 17/16inch를 나타냄

14. 항공기 스크류의 그룹에 해당하지 않는 것은?

㉮ 테이퍼핀 스크류
㉯ 구조용 스크류
㉰ 기계 가공용 스크류
㉴ 셀프태핑 스크류

15. 다음 중에서 뒤전 플랩이 아닌 것은?

㉮ 스플릿 플랩   ㉯ 크루거 플랩
㉰ 단순 플랩   ㉴ 파울러 플랩

● 앞전 플랩 : 슬롯 슬랫, 크루거 플랩, 드루프 앞전

1. ㉯	2. ㉯	3. ㉴	4. ㉯	5. ㉮
6. ㉴	7. ㉯	8. ㉴	9. ㉴	10. ㉯
11. ㉮	12. ㉮	13. ㉮	14. ㉮	15. ㉯

1997년도 기능사 1급 4회 항공기체

1. Check _____ daily and calibrate by means of weights and a measured lever arm to make sure that there are no inaccuracies. Checking one torque wrench against another in not sufficient.

㉮ Protractor   ㉯ Micrometer
㉰ Tension meter   ㉱ Torque wrench

2. fan blade 등의 저압 압축기에 사용되는 금속 재료는?

㉮ 스테인레스   ㉯ 내열합금
㉰ 티타늄   ㉱ 저합금강

● 티타늄은 비중이 4.54로 강의 1/2수준이며 용융 온도는 1668℃로 항공기 재료 중 비강도가 우수하여 항공기 이외에 로켓과 가스터빈 기관용 재료로 널리 사용된다.

3. 알루미늄 합금 중에서 열팽창계수가 가장 적은 것은?

㉮ 실루민   ㉯ 두랄루민
㉰ 로오렉스   ㉱ Y 합금

4. Fail-safe 구조로 맞는 것은?

㉮ 제한하중 내에서 파괴되도록 만든 구조
㉯ 최대하중 내에서 파괴되도록 만든 구조
㉰ 피로파괴를 고려했다.
㉱ 다경로 하중을 갖도록 한다.

● 페일세이프 구조는 구조의 일부분이 파괴되더라도 나머지 구조가 작용하는 하중에 견딜 수 있도록 함으로써 치명적인 파괴나 과도한 변형을 방지할 수 있도록 설계되어 있다. 다경로하중구조(redundant structure), 이중구조(doublet structure), 대치구조(back-upt structure), 하중경감구조(load dropping t structure)

5. 항공기에 요구되는 중심의 평형을 얻기 위해 항공기에 설치하는 모래주머니, 납봉, 납판을 무엇이라 하는가?

㉮ 유상하중   ㉯ 테어무게
㉰ 평형무게   ㉱ 밸러스트

● • 유상하중=최대 총무게-자중
• 테어무게 : jack, block, chock 등의 무게
• 평형무게 : 조종면의 평형을 위해 설치하는 무게
• 밸러스트 : 평형을 위해 항공기에 설치하는 모래주머니, 납봉, 납판 등

6. 항공기에서 녹색호선의 의미는?

㉮ 제한범위   ㉯ 경계범위
㉰ 안전운용범위   ㉱ 플랩작동범위

7. 알크래드 판재의 금긋기 방법으로 알맞은 것은?

㉮ 금긋기 바늘을 이용하여 깊게 긋는다.
㉯ 금긋기 바늘을 이용하여 얕게 긋는다.

㉰ 분필이나 색연필을 이용하여 긋는다.
㉱ 펀치를 사용하여 부분부분 표시한다.

● Al-clad재의 표면이 손상되면 부식방지 표면으로써의 효과가 없어지므로 주의하여야 한다.

8. 0.032in 두께의 두 판을 riveting하는데 이때 필요한 universal rivet은?

㉮ AN 430 AD 4 - 3
㉯ AN 455 AD 5 - 5
㉰ AN 425 AD 3 - 4
㉱ AN 470 AD 4 - 4

● AN 470 AD 4 - 4
· AN 426 접시머리, AN 430 둥근머리, AN 442 납작머리, AN 455 브레이저머리, 470 유니버셜,
· AD : 2117 - T 리벳,
· 4 - 4 : 지름 4/32=1/8=0.125in,
　　　　　길이 1/4=0.25in
· 그립길이 : G=2T=0.064=8/125
· 리벳지름 : D=3T=0.032×3=12/125=0.096
· 리벳길이 : G+1.5D=8/125+18/125=0.208

9. secondary control surface의 목적과 거리가 먼 것은?

㉮ 항공기의 삼축 운동을 시키는 모멘트를 발생한다.
㉯ 이차 조종면에 미치는 힘을 덜어준다.
㉰ 항공기 착륙속도 및 착륙거리를 단축시킨다.
㉱ 비행중 항공기 속도를 줄여준다.

● · 일차(주) 조종면 : 도움날개, 승강키, 방향키
· 이차(부) 조종면 : 태브(트림, 서보, 밸런스, 스프링), 고양력장치(앞전, 뒷전), 스포일러, 스피드브레이크 등

10. 리벳의 치수계산에 대한 설명 중 틀린 것은?

㉮ 리벳 지름은 두꺼운 판재 두께의 3배이다.
㉯ 리벳 길이는 판의 전체 두께와 리벳 직경의 $1\frac{1}{2}$배를 합한 것이다.
㉰ 리벳 피치 간격은 3D 이상 12D 미만이어야 한다.
㉱ 벅테일의 높이는 1D이고 최소지름은 $1\frac{1}{2}$D이다.

● 벅테일의 높이는 0.5D이고 두께는 1.5D이다. 피치=3~12D(4~8D, 6~8D), 횡단피치=최소 2.5D, 피치의 75%(4.5~6D), 끝(연)거리=2~4D(접시머리 2.5D)

11. 코터핀 장착, 장탈시 주의 사항으로 틀린 것은?

㉮ 재사용이 안 된다.
㉯ 핀을 판에 구부릴 때는 꼬거나 가로방향을 구부린다.
㉰ 핀을 절단시 안전을 고려하여 핀축에 직각으로 절단한다.
㉱ 부근의 구조에 손상을 주지 않도록 플라스틱 해머를 사용한다.

12. 다음 중 세미모노코크 동체의 강도에 관계없는 것은?

㉮ 론저론, 프레임　㉯ 플로어 패널
㉰ 벌크헤드, 론저론　㉱ 스트링거

● 플로어 패널(마루바닥)은 구조재가 아니다.

13. 복합재료를 사용하는 이유가 아닌 것은?

㉮ 금속에 비해 강도가 높다
㉯ 무게가 가볍다
㉰ 복잡한 구조로 만들 수 있다
㉱ 가격이 저렴하다

▶ 복합재료의 장점 : 무게당 강도 비율이 높다. 복잡한 형태나 공기역학적인 곡선 형태의 제작이 쉽다. 일부의 부품과 파스너를 사용하지 않아도 되므로 제작이 단순해지고 비용이 절감된다. 유연성이 크고 진동에 강해서 피로응력의 문제를 해결한다. 부식이 되지 않고 마멸이 잘 되지 않는다.

14. 인장강도의 단위는?

㉮ kg/sec^2　　　㉯ kg/cm^2
㉰ kg/mm^3　　　㉱ kg

▶ 인장강도의 단위는 응력(stress)로써 단위면적에 작용하는 힘이다.
응력(stress)은 압력(pressure)의 단위와 같은 힘/면적이다. (예) $Pa(N/m^2)$, $psi(lb/in^2)$, Kg/cm^2 등이다.

15. 복합재료로 제작된 항공기 부품의 결함(층분리 또는 내부손상)을 발견하기 위해 사용되는 검사방법이 아닌 것은?

㉮ 육안검사
㉯ 동전 두드리기 시험(COIN TAP TEST)
㉰ 와전류탐상 검사
　　(EDDY CURRENT INSPECTION)
㉱ 초음파 검사

▶ 샌드위치 구조재의 손상 검사 방법 : 비파괴검사(육안, X선, 초음파), 음향검사(코인태핑, 금속링)

1. ㉱	2. ㉰	3. ㉮	4. ㉰	5. ㉱
6. ㉰	7. ㉯	8. ㉰	9. ㉮	10. ㉱
11. ㉯	12. ㉯	13. ㉮	14. ㉯	15. ㉰

1997년도 기능사 1급  항공장비

1. 다음 영문이 의미하는 것을 보기 중에서 고르면?

> A device which prevents an aircraft's wheels from locking and skidding during brake application.

㉮ Balance weight ㉯ Slip mark
㉰ Antiskid ㉱ Shimmy damper

2. 다음 중 블라인드 리벳이 아닌 것은?
㉮ 리브너트 ㉯ 폭발리벳
㉰ 고전단 리벳 ㉱ 체리 리벳

● 블라인드 리벳이란 리벳 뒤쪽에서 작업할 수 없는 경우 사용하는 특수리벳이다.

3. 리벳으로 접합된 두 개의 판재가 인장력을 받을 때 리벳의 단면에 작용하는 힘은?
㉮ 인장력 ㉯ 압축력
㉰ 전단력 ㉱ 모멘트

4. 열처리 강화형 알루미늄 합금을 500℃ 전후의 온도로 가열 후 물로 담금질하면 합금성분이 기본금속 속으로 녹아 들어가 유연한 상태가 된다. 이 열처리를 무엇이라고 하는가?
㉮ 풀림 ㉯ 아노다이징
㉰ 뜨임 ㉱ 용체화

● 항공기에 주로 사용되는 알루미늄합금으로는 내식 알루미늄합금, 고강도 알루미늄합금, 내열 알루미늄합금이 있다.

5. 다음은 대형항공기에서 사용되는 보우기식 주착륙장치의 구성품이다. 틀린 것은?
㉮ 트러니언 : 바깥쪽 실린더와 동체 구조를 연결
㉯ 토션링크 : 안쪽과 바깥쪽 실린더가 회전방향으로 움직이지 않게 한다.
㉰ 이퀄라이저 로드 : 지상활주시 진동 감쇠
㉱ 센터링 실린더 : 완충 스트러트와 트럭이 수직이 되게 한다.

6. 항공기의 무게 중심이 기준선에서 90in에 있고, MAC의 앞전이 기준선에서 82in인 곳에 위치한다. MAC가 32in인 경우 중심은 몇 % MAC인가?
㉮ 15 ㉯ 20
㉰ 25 ㉱ 35

7. 다음 중 텅스텐 불활성 가스 아크 용접시 사용하는 가스가 아닌 것은?
㉮ 순수 헬륨
㉯ 아르곤
㉰ 아르곤, 이산화탄소의 혼합가스
㉱ 헬륨, 질소의 혼합가스

● 보호가스에는 불활성가스인 아르곤가스가 주로 사용되고, 아르곤가스에 산소 또는 이산화탄소를 혼합하여 쓰기도 한다.

8. 다음 중에서 고정익 항공기의 기본 구조재는?

㉮ Fuselage, Wing, Landing Gear, Power Plant
㉯ Fuselage, Stabilizer, Empennage, Control Surface, Engine
㉰ Fuselage, Wing, Stabilizer, Control Surface, Landing Gear
㉱ Fuselage, Wing, Landing Gear, Tail, Power Plant

● 비행기의 기본 구조재는 동체, 날개, 꼬리날개, 착륙장치 등이며, 기관은 구조재가 아니다.

9. 판재에 구멍을 뚫거나 중심자리를 나타내는데 사용하는 펀치의 각도는?

㉮ 45° ㉯ 60°
㉰ 90° ㉱ 120°

● prick punch, center punch, starting punch, pin punch, transfer punch

10. 항공기 구조에서 론저론에 대한 설명중 맞는 것은?

㉮ 가벼운 판금에 강성을 주기 위해 플랜지를 갖는 부재
㉯ 날개의 스파를 결합하기 위한 새로운 방향부재
㉰ 엔진이나 연소실을 객실로부터 분리시키기 위한 수직부재
㉱ 동체나 낫셀에 있어서 앞뒤 방향으로 쓰이는 강력부재

11. 다음 열처리 방법 표시 기호 중에서 T_6의 의미는?

㉮ 담금질 후 상온시효가 완료된 것
㉯ 제조 후 바로 인공시효 처리한 것
㉰ 담금질 후 인공시효 처리한 것
㉱ 담금질 후 안정화 처리한 것

● T_4: 담금질 후 상온시효 처리한 것, T_6: 담금질 후 인공시효 처리한 것

12. 항공기 무게 2,950kg, 중심위치가 기준선 후방 300cm인 항공기에서 기준선 후방 100cm에 위치한 50kg의 전자장비를 떼어내고 기준선 후방 500cm에 위치한 화물실에 100kg의 비상물품을 실었다. 이때 중심위치는 기준선 후방 몇 cm에 위치하는가?

㉮ 250cm ㉯ 310cm
㉰ 350cm ㉱ 410cm

● $X_2 = \dfrac{(2{,}950 \cdot 300 - 50 \cdot 100 + 100 \cdot 500)}{(2{,}950 - 50 + 100)}$

13. 드릴로 구멍을 뚫을 때 고속회전을 요하는 재료는?

㉮ 알루미늄
㉯ 스테인레스강
㉰ 티타늄
㉱ 열처리된 경질의 금속

14. 볼트 나사는 끼워 맞춤의 종류에 의해 등급이 결정된다. 등급 2는 어떠한 끼워맞춤인가?

㉮ 헐거운 끼워맞춤
㉯ 느슨한 끼워맞춤
㉰ 중간 끼워맞춤

㈑ 억지 끼워맞춤

등급	정 도	작 업
1	Loose(헐거운 끼 맞춤)	손 작업
2	Free(느슨한 끼워맞춤)	screw driver
3	Medium(중간 끼워맞춤)	wrench
4	Close(억지 끼워맞춤)	항공기 구조부분

15. 기체구조의 어느 부분에서 피로파괴가 일어나거나, 그 일부분이 파괴되어도 나머지 구조가 작용하는 하중을 지지할 수 있게 하며, 치명적인 파괴 또는 과도한 변형을 가져오지 않게 하는 구조를 무엇이라 하는가?

㈎ 페일 세이프 구조(fail safe structure)
㈏ 샌드위치 구조(sandwich structure)
㈐ 안전 구조(safety structure)
㈑ 세미모노코크 구조 (semimonocoque structure)

1. ㈐	2. ㈐	3. ㈐	4. ㈑	5. ㈐
6. ㈐	7. ㈐	8. ㈐	9. ㈏	10. ㈑
11. ㈐	12. ㈏	13. ㈎	14. ㈏	15. ㈎

1998년도 기능사 1급 1회 항공기체

1. Retractable landing gear에서 부주위로 인하여 착륙장치가 접히는 것을 방지하기 위한 안전장치가 아닌 것은?

㉮ Up lock ㉯ Down lock
㉰ Safety switch ㉱ Ground lock

● Up lock : L/G어가 완전히 올라간 후 내려오지 못하도록 고정

2. 다음 항공기의 위치 표시방법 중에서 버톡라인 (Buttock Line)은 무엇인가?

㉮ 항공기 위치 전방에서 테일콘까지 연장된 선과 평행하게 측정
㉯ 수직 중심선에 평행하게 좌, 우측의 너비를 측정
㉰ 항공기 동체의 수평면으로부터 수직으로 높이를 측정
㉱ 날개의 후방 빔에 수직하게 밖으로부터 안쪽 가장자리까지 측정

● ・동체스테이션 : 기준선은 기수 또는 기수 부근의 면에서 모든 수평 거리가 측정 가능한 상상의 수직선
・버톡라인 : 동체 단면의 중앙의 중심선을 기준으로 일정한 간격으로 평행선의 폭을 말한다.
・워터라인 : 동체의 낮은 부분에서 어떤 정해진 거리만큼 떨어진 수평면의 수직선을 측정한 높이

3. 다음 중에서 항공기 재료에 제한 없이 쓰이고,

4. 육안 검사로 발견할 수 없는 작은 균열이나 결함 등을 발견하는데 사용하는 방법은?

㉮ 보어스코프 ㉯ 와전류 검사
㉰ X-ray ㉱ 침투탐상검사

4. 조종케이블의 점검에 대한 설명으로 잘못된 것은?

㉮ 케이블의 손상 점검은 헝겊을 이용한다.
㉯ 케이블을 역방향으로 비틀어서 내부 부식을 점검한다.
㉰ 케이블 내부에 부식이 있으면 케이블을 교환한다.
㉱ 케이블 외부 부식은 솔벤트로 세척한다.

● 솔벤트 세척 후 반드시 부식방지 처리를 해야 한다.

5. 다음 중 Graund handling bus에 전원을 공급하는 것은 무엇인가?

㉮ GPU #1, GPU #2
㉯ APU #1, APU #2
㉰ GPU #1, APU #1
㉱ GPU #2, APU #2

6. 턴록 패스너 중에서 에어록 패스너의 구성요소가 아닌 것은?

㉮ 스터드 ㉯ 리셉터클
㉰ 크로스 핀 ㉱ 그로메트

● turn lock fastener : 정비와 검사를 목적으로 쉽고 신속하게 점검창을 장탈 및 장착할 수 있도록 만들어진 부품

7. SAE4130에서 30의 의미는?

㉮ 탄소 0.3%   ㉯ 니켈 30%
㉰ 크롬 30%   ㉱ 몰리브덴 0.3%

8. 새로운 고정피치 프로펠러를 항공기에 장착했을 때 허브 볼트의 점검주기는 얼마인가?

㉮ 장착 후 최초 비행 후 25시간
㉯ 장착 후 최초 비행 후 30시간
㉰ 장착 후 최종 비행 후 50시간
㉱ 장착 후 최종 비행 후 100시간

9. Dimpling작업에 대한 설명 중 틀린 것은?

㉮ 7000시리즈의 알루미늄 합금, Mg합금은 홀 딤플링을 적용한다.
㉯ 판을 2개 이상 겹쳐서 동시에 딤플링하는 방법은 피할 것
㉰ 반대 방향으로 딤플링 해서는 안 된다.
㉱ 딤플링 작업시 수평으로 놓고 한다.

● 7000시리즈의 알루미늄 합금, Mg합금은 균열을 방지하기 위하여 모두 열을 가해서 하는 딤플링 방법을 적용한다. 판을 2개 이상 겹쳐서 동시에 딤플링하는 방법은 가능한 한 피한다. 반대 방향으로 다시 딤플링해서는 안 되며 시험편에 딤플링하여 균열 발생 여부를 확인하다

10. 다음 중에서 케이블의 장력을 측정하는 장비는 무엇인가?

㉮ 턴 버클
㉯ 케이블 텐션미터
㉰ 케이블 텐션 레귤레이터
㉱ 케이블 드럼

● ・turn buckle : 조종케이블의 장력을 조절하는 부품
・cable tension regulator : 온도변화에 따른 케이블 장력변화를 자동으로 일정하게 조절하는 부품

11. 다음 AN 501 B-416-7 스크류에 대한 설명으로 틀린 것은?

㉮ AN 501 : 필리스터 헤드(fillister head)
㉯ B : 황동
㉰ 416 : 지름(4/16in)
㉱ 7 : 길이(7/8in)

12. 다음 알루미나 섬유에 대한 설명중 맞는 것은 무엇인가?

㉮ 가늘고 유연하며 밀도는 보론이나 유리보다 작다.
㉯ 내열성이 뛰어나 공기 중에서 1,300℃로 가열해도 취성을 갖지 않는다.
㉰ 미국 듀퐁사가 케블러(Kevlar)로 발표한 유기합성섬유 이다.
㉱ 온도변화에 대해 치수안정성이 필요한 우주장비에 적합하다.

● ・보론 섬유 : 압축강도와 강성이 높으나, 구부리기 어렵고 취급이 어렵고 비싸다.
・카본 섬유 : 가늘고 유연하며 밀도는 보론이나 유리보다 작다.
・실리콘 카아이드 섬유 : 고가이고 전단・천공 등의 가공성에 문제점이 있으나 강도・강성이 높아 내열성이 필요한 곳에 사용
・아라미드 섬유 : 카본보다 비강도가 높고 가격도 싸며 취급도 용이하다.

13. Tire가 과팽창하면 다음 중 손상의 원인이 될 수 있는 것은?

㉮ Hub frim   ㉯ Wheel flange
㉰ Back plate ㉱ Brakes

● ㉮, ㉰, ㉱는 브레이크 계통이다.

14. 다음 중에서 항공기의 차동조종(Differential control)과 관계가 있는 것은?

㉮ Trim tab   ㉯ Ailerons
㉰ Rudder   ㉱ Elevator

● 역빗놀이 방지를 위해 도움날개를 차동 조종한다.

15. Fairleads should never deflect the alignment of a cable (   ).

㉮ 12°   ㉯ 8°
㉰ 6°   ㉱ 3°

● 페어리드는 케이블 배열을 3° 이상 변형시켜서는 안 된다.

1. ㉮	2. ㉯	3. ㉱	4. ㉱	5. ㉰
6. ㉱	7. ㉮	8. ㉮	9. ㉱	10. ㉯
11. ㉱	12. ㉯	13. ㉯	14. ㉯	15. ㉱

1998년도 기능사 1급 2회  항공기체

1. 유압계통에 사용되는 파이프의 크기 표시는 어떻게 하는가?

㉮ 외경은 인치의 소수, 두께는 인치의 분수로 나타낸다.
㉯ 외경은 인치의 분수, 두께는 인치의 소수로 나타낸다.
㉰ 외경, 두께 공히 인치의 소수로 나타낸다.
㉱ 외경, 두께 공히 인치의 분수로 나타낸다.

● 튜브는 외경가 두께로 호스는 내경으로 그 크기를 표시한다.

2. 항공기의 세로축 또는 기축에 대하여 설정하여 부품의 위치나 측정부의 위치를 나타내는데 사용하는 것은?

㉮ 레퍼런스 데이텀(Reference Datum)
㉯ 평균공력시위(MAC)
㉰ 센터 라인(Center Line)
㉱ 시위선(Chord)

3. 쉐이크 프루프 록 와셔(shake proof lock washer)의 용도에 대한 설명이다. 옳은 것은?

㉮ 높은 온도에 잘 견디고 심한 진동하에서도 사용할 수 있다.
㉯ 스크류를 자주 장탈하는 부분에 사용한다.
㉰ 주구조물 및 부구조물에 고정장치로 사용한다.
㉱ 공기 중에 노출되어 부식되기 쉬운 곳에 사용한다.

● 록 와셔는 셀프 록 너트나 코터핀, 안전결선을 사용할 수 없는 곳에 볼트, 너트, 스크류의 느슨함을 방지하기 위해 사용한다.

4. 구조의 피로파괴를 방지하고 구조를 페일 세이프 구조로 하기 위한 일반적인 설계기준 및 정비상 주의사항이 아닌 것은?

㉮ 가능한 한 대칭구조를 피한다.
㉯ 피로강도가 강한 특성을 갖는 재료를 사용한다.
㉰ 응력집중을 피한다.
㉱ 스킨과 보강재 사이에 더블러를 삽입한다.

5. 리벳의 규격 및 식별에서 AN 470 AD 3-5에서 3이 가리키는 것은?

㉮ 리벳의 길이가 3/16인치이다.
㉯ 리벳의 직경이 3/16인치이다.
㉰ 리벳의 직경이 3/32인치이다.
㉱ 리벳의 길이가 3/32인치이다.

6. 세라믹 코팅의 목적은?

㉮ 내열성
㉯ 마모성
㉰ 내열성과 내마모성
㉱ 내식성과 내열성

● 세라믹은 높은 온도의 적용이 요구되는 곳에 사용된다. 세라믹 형태의 복합소재는 온도가 1,200℃(2,200°F)에 도달 할 때까지도 대부분의 강도와 유연성을 유지한다.

7. 턴록 패스너에 대한 설명 중 아닌 것은?
㉮ 점검창을 신속하게 장·탈착 할 수 있도록 한다.
㉯ 응력-판넬 패스너와 같은 용어로 불리워진다.
㉰ 턴록 종류는 쥬스, 캠락, 에어락이 있다.
㉱ 날개 상부 표면 점검창에 쓰인다.

8. 판재를 굽힐 때 응력의 영향을 받지 않는 선은?
㉮ 몰드선   ㉯ 벤트선
㉰ 세트백   ㉱ 중립선

9. 항공기의 무게와 평형에서 유효 하중은?
㉮ 항공기의 인가된 최대무게이다.
㉯ 항공기내의 고정 위치에 실제로 장착되어 있는 하중이다.
㉰ 최대 총무게에서 자기 무게를 뺀 무게이다.
㉱ 항공기의 무게중심을 말한다.

10. 두께 1mm 알루미늄 합금판을 그림과 같이 전단 가공을 할 때 필요한 최소한의 힘은 얼마인가? (단, 이 판의 최대 전단 강도는 3,600kg/cm²)
㉮ 10,800kg
㉯ 36,000kg
㉰ 108,000kg
㉱ 360,000kg

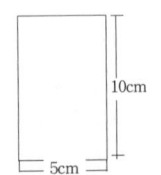

● $F = \tau \times A$

11. 항공기 기체에 작용하는 기계적인 하중에서 부재 내부에 작용하는 하중은?
㉮ 양력, 항력, 추력, 무게
㉯ 인장력, 압축력, 전단력, 비틀림력, 굽힘력
㉰ 공기력, 관성력
㉱ 양력, 항력

12. 다음 중 판금 가위를 잘못 설명한 것은?
㉮ 직선가위는 직선부위를 절단할 때 날의 길이가 다른 것에 비해 길다.
㉯ 조합가위는 직선 가위와 같은 모양이며, 직선 자르기와 곡선 자르기에 사용한다.
㉰ 곡선 가위는 호크빌 가위와 둥근 가위가 있다.
㉱ 항공가위는 한 개의 가위로 어떤 복잡한 모양도 편리하게 자를 수 있다.

● 가위(snips)는 판금재료의 구멍, 곡선 또는 직선을 자르는데 사용한다.

13. 착륙계통에 대한 설명중 틀린 것은?
㉮ 랜딩기어 작동시 붉은색 등이 켜진다.
㉯ 방향키를 이용해서 방향전환 가능
㉰ Anti-skid : 저속시 브레이크 제동효율을 높인다.
㉱ 시미댐퍼 : 진동을 감소시킨다.

14. Hydromotor에서 스크류을 돌려 회전시킬 때 작동하는 것은?
㉮ 도움날개   ㉯ 수평 안정판
㉰ 탭   ㉱ 에어브레이크

15. 다음 영문이 의미하는 것을 보기에서 고르면?

> A device used in control systems to change the direction of an applied force.

㉮ 턴버클 ㉯ 벨 크랭크
㉰ 그라운드 락크 ㉱ 스토퍼

1. ㉯	2. ㉮	3. ㉮	4. ㉮	5. ㉰
6. ㉮	7. ㉯	8. ㉱	9. ㉱	10. ㉮
11. ㉯	12. ㉱	13. ㉰	14. ㉯	15. ㉯

1998년도 기능사 1급 3회 항공기체

1. 단축 유니버셜 리벳 작업할 때 연거리 및 리벳의 간격은?

㉮ 연거리는 리벳 직경의 3배 이상, 간격은 리벳 직경의 4배 이상
㉯ 연거리는 리벳 직경의 2배 이상, 간격은 리벳 길이의 3배 이하
㉰ 연거리는 리벳 직경의 3배 이상, 간격은 리벳 길이의 4배 이상
㉱ 연거리는 리벳 직경의 2배 이상, 간격은 리벳 직경의 3배 이상

● 연거리 : 2~4배, 리벳간격 : 3~12배

2. 기준선에서 날개 앞전까지의 거리가 150mm, 무게중심(C.G)까지의 거리가 170mm이고, 시위가 80mm일 때 무게중심(C.G)% MAC은 얼마인가?

㉮ 10%   ㉯ 15%
㉰ 25%   ㉱ 30%

3. 서로 밀착한 부품 간에 계속적으로 아주 작은 진동이 일어날 경우 그 표면에 생기는 부식은?

㉮ 표면 부식
㉯ 이질금속간의 접촉부식
㉰ 입간 부식
㉱ 프레팅 부식

● • 표면부식 : 전기화학적 침식으로 분말 침전물 생성, 페인트 도금층 밑면의 부식은 페인트, 도금층을 벗겨놓음
• 이질금속간 부식 : 서로 다른 금속이 접촉되어 있는 상태에서 물, 습기, 기타 용액에 의하여 어느 한 재료가 먼저 부식, A군(1100, 3003, 5052, 6061), B군(2014, 2017, 2024, 7075)
• 입자간부식 : 합금성분의 분포가 고르지 못할 때 생성되면 표면 흔적 없이 발생하여 심할 때는 표면 발아, 얇은 조각으로 벗겨짐
• 응력부식 : 강한 인장응력과 적당한 부식 조건과의 복합적인 영향으로 발생하는 부식, 알루미늄 부품에 철재 부싱
• 프레팅부식 : 밀착 부품에 계속적인 진동이 일어날 때, 홈에 생기는 부식, 베어링, 커넥팅 로드, 너클핀, 스플라인

4. 항공기 동체 구조에 사용되는 페일 세이프(Fail-safe) 구조에 대한 설명 중 가장 올바른 것은?

㉮ 피로파괴를 고려해서 만들어진 구조이다.
㉯ 최대하중에서 파괴되도록 만들어진 구조이다.
㉰ 제한하중에서 파괴되도록 만들어진 구조이다.
㉱ 다경로 하중을 갖도록 만들어진 구조이다.

5. 복합재료로 제작된 항공기 부품의 결함(층분리 또는 내부손상)을 발견하기 위해 사용되는 검사 방법이 아닌 것은?

㉮ 육안검사
㉯ 동전 두드리기 시험(COIN TAP TEST)
㉰ 와전류탐상 검사
㉱ 초음파 검사

6. 다음 V-n선도에서 순항성능이 가장 효율적으로 얻어지도록 정한 설계속도는?

㉮ V_S ㉯ V_A
㉰ V_C ㉱ V_D

▸ V_A (설계운용속도) : 플랩 등의 고양력 장치를 사용하지 않고 아무리 상승해도 하중배수를 초과하지 않는 속도
• V_C (설계순항속도) : 감항성상 기준이 되는 순항속도에서 등가대기속도
• V_D (설계 급강하 속도) : 설계상 기체강도, 안정성, 조종성을 보장하는 허용최대 급강하속도

7. 드릴로 구멍을 뚫을 때 편심이 생겼다. 가장 타당한 수정 방법은?

㉮ 완전히 구멍을 뚫고 정으로 따낸다.
㉯ 더 큰 드릴로 수정
㉰ 리이머 수정
㉱ 드릴의 날이 들어가기 전에 펀치로 수정한다.

8. 올레오 스트러트에 있는 토크링크의 목적으로 틀린 것은?

㉮ 활주중에 기어가 전후로 움직이는 것을 방지
㉯ 내부 실린더와 외부 실린더 사이에 연결되어 있다.
㉰ 바퀴가 돌아가는 것을 방지
㉱ 내부 실린더가 상하로 작동하게 한다.

9. 2024(DD) 리벳의 두부 표시는?

㉮ (H형)   ㉯ (점+사각)
㉰ (원)   ㉱ (점+요형)

10. 크랭크 축의 런아웃 측정을 위해 다이얼 게이지를 읽은 결과 +0.001~-0.002in까지 지시했다면 이때 런아웃 값은 몇 in인가?

㉮ -0.001   ㉯ 0.002
㉰ 0.003   ㉱ -0.002

▸ 런아웃 측정은 최대 최소값을 측정한다.

11. 비행기의 무게가 2,500kg, 중심위치가 기준선 후방 0.5m에 있다. 기준선 후방 4m에 위치한 10kg짜리 승객좌석 2개를 떼어내고 기준선 후방 4.5m에 항법장비장치 17kg을 장착한 후 구조변경을 하여 기준선 후방 3m에 12.5kg의 무게증가 요인이 발생하였다. 이때의 무게중심을 구하면?

㉮ 기준선 전방 0.1m
㉯ 기준선 전방 0.2m
㉰ 기준선 후방 0.51m
㉱ 기준선 후방 0.92m

▸ $CG = \dfrac{(2,500 \times 0.5 - 2 \times 10 \times 4 + 17 \times 4.5 + 12.5 \times 3)}{(2,500 - 2 \times 10 + 17 + 12.5)}$

12. 양극처리의 설명과 관계없는 것은?

㉮ 강철에 처리 용이
㉯ 산화 알루미늄 도금
㉰ 부식 방지 도금
㉱ 전기 화학 도금

● 강의 표면경화 : 침탄법, 질화법, 고주파 담금질법, 금속 침투법

13. 잘 리깅(Rigging)된 비행 조종장치를 가진 비행기의 조종간을 앞쪽으로 움직이고 오른쪽으로 움직였다면 조종면의 움직임은?

㉮ 승강키는 올라가고, 오른쪽 도움날개는 올라간다.
㉯ 승강키는 내려가고, 오른쪽 도움날개는 올라간다.
㉰ 승강키는 내려가고, 왼쪽 도움날개는 올라간다.
㉱ 승강키는 올라가고, 왼쪽 도움날개는 내려간다.

14. 가격이 비싸고 취급이 어려우나 강도가 우수해서 전투기의 동체나 날개부분에 많이 사용되는 복합소재는?

㉮ 아라미드 섬유   ㉯ 알루미나 섬유
㉰ 탄소 섬유   ㉱ 보론 섬유

15. 다음 설명이 의미하는 것을 보기 중에서 고르시오.

> A thin metal strip used to ensure a smooth flow of air over a joint.

㉮ Vertical pin   ㉯ Flap
㉰ Fillet   ㉱ Speed brake

1. ㉯	2. ㉰	3. ㉱	4. ㉮	5. ㉰
6. ㉰	7. ㉯	8. ㉮	9. ㉮	10. ㉰
11. ㉰	12. ㉮	13. ㉯	14. ㉱	15. ㉰

1998년도 기능사 1급 4회 항공기체

1. 다음 리벳 중에서 최대 전단응력이 제일 큰 것은?
- ㉮ 2017T
- ㉯ 2024T
- ㉰ 2117T
- ㉱ 5056T

2. 동력조종장치에서 조종사에게 조종력의 감각을 느끼게 하는 장치는?
- ㉮ 수동비행조종장치 (manual Flight Control System)
- ㉯ 자동비행장치(Auto Pilot System)
- ㉰ 아티피셜 필링 디바이스 (Artificial Feeling Devices)
- ㉱ 플라이 바이 와이어(Fly by Wire)

3. 항공기 구조물에 사용되는 알루미늄 합금 판재는 일반적으로 어떤 방법으로 강도를 높이는가?
- ㉮ 냉간가공
- ㉯ 시효경화
- ㉰ 열처리
- ㉱ 화학처리

● 시효경화는 비철합금(알루미늄합금, 마그네슘합금, 티타늄합금 등)의 경화에 널리 응용되고 있다.

4. 최신 항공기는 연료소비 절감을 위해 첨단복합소재(ACM)를 사용하고 있다. 다음 중 ACM을 사용하지 않는 것은?
- ㉮ aileron, elevator, rudder
- ㉯ eng' cowling
- ㉰ thrust reverser firing
- ㉱ exhaust cone

5. 원뿔을 나타낼 때, 전개도는 무엇인가?
- ㉮ 평행선법
- ㉯ 방사선법
- ㉰ 삼각형법
- ㉱ 투영도법

6. ALCLAD 2024 T$_4$에 대한 설명 중 옳은 것은?
- ㉮ 순수 알루미늄을 입힌 것으로 냉간 가공한 것이다.
- ㉯ 순수 알루미늄이다.
- ㉰ 순수 알루미늄을 입힌 알루미늄 합금으로 용액내에서 열처리한 것이다.
- ㉱ 알루미늄 합금으로 인공적으로 형성시킨 것이다.

● 알루미늄 합금의 식별방법으로는 주조용 알루미늄 합금에 쓰이는 ALCOA 규격과 가공용 알루미늄 합금에 쓰이는 AA 규격이 있다

7. 항공기 정비용 도형식 도표를 주로 사용하는 곳은?
- ㉮ 분해조립시
- ㉯ 주로 고장탐구시
- ㉰ 위치를 나타낼 때
- ㉱ 위 모두 맞다

8. 산소용기의 사용 가능여부를 결정하는 방법은?

㉮ 물압력 시험
㉯ 산소압력시험
㉰ 고압질소 압력시험
㉱ 압축공기 압력시험

▶ 실린더는 작동압력의 166%의 정역학적 시험을 하여야한다. 통상 산소 압력 1800~2400Psi이고 시험압력 3000Psi 이다.

9. 밸런스 탭에서 래깅탭의 역할은?

㉮ 조종면과 반대로 움직여 조종력 경감
㉯ 조종면과 같은 방향으로 움직여 조종력 경감
㉰ 조종면과 반대로 움직여 조종력을 0으로 만듬
㉱ 조종면과 같은 방향으로 움직여 조종력을 0으로 만듬

10. 대부분 프로펠러 항공기에 사용되며 소형이면서 무게가 가벼운 스피너 형태는?

㉮ NACA A   ㉯ NACA B
㉰ NACA C   ㉱ NACA D

11. 유관의 식별에서 청색-황색은?

㉮ 냉각액   ㉯ 흡입 산소
㉰ 유압   ㉱ 윤활유

▶ • 유체의 배관은 계통을 구별하기 위해 심벌이 표시된 색 표지로 표시한다.
• 연료계통(붉은색), 윤활계통(노란색), 유압(청색-황색), 압축공기(주황), 산소(녹색)

12. 기본 자기 무게가 1,200kg이고 c.g가 300cm인 항공기에 300kg의 화물을 탑재하는 경우 c.g가 400cm로 이동한다. 이 때 탑재하는 화물의 위치는?

㉮ 400cm   ㉯ 800cm
㉰ 1,200cm   ㉱ 1,600cm

13. 사람이 영향을 받지 않고 활동하며 인체에 해가 없고 기체 강도의 최고한계를 정하는 고도는?

㉮ 3,000m(9,100ft)
㉯ 3,300m(10,000ft)
㉰ 10,650m(33,000ft)
㉱ 11,810m(39,000ft)

14. 2024 알루미늄을 45로 굽힐 때 굽힘여유는 얼마인가? (단, T=0.8mm, R=2.4mm)

㉮ 0.97   ㉯ 1.92
㉰ 2.19   ㉱ 2.98

15. 다음 영문이 의미하는 것을 보기 중에서 고르면?

> Test a piece of equipment under simulated conditions. (not on the airplane).

㉮ Spot check   ㉯ preflight test
㉰ Bench check   ㉱ Visual check

1. ㉯	2. ㉰	3. ㉯	4. ㉱	5. ㉯
6. ㉰	7. ㉯	8. ㉰	9. ㉮	10. ㉱
11. ㉰	12. ㉯	13. ㉰	14. ㉰	15. ㉰

1999년도 산업기사 1급 1회 항공기체

1. 세미모노코크 동체구조에서 기본적인 벤딩 모멘트를 담당하는 것은?

㉮ 스트링어 ㉯ 표피
㉰ 리브   ㉱ Former

- 스트링어 : 굽힘모멘트와 좌굴방지
- 외피 : 전단, 비틀림 모멘트
- 리브 : 공기 역학적인 형태유지

2. 두께 0.051인치의 판을 1/4인치 굴곡의 반경으로 90° 굽힌다면 굴곡 허용량은 얼마인가?

㉮ 0.3423 ㉯ 0.4323
㉰ 0.4523 ㉱ 0.5323

$BA = \dfrac{\theta}{360} \times 2\pi \left(R + \dfrac{1}{2}T\right)$

3. 노스 스트럿 내부에 있는 센터링 캠의 역할은?

㉮ 착륙후 노스기어를 중립으로 맞춰준다.
㉯ 이륙후 노스기어를 중립으로 맞춰준다.
㉰ 스트럿 내의 오물을 제거한다.
㉱ 노스휠 스티어링이 작동하지 않을 때 중립위치에 맞춘다.

- 노스기어(Nose Gear)를 올리고 내리고 할 때에 타이어가 정면을 향하지 않으면 타이어가 랜딩기어 베이(Landing Gear Bay) 의 가장자리에 부딪쳐 구조부재를 파손하거나 랜딩기어를 올리는 도중에 정지해 버리는 일이 있다.

4. 볼트 나사는 끼워 맞춤의 종류에 의해 등급이 결정된다. 등급 2는 어떠한 끼워 맞춤인가?

㉮ 헐거운 끼워맞춤
㉯ 느슨한 끼워맞춤
㉰ 중간 끼워맞춤
㉱ 억지 끼워맞춤

- Class 1 : 헐거운 끼워맞춤
- Class 2 : 느슨한 끼워맞춤
- Class 3 : 중간 끼워맞춤
- Class 4 : 억지 끼워맞춤

5. 케이블 조종계통에서 케이블 장력을 조절할 수 있는 부품은?

㉮ 풀리
㉯ 벨 크랭크
㉰ Cable tension meter
㉱ 턴버클

6. 전단응력만 작용하는 곳에 사용되고 그립(Grip) 길이가 섕크의 직경보다 적은 곳에 사용해서는 안 되는 리벳은?

㉮ 폭발 리벳
㉯ 블라인드 리벳
㉰ 하이쉐어리벳
㉱ 기계적 확장 리벳

- 항공기에 사용하는 리벳은 solid shank river과 blind rivet이 주로 사용된다.

7. 원형 단면의 봉의 경우 비틀림 단면에서 발생하는 비틀림각 θ를 나타낸 식은? (R:반지름, T:비틀림모멘트 계수, L:길이, J:극관성모멘트계수, G:전단성계수)

㉮ $\dfrac{GJ}{TL}$ ㉯ $\dfrac{TR}{J}$

㉰ $\dfrac{TL}{GJ}$ ㉱ $\dfrac{GR}{TJ}$

● $\tau = \dfrac{Tr}{J}$, $\theta = \dfrac{TL}{GJ}$

8. 항공기가 고속화함에 따라 기체재료로서 알루미늄 합금은 부적당하고 티타늄 합금으로 대체되고 있다. 이것은 알루미늄 합금의 어떠한 결함 때문인가?

㉮ 너무 무겁다.
㉯ 전기저항이 너무 크다.
㉰ 공기와의 마찰로 마모가 심하다.
㉱ 열에 충분히 강하지 못하다.

● 고속화됨에 따라 공기와의 마찰로 인한 열에 견디는 재료가 요구된다.

9. 항공기의 안정성을 보장하기 위한 구조는?

㉮ 페일-세이프 구조
㉯ 샌드위치 구조
㉰ 안전구조
㉱ 세미-모노코크 구조

● 페일 세이프구조는 그 구조의 일부분이 피로로 파괴되거나 파손되더라도, 나머지 구조가 작용하는 하중에 견딜 수 있도록 함으로써 치명적인 파괴나 과도한 변형을 방지할 수 있도록 설계되어 항공기의 안정성을 보장한다.

10. 조종면의 평형은 언제 실시하는가?

㉮ 비행중에 조종사가 수시로
㉯ 주기적으로 지상에서
㉰ 제작회사의 권고에 따라
㉱ 조종면에 수리나 개조후

11. 탄성계수 E, 프아송의 비 v, 전단탄성계수 G 사이의 관계는?

㉮ $G = \dfrac{E}{2(1-v)}$ ㉯ $E = \dfrac{G}{2(1+v)}$

㉰ $G = \dfrac{E}{2(1+v)}$ ㉱ $E = \dfrac{G}{2(1-v)}$

● $v = \left|\dfrac{\epsilon_y}{\epsilon_x}\right|$, $G = \dfrac{E}{2(1+v)}$

12. 항공기 동체 구조 점검 중에 알루미늄합금의 구조물이 층층이 떨어지는 것을 발견하였다. 일반적으로 이와 같은 부식을 무엇이라고 하는가?

㉮ 이질금속간의 부식
㉯ 응력 부식
㉰ 마찰 부식
㉱ 엑스폴리에이션 부식

● 입간부식의 한 종류로써 층상부식이라고 한다

13. 타이어 Ⅷ형식, 49×19-20, 32 R2(B-747) 의 의미는?

㉮ 외경 49″, 폭 19″, 직경 20″, 32ply, 2회 반복 재생
㉯ 외경 49″, 내경 19″, 폭 20″, 32ply, 2회 반복 재생
㉰ 외경 49″, 내경 19″, 폭 20″, 32ply, 휠의 종류

㉣ 외경 49″, 내경 19″, 직경 20″, 32ply, 2회 반복 재생

● 타이어 외경(in)×타이어 폭(in) - 림 직경(in)

14. FRCM의 Matrix 중 사용온도범위가 가장 큰 것은?

㉮ FRC   ㉯ BMI
㉰ FRM   ㉱ FRP

● • FRC : Fiber Reinforced Ceramic 로 세라믹은 내열 합금도 견디지 못하는 천수백도의 내열성이 있다.
• BMI : Bismaleimide 수지로 내열성 수지. 180~240 ℃의 내열성이므로 습기흡수가 적으므로 습기 및 열특성이 좋다.
• FRM : Fiber Reinforced Metallics로 금속 매트릭스의 특징인 연성과 인성이 큼
• FRP : Fiber Reinforced Plastics, 에폭시 수지가 대표적

15. 알루미늄 판의 두께가 0.051in인 재료를 굴곡반경 0.125in 가 되도록 90°로 굴곡할 때 생기는 세트백(Setback)은?

㉮ 0.017in   ㉯ 0.074in
㉰ 0.125in   ㉱ 0.176in

● $SB = K(R+T)$, $K = \tan\frac{\theta}{2}$

16. 경비행기의 Firewall의 재료로서 잘 쓰이는 18-8 스테인레스는 어느 것인가?

㉮ 1.8%의 탄소와 8%의 Cr을 갖는 특수강
㉯ Cr-Mo 강으로서 열에 강하다.
㉰ 1.8%의 Cr과 0.8% Ni을 갖는 불수강
㉱ 18%의 Cr과 8% Ni을 갖는 불수강

● 오스테나이트 스테인레스강(18-8 스테인레스)은 스테인레스강 중에서도 내식성이 우수하기 때문에 기관 부품, 방화벽, 안전결선용 와이어, 코터 핀 등에 사용된다.

17. 리벳을 제거할 때의 주의사항은?

㉮ 리벳보다 한 사이즈 작은 드릴을 사용
㉯ 리벳이 관통할 때까지 드릴
㉰ 리벳보다 한 사이즈 작은 펀치를 사용
㉱ 남은 리벳 헤드를 줄로 간다.

● 리벳 제거시 한 사이즈 작은 드릴로 머리에 구멍을 뚫어 제거 후 같은 치수의 펀치로 제거

18. 비행기가 양력을 발생함이 없이 급강하할 때 날개는 비틀림 등의 하중을 받게 되며 이러한 하중에 항공기가 구조적으로 견딜 수 있는 설계상의 최대속도는?

㉮ 설계순항속도
㉯ 설계급강하속도
㉰ 설계운용속도
㉱ 설계돌풍운용속도

19. 그림과 같이 얇은 판으로 된 원통의 평균 반경 R=10cm이다. T=62,800kg/cm인 비틀림이 작용할 때 원통벽의 전단흐름 q는?

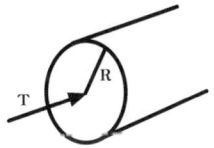

㉮ 400kg/cm   ㉯ 300kg/cm
㉰ 200kg/cm   ㉱ 100kg/cm

● $q = \dfrac{T}{2\pi r}$, $q = \dfrac{62,800}{2\pi \times 10} = 100 kg/cm$

20. 그림과 같이 인장력 P를 받는 봉에 축적되는 탄성에너지에 대하여 잘못 설명된 것은?

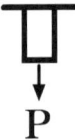

㉮ 봉의 길이 L에 비례한다.
㉯ 봉의 단면적 A에 비례한다.
㉰ 가한 하중 P의 제곱에 비례한다.
㉱ 재료의 탄성계수의 E에 반비례한다.

▶ 탄성 에너지 $U = \frac{1}{2}P\lambda = \frac{P^2 L}{2EA}$
따라서, 봉의 길이, 단면적, 가한 하중에 비례하고 탄성계수 E에 반비례한다

1. ㉮	2. ㉯	3. ㉯	4. ㉯	5. ㉱
6. ㉰	7. ㉰	8. ㉱	9. ㉮	10. ㉱
11. ㉰	12. ㉱	13. ㉮	14. ㉮	15. ㉱
16. ㉱	17. ㉮	18. ㉯	19. ㉱	20. ㉯

1999년도 산업기사 1급  2회 항공기체

1. A/C 위치 표시 방법 중 버톡라인(Buttock line)은?
   ㉮ A/C의 전방에서 테일콘(Tailcon)까지 연장된 선과 평행하게 측정한다.
   ㉯ 수직 중심선에 평행하게 좌, 우측의 너비를 측정한 것이다.
   ㉰ A/C 동체의 수평면으로부터 수직으로 높이를 측정한 것이다.
   ㉱ 날개의 후방빔에 수직하게 밖으로부터 안쪽 가장자리를 측정한 것이다.

2. 강관의 용접 작업시 조인트 부위를 보강하는 방법이 아닌 것은?
   ㉮ 평 가세트   ㉯ 삽입 가세트
   ㉰ 스카프 패치 ㉱ 손가락 판

   ● • 평 가세트 : T조인트나 크러스터 조인트에서 강관들 사이에 3각형의 판을 강관벽에 용접 부착하는 방법
   • 삽입 가세트 : 조인트가 가장 강한 보강방법으로 강관을 조인트 하기 전에 가세트를 끼울 수 있도록 강관의 중앙에 삽입 가세트의 두께로 길게 홈을 판 다음 강관과 삽입 가세트의 접선들은 용접 부착하는 방법이다.
   • 랩퍼 가세트 : 조인트의 강관 사이를 보강재로 씌우는 방법으로 씌우는 양변의 길이는 강관의 직경에 의해서 정해지며 평 가세트에서와 같다.
   • 덧붙침판(손가락판): 강관 조인트에 손가락모양의 덧붙임판을 만들어 용접부착하는 것으로 우그러진 강관구조의 수리방법으로 사용

3. 스프링에 50kg힘을 작용시켰더니 4cm 줄어들었다. 이때 스프링에 저축된 탄성에너지 kg-cm는 얼마인가?
   ㉮ 25   ㉯ 54
   ㉰ 100   ㉱ 200

   ● 탄성에너지 $= \frac{1}{2}Fx$

4. 항공기용 Bolt에서 Grip의 길이는?
   ㉮ 볼트가 장착될 재료 두께는 그립 길이와 같아야 한다.
   ㉯ 볼트 그립의 길이는 가장 얇은 판 두께의 3배는 되어야 한다.
   ㉰ 볼트가 장착될 재료 두께는 그립 길이의 1~1.5배이어야 한다.
   ㉱ 볼트가 장착될 재료 두께는 그립 길이에 볼트직경 길이를 합한 것과 같아야 한다.

5. 트라이 사이클 기어에 관한 설명중 틀린 것은?
   ㉮ 기어의 배열은 노스기어와 메인기어로 되어있다.
   ㉯ 빠른 착륙속도에서 강한 브레이크를 사용할 수 있다.
   ㉰ 이·착륙 중에 조종사에게 좋은 시야를 제공한다.
   ㉱ 항공기 중력중심이 메인기어 후방으로 움직여 그라운드 루핑을 방지한다.

6. 0.0625in 두께의 금속판 2개를 접하기 위하여 1/8in직경의 유니버셜 리벳을 사용하려고 한다. 최소한의 Rivet 길이는 얼마나 되는가?

㉮ 1/4in　　㉯ 1/8in
㉰ 5/16in　　㉱ 7/16in

● 리벳의 길이=접합부재의 두께+지름의 1.5배

7. 균일 단면봉에 인장하중을 가했을 경우 체적변화율 $\dfrac{\Delta v}{V}$ 와 변형률 ϵ, 포아송의 비 v의 관계는?

㉮ $\dfrac{\Delta v}{V} = \epsilon(1+2v)$

㉯ $\dfrac{\Delta v}{V} = \epsilon(1-2v)$

㉰ $\dfrac{\Delta v}{V} = \dfrac{\epsilon}{(1+2v)}$

㉱ $\dfrac{\Delta v}{V} = \dfrac{\epsilon}{(1-2v)}$

8. V-n 선도에서의 n(Load factor)를 바르게 나타낸 것은? (단, L:양력, D:항력, T:추력, W:무게)

㉮ L/W　　㉯ W/L
㉰ T/D　　㉱ D/T

● 하중배수(Load factor)란, 현재의 하중이 기본하중의 몇 배나 되는지를 말하며, 항공기에 있어서는 날개에서 발생하는 양력이 기본 하중, 즉 수평 비행시에 발생하는 양력의 몇 배가 되는지를 정하는 수치

$$n = \dfrac{L}{W} = \dfrac{C_L \dfrac{1}{2}\rho V^2 S}{W}$$

9. 다음 중 가장 큰 값은?

㉮ 비례한도　　㉯ 탄성한도
㉰ 허용응력　　㉱ 극한강도

● 응력-변형률 선도에서 원래의 상태로 돌아오는 성질을 탄성이라 하고 이 범위 내에 있는 한도를 비례한도, 탄성한도라 한다. 이후에도 계속 응력을 높이면 저절로 변형이 생기는데 이 응력을 항복응력이라 하며, 재료가 받을 수 있는 최대응력을 극한강도 또는 인장강도라 한다.

10. 항공기의 기체구조수리에 관한 설명중 올바른 것은?

㉮ 같은 두께의 재료로서 17ST의 판재나 리벳을 A17ST로 대체하여 할 수 있다.
㉯ 재료를 잘라낼 때는 가능한 한 직각으로 잘라내어 치수를 맞추어야 한다.
㉰ 사용 리벳 수는 같은 재질로 기체의 강도를 고려하여 최소한의 수를 사용한다.
㉱ 수리를 위하여 대치할 재료의 두께는 원래두께와 같거나 작아야한다.

● 기체구조 수리의 원칙
- 원래재료의 강도와 같거나 그 이상의 재료로 대치되어야 한다.
- 대치할 재료의 두께는 원래재료의 두께와 같거나 커야한다.
- 수리재료의 무게는 원래재료와 같거나 가능한 한 최소한의 증가에 그쳐야 한다.
- 수리부분은 원래의 윤곽을 유지해야 한다.
- 원래 재료를 잘라낼 때는 응력의 집중에 의한 모서리에서의 균열이 시작하는 것을 막기 위하여 잘라낼 부분은 가능한 한 원형 또는 타원형으로 하여야 한다.
- 원래재료와의 접촉면에는 재료의 성분에 관계없이 부식방지를 위한 표면처리를 반드시 하여야 한다.
- 사용하는 리벳은 재료의 강도와 같은 것을 사용하여야 하며 리벳의 수는 최소한의 수를 사용하여야 한다.

11. 알루미늄 판재를 드릴작업할 때 드릴각도, 회전속도, 드릴압력으로 맞는 것은?

㉮ 118°, 고속, 일정하게 누른다.
㉯ 140°, 저속, 강한 힘으로 누른다.
㉰ 90°, 저속, 매우 세게
㉱ 75°, 저속, 약하게

● 얇고 경질 : 118°저속, 두껍고 연질 : 90°고속, 스테인리스 : 140°저속

12. 열처리가 부적당한 어느 특정된 알루미늄 합금재에 발생하는 부식은?

㉮ 입자간 부식(Intengural corrosion)
㉯ 응력 부식(Stress corrosion)
㉰ 찰과 부식(Fretting corrosion)
㉱ 이질금속간 부식

● • 입자간 부식(Intengural corrosion) : 열처리가 부적당한 어느 특정된 알루미늄합금 재료에 발생한다. 예를 들면, 2024는 담금질을 조속히 하지 않으면 이러한 현상이 현저하게 나타난다.
• 응력 부식(Stress corrosion) : 알루미늄 합금이나 마그네슘 합금 같은 특정된 금속재가 강한 응력과 적당한 부식 조건에 놓였을 때는 응력 부식현상이 나타난다.
• 프레팅 부식(Fretting corrosion) : 서로 밀착한 부품간에 아주 작은 진폭으로 계속적인 상대 운동을 할 경우 그 표면에는 상처로 인한 부식이 생긴다.

13. 케이블 조종 계통(Cable control system)의 턴버클 배럴(Turnbuckle barrel)에 구멍이 있다. 이 구멍의 용도는?

㉮ 양쪽 Cable fitting의 나사가 충분히 물려 있는지 확인하기 위하여
㉯ 양쪽 Cable fitting에 윤활유를 보급하기 위하여
㉰ 안전선(Safety wire)를 하기 위하여
㉱ Turn buckle을 조절하기 위하여

● 턴버클 배럴의 구멍은 검사용 구멍으로 핀이 검사용 구멍에 들어가면 안된다.

14. 인테그럴 탱크의 특징으로 맞는 것은?

㉮ 누설이 적다.
㉯ 화재의 위험이 적다.
㉰ 무게가 가볍다.
㉱ 연료 공급이 편하다.

● 인테그럴 탱크는 날개의 내부 공간을 연료 탱크로 사용하는 것으로, 앞날개보와 뒷날개보 및 외피로 이루어진 공간을 밀폐제를 이용하여 완전히 밀폐시켜서 사용한다. 따라서, 추가적인 구조부재가 없기 때문에 무게가 가볍다.

15. 시간에 대한 재료의 변형도를 표시한 곡선을 Creep곡선이라고 한다. 이 Creep곡선 중 시간에 대한 변형도와 증가율이 일정하게 증가되는 시간 단계는?

㉮ 1단계   ㉯ 2단계
㉰ 3단계   ㉱ 천이점

● • 1단계 : 탄성 범위 내의 변형으로서, 하중을 제거하면 원래의 상태로 돌아온다.
• 2단계 : 변형률이 직선으로 증가한다.
• 3단계 : 변형률이 급격히 증가하여 결국 파단이 생긴다.
• 천이점 : 2단계와 3단계의 경계점

16. 모노코크 구조에 있어서 항공역학적 힘은 어느 곳에 부과되는가?

㉮ 포머(Former)
㉯ 응력표피(Stress skin)

㉰ 벌크헤드(Bulkhead)
㉱ 스트링거(Stringer)

17. Nut AN 310 D - 5 R에서 문자 D가 의미하는 것은 무엇인가?

㉮ Nut의 종류로 캐슬너트
㉯ Nut의 재료인 알루미늄 합금 2017T
㉰ 사용볼트의 직경 표시
㉱ Nut의 안전결선용 구멍

● 너트의 재질 : A(1100 알루미늄), AD(2117), D(2017), DD(2024), C(내식강), 표시가 없음(카드뮴 도금강)

18. 다음 열처리 방법 표시 기호 중에서 T_6의 의미는?

㉮ 담금질 후 상온시효가 완료된 것
㉯ 제조 후 바로 인공시효 처리한 것
㉰ 담금질 후 인공시효 처리한 것
㉱ 담금질 후 안정화 처리한 것

19. 다음 그림과 같은 도면의 단면 2차 모멘트 (IX)는?

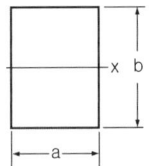

㉮ $\dfrac{ba^3}{12}$ ㉯ $\dfrac{ab^3}{12}$

㉰ $\dfrac{ab^2}{6}$ ㉱ $\dfrac{ba^2}{6}$

● 단면 2차 관성 모멘트에서 X축에 대한 단면 2차 관성 모멘트 $I_x = \sum_{i=1}^{n} y_i^2 (\Delta A_i) = \int y^2 dAi$
중심에서 y만큼 떨어진 거리에 미소길이 dy를 잡고 이 부분의 면적을 dA라 하면 dA=ady
따라서

$I_x = 2 \times \int_0^{\frac{b}{2}} y^2 a dy = \dfrac{2a}{3}[y^3]_0^{\frac{b}{2}} = \dfrac{2a}{3} \times \left(\dfrac{b}{2}\right)^3 = \dfrac{ab^3}{12}$

20. 굽힘 반지름(R)을 2.4 판재의 두께(T) 0.8인 판재를 45°로 굽힐 때 굽힘 여유는?

㉮ 1.198 ㉯ 2.10
㉰ 2.198 ㉱ 2.5

1. ㉯	2. ㉰	3. ㉰	4. ㉮	5. ㉱
6. ㉰	7. ㉯	8. ㉮	9. ㉱	10. ㉰
11. ㉮	12. ㉮	13. ㉮	14. ㉰	15. ㉯
16. ㉮	17. ㉯	18. ㉰	19. ㉯	20. ㉰

1999년도 산업기사 1급 3회 항공기체

1. 다음 그림은 수송기의 V-n 선도를 나타낸 것이다. 이 그림에서 A와 D의 연결선은 무엇을 나타내는가?

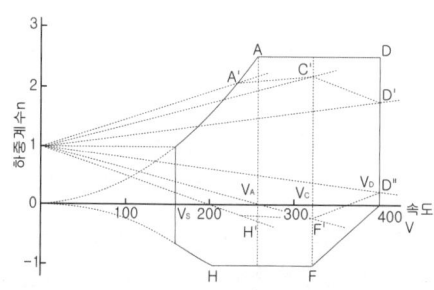

㉮ 양력 계수
㉯ 돌풍 하중 계수
㉰ 설계 상 주어진 한계 하중 계수
㉱ 설계 순항 속도

▶ 속도하중배수선도 : 제작 상 하중에 대하여 구조상 안전하게 설계, 제작해야하는 기준이며, 사용상 항공기가 구조상 안전하게 운항하기 위하여 비행 범위를 제시하는 기준

2. 구조용 캐슬 너트(Castle Nut)에 대한 설명으로 틀린 것은?

㉮ 인장용 홈이 있는 너트이다.
㉯ 나사끝 구멍이 있는 볼트, 또는 구멍이 있는 스터드와 함께 사용한다.
㉰ 세트 스크류 끝부분에 나사가 있는 로드에 장착되어 고정하는 역할을 한다.
㉱ 장착부품과 상대운동을 하는 볼트에 사용한다.

▶ 항공기용 너트에는 사용목적에 때라 일반너트, 자동고정너트 및 특수너트 등으로 나뉜다.

3. 섬유강화 플라스틱(FRP)에 대한 설명으로 옳지 못한 것은?

㉮ 경도, 강성이 낮은데 비하여 강도비가 크다.
㉯ 내식성, 진동에 대한 감쇠성이 크다.
㉰ 최근 항공기의 조종면에는 F.R.P 허니컴 구조가 사용된다.
㉱ 인장강도, 내열성이 높으므로 엔진 마운트로 사용된다.

▶ 불포화폴리에스텔 수지나 에폭시 수시 등의 열경화성 수지에 보강재로서 전기절연성, 내열성이 양호한 유리 섬유를 가하여 성형한 것

4. 판금성형에 대한 설명 중 거리가 먼 것은 어느 것인가?

㉮ 굽힘 여유(Bending Allowance)은 평판을 구부릴 때 필요한 길이를 말한다.
㉯ 굽힘 여유는 판재의 정중앙에 위치한다.
㉰ Set back은 바깥면의 연장선의 교차점과 굽힘 접선과의 거리이다.
㉱ Set back은 $\tan\left(\dfrac{\theta}{2}\right)=k$로 구한다.
(단, θ는 굽힘각도)

▶ • 최소굽힘반지름 : 판재가 본래의 강도를 유지한 상태로 구부러질 수 있는 최소의 곡률 반경
• 중립선 : 판재를 굽힘가공시 치수가 변화하

지 않는 부분
- 굽힘여유 : 판재를 굽힘가공시 구부러지는 부분에 생기는 여유길이
- 세트백 : 구부러지는 판재에 있어 바깥면의 굽힘 연장선의 교차점과 굽힘 접선과의 거리

5. 세미모노코크 구조 동체의 비틀림 강성을 크게 하기 위한 부재는 다음 중 어느 것인가?

㉮ 벌크헤드(Bulkhead)
㉯ 표피(Skin)
㉰ 스트링거(Stringer)
㉱ 스파(Spar)

6. 다음 그림과 같은 보에 있어서 굽힘 모멘트 선도가 올바르게 그려진 것은?

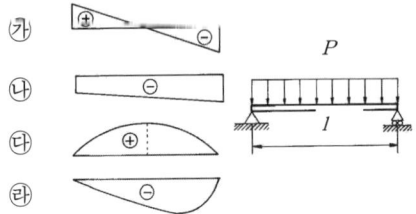

● 등분포 하중일 때
$F = -px + \dfrac{pl}{2}$, $M = -\dfrac{p}{2}x^2 + \dfrac{pl}{2}x$

7. 굽힘 강도가 EI이고 길이가 L인 일정 단면 봉에서 순수 굽힘 모멘트를 받을 때 변형 에너지는?

㉮ $\dfrac{M^2L}{EI}$ ㉯ $\dfrac{M^2L}{2EI}$
㉰ $\dfrac{M^2L}{3EI}$ ㉱ $\dfrac{2M^2L}{3EI}$

● 축하중(P)을 받아 δ만큼 늘어난 경우,
탄성에너지(일)$= \dfrac{1}{2}P\delta = \dfrac{P^2L}{2AE}$

모멘트를 받아 θ만큼 회전하는 경우,
탄성에너지$= \dfrac{1}{2}M\theta = \dfrac{M^2L}{2EI}$, $\theta = \dfrac{ML}{EI}$

8. 딤플링(Dimpling) 작업시 주의사항 중 틀린 것은?

㉮ 판을 2개 이상 겹쳐서 작업하는 것은 되도록 삼가 한다.
㉯ 티타늄합금은 홀 딤플링을 적용하지 않으면 균열을 일으킨다.
㉰ 마무리 작업시에는 반대 방향으로 다시 딤플링한다.
㉱ 얇은 판 때문에 카운터 싱킹 한계(0.040 inch 이상)를 넘을 때는 딤플링한다.

● 카운터 싱크하여 리벳팅 할 경우 리벳헤드의 높이보다도 결합해야 할 판재 쪽이 두꺼운 경우에만 적용할 수 있고, 판재가 리벳 헤드보다 얇은 경우 딤플링한다.

9. 항공기가 효율적인 비행을 하기 위해서는 조종면의 앞전이 무거운 상태를 유지하여야 하는 데 이를 무엇이라 하는가?

㉮ 과소 평형(Under Balance)
㉯ 과대 평형(Over Balance)
㉰ 정적 평형(Static Balance)
㉱ 균형 평형

10. 유효길이가 15in인 토크렌치에 3in의 연장 공구를 사용하여 1,440in-lb로 조이려고 할 때, 토크렌치의 지시값은 얼마이어야 하는가?

㉮ 1,000in-lbs ㉯ 1,200in-lbs
㉰ 1,400in-lbs ㉱ 1,500in-lbs

● $R = \dfrac{L \cdot T}{L+E}$

(R : 필요토크에 상당하는 토크렌치 눈금의 지시값, L : 토크렌치의 유효길이, T : 필요토크, E : 연장공구의 유효길이)

11. SAE 4130 합금강에서 41은 무엇을 의미하는가?

㉮ 크롬-몰리브덴강이다.
㉯ 크롬강이다.
㉰ 4%의 탄소강이다.
㉱ 0.04%의 탄소강이다.

12. 이미 뚫린 구멍을 넓히는 가공을 무엇이라 하는가?

㉮ 드릴링 ㉯ 보오링
㉰ 밀링   ㉱ 호빙

● 보링은 기계가공에 있어서 이미 뚫려 있는 구멍을, 둥글게 깎아 넓히는 작업이고, 밀링은 절삭작업이며 호빙은 기어절삭가공이다.

13. 제트엔진과 같이 토크가 크지 않는 엔진에 2개 또는 3개의 콘 볼트(Cone bolt)나 트루니언 마운트(Trunniun mount)에 의하여 엔진을 고정하는 장착 방법을 무엇이라 하는가?

㉮ Pod mount method
㉯ Fitting mount method
㉰ Bed mount method
㉱ Ring mount method

● • 장점 : 날개의 날개보에 파일론을 설치하므로 구조물이 부수적으로 필요하지 않게 되어 항공기의 무게를 감소시킬 수 있다
• 단점 : 날개의 공기 역학적 성능을 저하시킨다.

14. 다음 그림과 같은 T형 부재의 X-X′축에서의 단면 2차 모멘트의 값은 얼마인가?

㉮ $110.2\,cm^4$
㉯ $220.4\,cm^4$
㉰ $27.1\,cm^4$
㉱ $61.3\,cm^4$

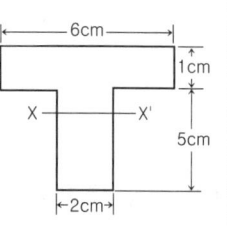

● $I_x = \sum_{i=1}^{n} y_i^2 (\Delta A_i)$

15. 볼트의 식별에서 두부에 삼각형 부호가 있는 것은 무슨 뜻이며 어떤 곳에 사용되는가?

㉮ 육각볼트로서 어떤 곳에나 다 같이 사용한다.
㉯ 기체의 1차 구조물에 사용한다.
㉰ 정밀공차볼트로서 반복운동과 진동을 하는 정밀한 곳에 사용한다.
㉱ engine mount bolt로만 사용한다.

16. 평행선을 이용한 전개도법은 어떠한 물체에 적용하는가?

㉮ 원뿔, 각뿔   ㉯ 원기둥, 각기둥
㉰ 깔때기, 원기둥 ㉱ 육각뿔, 사각뿔

17. 그림과 같은 하중이 작용하는 외팔보에서 A점에서의 굽힘 모멘트는 얼마인가?

㉮ 5,000
㉯ 7,000
㉰ 10,000
㉱ 20,000

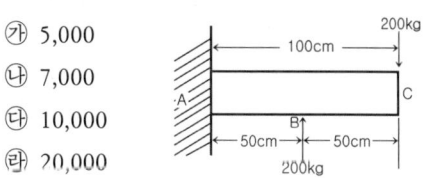

18. 항공기 조종계통의 케이블은 온도가 변하면 장력이 변한다. 온도변화에 대하여 장력을 일정하게 유지하기 위하여 사용하는 부품은?

㉮ 토크 튜브(Torque Tube)
㉯ 장력계(Tension Meter)
㉰ 장력 조절기(Tension Regulator)
㉱ 벨크랭크(Bell crank)

19. 용접시 좌진법과 우진법의 비교 사항 중 틀린 것은?

㉮ 열 이용율은 좌진법이 좋다.
㉯ 용접 변형은 우진법이 작다.
㉰ 산화의 정도는 좌진법이 심하다.
㉱ 용접이 가능한 판 두께는 좌진법이 얇다.

20. 리벳의 규격표시인 AN470 AD 3-5의 설명으로 옳은 것은?

㉮ 470 : 브레지어 머리
㉯ 3 : 3/16inch의 직경
㉰ AD : 알루미늄 합금 2017T
㉱ 5 : 5/16inch의 길이

1. ㉰	2. ㉰	3. ㉱	4. ㉯	5. ㉮
6. ㉰	7. ㉯	8. ㉰	9. ㉯	10. ㉱
11. ㉮	12. ㉯	13. ㉮	14. ㉱	15. ㉯
16. ㉯	17. ㉰	18. ㉰	19. ㉮	20. ㉰

2000년도 산업기사 1회 항공기체

1. 코터핀 장탈시 유의사항이 아닌 것은?

㉮ 한번 사용한 것은 재사용이 안 된다.
㉯ 핀끝을 접어 구부릴 때는 꼬거나 가로 방향으로 구부린다.
㉰ 핀끝을 절단할 때는 안전사고를 방지하기 위해 핀 축에 직각으로 절단해야 한다.
㉱ 부근의 구조를 손상시키지 않도록 플라스틱해머를 사용한다.

2. Cable control system에서 cable tension의 조절은?

㉮ cable drum   ㉯ bell crank
㉰ turn buckle ㉱ pulley

3. 알루미나 섬유의 특징으로 틀린 것은?

㉮ 내열성이 뛰어나 공기 중에서 1300℃를 가열해도 취성을 갖지 않는다.
㉯ 표면처리를 하지 않아도 FRP나 FRM으로 할 수 있다.
㉰ 금속과 수지와의 친화성이 좋다.
㉱ 열과 전기에 대한 도체이다.

▶ 전기 광학적 특성은 유리 섬유와 같이 무색 투명하고 부도체이다.

4. 항공기 기체구조 설계시 일반적으로 적용되는 안전계수는?

㉮ 1   ㉯ 1.5
㉰ 2   ㉱ 2.5

5. 변형률에 대한 설명 중 옳지 않은 것은?

㉮ 변형률은 변화량과 본래의 치수와의 비를 말한다.
㉯ 변화량과 탄성한계 내에서 응력과는 아무런 관계가 없다.
㉰ 변형률은 탄성한계 내에서 응력과 정비례 관계에 있다.
㉱ 변형률은 길이와 길이와의 비이므로 차원은 없다.

▶ $\epsilon = \dfrac{\delta}{L}$
(ϵ: 변형률, δ: 변형된 길이, L: 원래의 길이)

6. Bolt 부품번호가 AN 12-17이다. 이 볼트의 직경은?

㉮ 5/16인치   ㉯ 3/8인치
㉰ 3/4인치   ㉱ 17/32인치

7. 항공기의 위치표시방법(Location Numbering) 중에서 수직중심선에서 평행하게 좌, 우측의 넓이를 측정하는 기준선은 무엇인가?

㉮ 휴즈레지 스테이션(Fuselage Station)
㉯ 버턱(버트)라인(Buttock Line)
㉰ 워터라인(Water Line)
㉱ 레퍼런스 라인(Reference Line)

8. elevator trim tap을 올리면 기수는 어떻게 되는가?

㉮ 기수가 올라간다.
㉯ 왼쪽으로 선회한다.
㉰ 기수가 내려간다.
㉱ 피칭운동을 한다.

9. 굴곡각도가 90°일 때, 세트백(SB)의 공식은 어떻게 되는가?

㉮ S=(D+T)/2
㉯ S=(R+T)/2
㉰ S=R+T
㉱ S=R+T/2

10. Al의 내식성 향상 및 좋은 피막 형성을 위한 방법이 아닌 것은?

㉮ 황산법
㉯ 인산알콜법
㉰ 크롬산법
㉱ 석출 경화법

● 알루미늄 합금은 열처리 효과가 없는 합금과 석출경화에 의해서 열처리가 가능한 합금으로 분류할 수 있다.

11. 다음 중 낫셀에 대한 설명으로 잘못된 것은?

㉮ 스트링어, 벌크헤드, 링, 정형재 등으로 만들어져 있다.
㉯ 내피, 카울링, 방화벽, 엔진마운트 등으로 구성
㉰ 외피, 카울링, 방화벽, 엔진마운트 등으로 구성
㉱ 엔진의 공기역학적 외형 유지

12. 다음 중 세미모노코크 구조에 대한 설명으로 틀린 것은?

㉮ 하중의 일부를 외피가 담당
㉯ 트러스 구조보다 복잡하다.
㉰ 뼈대가 모든 하중을 담당
㉱ 공간 마련이 용이하다.

13. 산소-아세틸렌 용접시 불꽃의 종류에 따른 재료의 적용 중 맞지 않은 것은 무엇인가?

㉮ 탄화불꽃 : 스테인레스강, 알루미늄, 모넬, 메탈
㉯ 산성불꽃 : 아연도금, 티타늄
㉰ 중성불꽃 : 연강, 주철, 니크롬강, 구리, 아연
㉱ 산화불꽃 : 황동, 청동

14. 금속 판재를 접을 때 응력에 의해 영향을 받지 않는 부위를 무엇이라 하는가?

㉮ 몰드선(Mold Line)
㉯ 세트백(Setback Line)
㉰ 벤드선(Bend Line)
㉱ 중립선(Neutral Line)

15. 다음 항공기의 무게중심(c, g)는 시위의 얼마에 위치하는가?

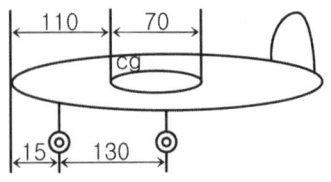

| 보기 | 앞바퀴 : 1,500kg
뒤바퀴(좌) : 3,400kg
뒤바퀴(우) : 3,500kg |

㉮ 14.5%
㉯ 16.9%
㉰ 21.7%
㉱ 25.4%

16. 인터널 렌칭 볼트(Internal Wrenching Bolt)가 주로 사용되는 곳은?
㉮ 표준육각볼트와 같이 아무 곳에나 사용
㉯ 크레비스볼트와 같이 사용
㉰ 정밀공차볼트와 같이 사용
㉱ 고강도강으로 만들어져 있으며 인장과 전단이 작용하는 부분에 사용

17. 외경 8cm, 내경 6cm인 중공 원형 단면봉의 극관성모멘트는?
㉮ $29cm^4$ ㉯ $127cm^4$
㉰ $275cm^4$ ㉱ $402cm^4$

● $J = \sum_{i=1}^{n} r_i^2 (\Delta A_i)$
$I_p = \int r^2 dA, \quad dA = 2\pi r dr$
$I_p = \int_3^4 r^2(2\pi r dr) = 2\pi \int_3^4 r^3 dr$
$= \frac{2\pi}{4}[r^4]_3^4 = \frac{2\pi}{4}[4^4 - 3^4] = 274.88$

18. 다음 중 이질금속 간 부식이 일어나는 곳은?
㉮ 크롬-스테인레스   ㉯ 동-알루미늄
㉰ 납-철   ㉱ 동-니켈

19. 비파괴 시험 중 자분이 필요한 시험방법은?
㉮ 자기탐상법   ㉯ 초음파
㉰ 침투탐상   ㉱ 방사선법

● 비파괴 검사(non destructive inspection) : 재료 또는 제품을 손상시키지 않고 물리적 성질을 이용하여 외부 및 내부의 결함을 조사하는 방법(방사선 검사, 침투탐상검사, 자분탐상검사, 와전류검사, 초음파검사)

20. 올레오 완충장치의 완충곡선이 그림과 같을 때 완충 효율은 몇 % 인가?
㉮ 55.5
㉯ 75.5
㉰ 78.2
㉱ 82.5

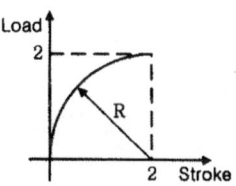

1. ㉯	2. ㉰	3. ㉱	4. ㉯	5. ㉯
6. ㉰	7. ㉰	8. ㉰	9. ㉰	10. ㉱
11. ㉯	12. ㉰	13. ㉯	14. ㉱	15. ㉯
16. ㉮	17. ㉰	18. ㉮	19. ㉮	20. ㉯

2000년도 산업기사 2회 항공기체

1. 항공기 랜딩기어 시스템에서 토크링크에 대한 설명 내용으로 틀린 것은?

㉮ 랜딩기어를 곧게 전방으로 향하게 한다.
㉯ 링크는 중심에서 힌지가 되어 피스톤이 스트러트 내부에서 위, 아래로 움직일 수 있다.
㉰ 메인기어를 항공기의 구조부에 연결한다.
㉱ 토큐링크의 한쪽 부분은 외부 실린더에 다른 한쪽 부분은 피스톤에 연결되어 있다.

2. 다음 중 항공기 너트의 식별 방법이 아닌 것은?

㉮ 황색 색깔
㉯ 내부 특징으로 넌셀프락킹 혹은 셀프락킹
㉰ 금속의 광택
㉱ 특수 문자가 너트에 표시되어 있다.

3. 감항류별 N류의 비행기의 실속속도는 80km/h이고, 이 비행기가 120km/h로 비행 중 급히 조종간을 당겼을 때 비행기에 걸리는 하중배수는?

㉮ 0.75 ㉯ 2.25
㉰ 1.50 ㉱ 3.03

 $n = \dfrac{V^2}{V_s^2}$

4. 그림은 캔틸레버(cantilever)식 날개이다. B 점에서의 굽힘 모멘트는 얼마인가?

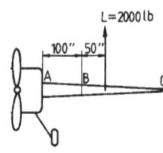

㉮ 200,000in-lb ㉯ 100,000in-lb
㉰ 10,000in-lb   ㉱ 20,000in-lb

5. 그림과 같은 판재를 90°로 굽힘 작업을 할 때, 판재의 두께가 8mm이면, 세트백(Set back)은 얼마인가?

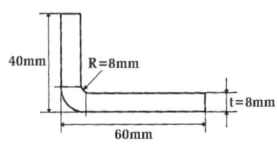

㉮ 12mm ㉯ 18mm
㉰ 16mm ㉱ 20mm

6. 다음 중 부식의 종류가 아닌 것은?

㉮ 자장 부식 ㉯ 표면 부식
㉰ 응력 부식 ㉱ 입간 부식

7. 항공기 타이어 형식 Ⅷ 타이어는 높은 이륙 속도를 갖는 고성능 항공기의 타이어로 사용되는데 타이어 표면에 49×19-20,32 R2(B747)로 표시되어 있다면 이것의 의미는?

㉮ 외경 49inch, 폭 19inch, 휠 직경 20inch,

32ply, 2회 재생
④ 외경 49inch, 내경 19inch, 폭 20inch, 넓이 32, 2회 재생
⑤ 외경 49inch, 내경 19inch, 폭 20inch, 32ply, 휠의 종류
⑥ 외경 49inch, 내경 19inch, 휠 직경 20inch, 32ply, 2회 재생

8. 리벳 보호피막 처리에서 황색으로 된 것은?

㉮ 양극 처리한 것이다.
㉯ 크롬화 아연을 처리한 것이다.
㉰ 금속 분무를 한 것이다.
㉱ 보호막 처리하지 않은 것

● 리벳의 보호피막은 색으로 구별 : 크롬산 아연(노란색), 메탈 스프레이(회색), 양극처리(진주색)

9. 현대 항공기에 가장 많이 사용되는 기체 구조는?

㉮ 프랫 트러스(Pratt truss) 구조
㉯ 모노코크(Monocoque) 구조
㉰ 세미 모노코크(Semi-monocoque) 구조
㉱ 샌드위치(Sandwich) 구조

10. 두께가 3mm인 알루미늄판과 두께가 2mm인 알루미늄판을 리벳으로 접하고자 한다. 리벳의 직경은 얼마로 하면 되는가?

㉮ 15mm   ㉯ 9mm
㉰ 6mm   ㉱ 5mm

11. 마그네슘 합금의 규격은 일반적으로 다음과 같은 ASTM의 기호를 사용하고 있다. 설명 내용과 틀린 것은?

$$\underline{AZ}_{①} - \underline{92}_{②} - \underline{A}_{③} - \underline{T_6}_{④}$$

㉮ ①은 함유 원소
㉯ ②는 합금 원소의 중량 %
㉰ ③은 합금의 용도
㉱ ④는 질별기호

● 함유원소
A(Al), Z(Zn), M(Mn), K(Zr), H(Th), E(RE)

12. 알루미늄 표면에 순수 알루미늄을 피복한 것을 무엇이라고 하는가?

㉮ 메탈라이징(Metalizing)
㉯ 알크래드(Alclad)
㉰ 양극처리(Anodizing)
㉱ 파커라이징(Parkerizing)

● • 양극처리(Anodizing) : 크롬산과 물의 전해액으로 양극화시킴, 산화피막이 형성
• 알로다이닝(Alodizing) : 화학적인 방법으로 알로다인 용액을 금속의 표면에 바른다.
• 파커라이징(Parkerizing) : 철가재료의 표면에 인산염 피막을 형성하는 것

13. 항공기 스크류의 그룹에 해당하지 않는 것은?

㉮ 테이퍼핀 스크류
㉯ 구조용 스크류
㉰ 기계 가공용 스크류
㉱ 셀프태핑 스크류

14. 항공기 무게측정에서 다음과 같이 나타났다. 항공기 자기 무게중심의 위치는? (단, 8G/L (G/L당 7.5LBS)의 oil이 -30″의 거리에 보급)

위치	무게	거리
왼쪽 주바퀴	617	68
오른쪽 주바퀴	614	68
앞바퀴	152	-26

㉮ 61.64″   ㉯ 51.64″
㉰ 57.67″   ㉱ 66.14″

15. 연료라인이 전기배선 근처를 지날 때 취해야 할 조치는?

㉮ 연료 라인은 전기선 하부로 지나게 한다.
㉯ 연료 라인은 전기선 상부로 지나게 한다.
㉰ 같이 배열한다.
㉱ 작업이 용이하도록 배열한다.

16. 그림은 비행중 항공기 동체에 작용하는 하중을 대략적으로 그린 것이다. I, II부분에 작용하는 하중으로 올바른 것은?

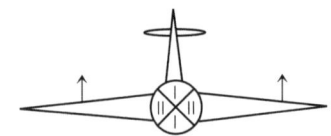

㉮ (I) 전단, (II) 비틀림
㉯ (I) 선난, (II) 굽힘
㉰ (I) 굽힘, (II) 비틀림
㉱ (I) 굽힘, (II) 전단

17. 리벳 작업시 사용되는 카운터싱크 커터(Countersink cutter)의 종류가 아닌 것은?

㉮ 고정식 커터
㉯ 스톱 카운터 싱크 커터
㉰ 마이크로 스톱 카운터 싱크 커터
㉱ 압력식 카운터 싱크 커터

18. 동의 계통에 장착되어 있는 스태틱 디스챠저(Static discharger)의 목적은?

㉮ 기체 각부의 전위차를 없애고, 벼락에 의한 파손을 없앤다.
㉯ 고압 점화 계통에서 발생하는 무선 방해를 없앤다.
㉰ 탑승원에 가해지는 감전 위험을 막는다.
㉱ 첨단방전에 의한 기체에 축적된 정전기를 공중에 방전한다.

● 비행중 정전기는 항공기 표면과 공기의 마찰로 인해 축적된다.

19. 착륙시 강착장치에 걸리는 하중으로 스프링백(Spring back) 하중이란?

㉮ 뒤로 향한 수평 하중
㉯ 수직 하중
㉰ 앞으로 향한 수평 하중
㉱ 측방 하중

● 하중이 제거된 후에도 그 부분의 잔류응력이 균형을 얻으면서 재료의 탄성에 의해 되돌아가는 현상

20. 그림과 같은 V-n선도에 있어 이무리 급격한 조작을 하여도 구조상 안전한 속도를 나타내는 지점은?

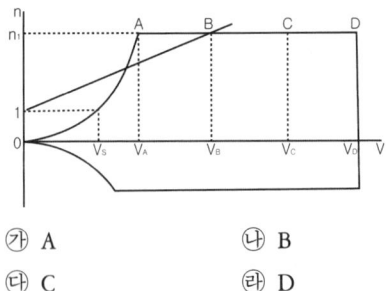

㉮ A ㉯ B
㉰ C ㉱ D

1. ㉰	2. ㉱	3. ㉯	4. ㉯	5. ㉰
6. ㉮	7. ㉮	8. ㉯	9. ㉰	10. ㉯
11. ㉰	12. ㉯	13. ㉮	14. ㉮	15. ㉮
16. ㉱	17. ㉱	18. ㉱	19. ㉯	20. ㉮

2000년도 산업기사 3회 항공기체

1. 비행기무게 2,500kg의 중심위치가 기준선 후방 0.5m에 있다. 기준선 후방 4m에 위치한 10kg짜리 승객좌석 2개를 떼어내고 기준선 후방 4.5m에 항법 장비장치 17kg을 장착한 후 구조변경을 하여 기준선 후방 3m에 12.5kg의 무게증가 요인이 있었다. 이때 무게중심의 위치는?

   ㉮ 기준선 전방 0.1m
   ㉯ 기준선 전방 0.2m
   ㉰ 기준선 후방 0.51m
   ㉱ 기준선 후방 0.92m

2. 다음 중 항공기 구조부재에 있어 트러스 형식의 비행기에 없는 부재는?

   ㉮ 스파(spar)
   ㉯ 스트링어(stringer)
   ㉰ 리브(rib)
   ㉱ 장선(bracing wire)

3. 구멍이 뚫린 평판이 인장하중을 받을 때 생기는 응력 분포도 곡선이 올바른 것은?

   ㉮ 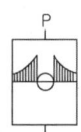   ㉯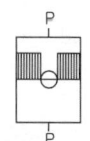
   ㉰ 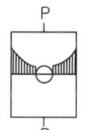   ㉱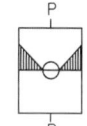

4. 딤플링 작업시 주의사항으로 틀린 것은?

   ㉮ 7000시리즈 알루미늄 합금에 홈 딤플링을 적용하지 않으면 균열이 발생한다.
   ㉯ 판을 2개 이상 겹쳐서 딤플링 하는 것은 가능한 한 피한다.
   ㉰ 반대방향으로 딤플링 해서는 안된다.
   ㉱ 스커드 단위에선 미끄러지지 않게 스커드를 잡고 수평으로 유지한다.

5. 다음 단순 지지보에의 B지점에서의 반력 R_B? (단, a > b)

   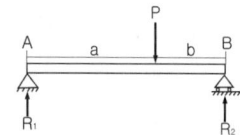

   ㉮ $R_2 = P$ ㉯ $R_2 = \dfrac{1}{2}P$
   ㉰ $R_2 = \dfrac{a}{a+b}P$ ㉱ $R_2 = \dfrac{b}{a+b}P$

6. AN 460 AD-4-5 리벳에 있어 10″×5″ 금속판에 4D의 간격으로 리벳작업을 하려고 할 때 리벳의 수는?

   ㉮ 52   ㉯ 56
   ㉰ 60   ㉱ 64

● 직경을 기준으로 연거리, 피치, 횡단피치(피치의 75%)가 정해진다.

7. 와셔의 부품번호 중 AN 960 J D 716 L에서 L의 의미?

㉮ 재질 ㉯ 두께
㉰ 표면처리 ㉱ 형식

● AN 960(계열), J(표면처리), D(재질), 716(적용 볼트지름), L(두께)

8. 한쪽 길이를 짧게 하여 주름지게 하는 판금가공법은?

㉮ 수축(Shrinking)
㉯ 신장(Extrusion)
㉰ 범핑(Bumping)
㉱ 크림핑(Crimping)

● • 범핑(Bumping) : 가운데가 움푹 들어간 구형을 판금 가공하는 방법
• 수축(Shrinking) : 재료의 한쪽 길이를 압축시켜 짧게 함으로써 재료를 구부리는 방법
• 신장(Extrusion) : 재료의 한쪽 길이를 길게 함으로써 재료를 구부리는 방법

9. 항공기의 세로축 또는 기축에 대하여 설정하여 부품 또는 측정부의 위치를 나타낼 때 사용하는 것은?

㉮ 레퍼런스데이텀(Reference Datum)
㉯ 평균공력시위 (Mean Aerodynamic Chord)
㉰ 센터라인(Center Line)
㉱ 시위선(Chord)

10. AN 310 D-5R에서 R의 의미는?

㉮ 사용bolt의 길이가 5/16인치인 오른나사
㉯ 사용bolt의 직경이 5/16인치인 오른나사
㉰ 사용bolt의 길이가 5/8인치인 왼나사
㉱ 사용bolt의 직경이 5/8인치인 왼나사

11. 조종계통의 리깅(Rigging)시 필요한 것이 아닌 것은?

㉮ 텐션미터(Tinsion Meter)
㉯ 텐션 레귤레이터(Tension Regulator)
㉰ 프로트렉터(Protractor)
㉱ 케이블 리깅 텐션차트 (Cable Rigging Tension Chart)

● 비행기의 조립(assembly)은 비행기 각 부분을 짜맞추는 것이고 리깅(rigging)은 조립한 비행기의가 부분을 비행에 대비하여 일치(alignment)시키는 것이다.

12. 보조날개에 대한 설명 중 틀린 것은?

㉮ 조종면의 일부로서 날개 후방 스파에 힌지로 장착
㉯ 조종간을 좌우로 밀어서 작동
㉰ 날개 좌우 안쪽 트레링에지에 힌지로 장착
㉱ 날개 좌우 바깥쪽 트레링에지에 힌지로 장착

13. 가열하면 화학반응이 진행되어 그 온도에서 고화하여 냉각 후에는 가열전과 다른 구조로 되고 여러 번 가열해도 연화하지 않는 수지의 이름은?

㉮ 열가소성 수지 ㉯ 열경화성 수지
㉰ 염화비닐 수지 ㉱ 아크릴 수지

14. 다음 판재의 굽힘에서 판재 전체의 길이는?

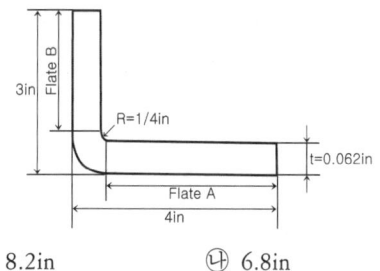

㉮ 8.2in ㉯ 6.8in
㉰ 6.6in ㉱ 5.8in

15. 둥근 막대에 있어 단위 체적마다의 비틀림 변형에너지 표시 중 맞는 것은?

㉮ $\dfrac{\tau}{2G}$ ㉯ $\dfrac{\tau^2}{2G}$

㉰ $\dfrac{\tau^3}{4G}$ ㉱ $\dfrac{\tau^4}{2G}$

16. 알루미늄 합금 주물로 된 비행기 부품이 공기 중에서 부식하는 것을 방지하기 위하여 어떤 처리를 하는가?

㉮ 침탄
㉯ 카드뮴 도금
㉰ 산화 알루미늄 도금
㉱ 아연 도금

17. 강(Steel)을 고용체 상태로 가열한 후 급속히 냉각하여 재질을 경화하는 열처리 방법은?

㉮ 풀림(Annealing)
㉯ 불림(Normalizing)
㉰ 담금질(Quenching)
㉱ 뜨임(Tempering)

▶ 강의 일반 열처리
 · 담금질(Quenching) : 재료의 강도와 경도를 증대시키는 처리
 · 뜨임(Tempering) : 담금질 후 생기는 내부 잔류응력을 제거하고 인성을 부여하는 처리
 · 풀림(Annealing) : 철강재용의 연화, 조직개선 및 내부 응력을 제거하기 위한 처리
 · 불림(Normalizing) : 조직의 미세화, 주조와 가공에 의한 조직의 불균일 및 내부 응력 감소를 위한 처리

18. 다음 중 블라인드리벳이 아닌 것은?

㉮ 체리 리벳(Cherry Rivet)
㉯ 헉 미케니칼 록 리벳
  (Huck Mechanical Lock Rivet)
㉰ 익스플로시브 리벳(Explosive Rivet)
㉱ 카운터싱크 리벳(Countersink Rivet)

19. 알클래드 알루미늄 판재의 금긋기 작업을 옳게 설명한 것은?

㉮ 금긋기 바늘을 깊게 하여 긋는다.
㉯ 금긋기 바늘을 얕게 하여 긋는다.
㉰ 분필 또는 색연필을 사용한다.
㉱ 펀치를 이용하여 부분부분 표시한다.

20. 착륙장치는 지상활주 중 지면과 타이어의 마찰에 의한 타이어 밑면이 가로축방향의 변형과 바퀴 선회축 둘레의 진동과의 합성진동에 의한 불안전한 공진을 감쇠시키는 것은?

㉮ 작동실린더(Actuator)
㉯ 올레오(Oleo) 완충장치
㉰ 번지(Bungee) 스프링
㉱ 시미댐퍼(Shimmy Damper)

1. ㉰	2. ㉯	3. ㉮	4. ㉱	5. ㉰
6. ㉯	7. ㉯	8. ㉱	9. ㉮	10. ㉰
11. ㉯	12. ㉮	13. ㉯	14. ㉯	15. ㉯
16. ㉰	17. ㉰	18. ㉱	19. ㉰	20. ㉱

2001년도 산업기사 1회 항공기체

1. AN볼트의 3가지 머리모양이 아닌 것은?

㉮ 카운터성크(countersunk)머리
㉯ 육각(drill head)머리
㉰ 클레비스(clevis)머리
㉱ 아이볼트(eye)머리

2. 그림과 같이 봉에 하중이 가해질 때 하중중심은 어디에 위치하는가?

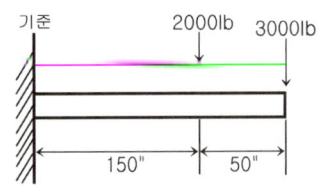

㉮ 기준선에서 145"
㉯ 봉의 우측끝에서 180"
㉰ 기준선에서 180"
㉱ 봉의 우측끝에서 150"

3. 판금 작업시 일반적으로 사용하는 전개도 작성 방법은?

㉮ 평행선법, 삼각형법, 방사선법
㉯ 평행선법, 삼각형법, 투상도법
㉰ 삼각형법, 투상도법, 방사선법
㉱ 평행선법, 투상도법, 사각형법

4. 조종면(control surface)의 평형 작업은 어느 때 실시하는가?

㉮ 비행중에 조종사가 수시로 실시
㉯ 주기적으로 지상에서 실시
㉰ 제작회사의 권고에 따라 실시
㉱ 조종면을 수리하거나 개조하였을 때 실시

5. 전금속제(all metal type nut)에 대한 설명 중 틀린 것은?

㉮ 홈이 있는 형은 너트의 일부에 홈을 만들어 그 부분의 내경을 작게 하여 그 마찰로 락크한다.
㉯ 변형 셀프라킹형은 너트 꼭대기의 나사부가 계란형, 타원형으로 되어있다.
㉰ 분할 나사형은 나사부를 그대로 분할하여 나사선의 위쪽모양을 어긋나게 하여 스프링작용을 하게 하고 그 스프링 작용으로 락크한다.
㉱ 너트의 윗 부분에 나이론 또는 화이버를 삽입하여 숫나사 등이 끼워졌을 때 그 나이론 등의 탄성적 변형에 의해 락크한다.

- non self locking nut : 평너트, 잼너트, 나비너트, 구조용 캐슬너트, 전단 캐슬너트
- self locking nut : 전금속제 너트, 인서트 비금속제 너트

6. 유효길이 15"의 토크렌치(torque wrench)에 5"의 연장공구(extension bar)를 사용하여 1500 in-lbs의 토크를 조이려한다. 이때 필요

한 토크 값?

㉮ 1100in-lbs ㉯ 1200in-lbs
㉰ 1125in-lbs ㉱ 1215in-lbs

7. 페일세이프 구조방식이 아닌 것은?
㉮ 백업(back-up)
㉯ 더블(double)
㉰ 리던던트(redundant)
㉱ 단순(simple)

8. 알루미늄 합금의 부식방지법이 아닌 것은?
㉮ 용체화(solid solution)
㉯ 양극처리(anodizing)
㉰ 알로다이이징(alodizing)
㉱ 알클레딩(alcaldding)

9. 입간부식의 정도가 심하게 되어 얇은 조각으로 벗겨지는 부식은?
㉮ 피팅(pitting)
㉯ 프레팅(fretting)
㉰ 갈바닉(galvanic)
㉱ 익스폴리에이션(exfoliation)

10. 굽힘강도 티인 길이 L의 일정 단면봉이 순수 굽힘모멘트 M을 받을 때 변형에너지?

㉮ $\dfrac{M^2L}{EI}$ ㉯ $\dfrac{M^2L}{2EI}$
㉰ $\dfrac{M^2L}{3EI}$ ㉱ $\dfrac{2M^2L}{3EI}$

11. 설계제한 하중배수가 2.5인 비행기의 실속속도가 120km/h인 항공기의 설계운용속도?

㉮ 190km/h ㉯ 300km/h
㉰ 150km/h ㉱ 240km/h

12. Retractable Landing Gear에서 부주위로 인해 착륙장치가 접히는 것을 방지하기 위한 안전장치가 아닌 것은?
㉮ UP LOCK
㉯ DOWN LOCK
㉰ SAFETY S/W
㉱ GROUND LOCK

13. 탄성에너지에 대한 설명으로 가장 올바른 것은?
㉮ 탄성한도가 높고 세로탄성계수 값이 클수록 최대탄성에너지의 값이 크다
㉯ 탄성한도가 작고 세로탄성계수 값이 작을수록 최대탄성에너지의 값이 크다
㉰ 탄성한도가 높고 세로탄성계수 값이 작을수록 최대탄성에너지의 값이 크다
㉱ 탄성한도가 작고 세로탄성계수 값이 클수록 최대탄성에너지의 값이 크다

14. 다음 중 열가소성 수지는?
㉮ 폴리에틸렌 ㉯ 페놀
㉰ 에폭시 ㉱ 폴리우레탄

15. 항공기의 STATION NUMBER 중 수직기준선은?
㉮ F.S(FUSELAGE STATION)
㉯ W.S(WING STATION)
㉰ W.L(WATER LINE)
㉱ B.L(BUTTOCK LINE)

16. 항공기 활주 중 브레이크를 밟았을 때 바퀴가 한쪽 면만 닳지 않게 하면서 브레이크의 효율을 높이는 장치?

㉮ 안티스키드(anti-skid)장치
㉯ 올레오(oleo)장치
㉰ 시미댐퍼(shimmy damper)장치
㉱ 드롭센터(drop center)장치

17. 와셔의 취급에 대한 설명 중 맞는 것은?

㉮ 탭와셔, 프리로드 지시와셔는 1회에 한하여 재사용이 가능하다.
㉯ 락크와셔는 2차 구조부에 사용이 불가하다.
㉰ 클램프 장착시는 반드시 평와셔를 붙여 사용해야 한다.
㉱ 와셔는 원칙적으로 볼트와 같은 재질을 사용할 필요는 없다.

▶ 프리로드 지시와셔 : 토크렌치보다 더 정확한 조임이 필요한 곳에 사용한다.

18. 다음 T자 도형의 X-X′축에 대한 단면 2차 관성모멘트는 얼마인가?

㉮ $110.2 cm^4$
㉯ $220.4 cm^4$
㉰ $27.5 cm^4$
㉱ $55.1 cm^4$

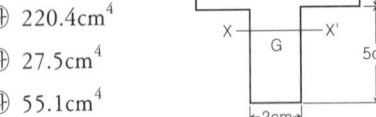

19. 판금작업시 mold point와 tangent line간의 거리?

㉮ Set Back   ㉯ Bend Allowance
㉰ Minimum Radius   ㉱ Degree of Bend

20. 드릴작업이나 리벳작업 시 유의사항 중 가장 올바른 것은?

㉮ 공기압축기의 압력을 가능한 한 낮게 (30psi 이하) 유지한다.
㉯ 드릴작업 시는 장갑을 착용해서는 안 된다.
㉰ 리벳건을 사용할 때는 리벳크기보다 약간 큰 리벳세트를 사용한다.
㉱ 드릴과 리벳작시 작업물과 공구의 위치는 편리한 각도에서 작업하면 된다.

1. ㉮	2. ㉰	3. ㉮	4. ㉱	5. ㉱
6. ㉰	7. ㉱	8. ㉮	9. ㉱	10. ㉯
11. ㉮	12. ㉱	13. ㉮	14. ㉮	15. ㉮
16. ㉮	17. ㉯	18. ㉮	19. ㉮	20. ㉯

2001년도 산업기사  항공기체

1. 올레오 스트러트에 있는 토크링크의 목적으로 틀린 것은?
   ㉮ 활주 중에 기어가 전, 후로 움직이는 것 방지
   ㉯ 내부실린더와 외부실린더 사이에 연결되어 있다.
   ㉰ 바퀴가 돌아가는 것을 방지
   ㉱ 내부실린더가 상, 하로 작동하게 한다.

2. 피로한계에 대한 설명으로 틀린 것은?
   ㉮ 회전축을 무한한 회수로 회전시켜도 피로로 파괴하지 않는 최대 진동 응력 진폭
   ㉯ 알루미늄과 같은 비철계 금속에서는 피로한계가 정확히 존재함을 알 수 있다.
   ㉰ 대체적으로 철계 금속은 응력 회전수 (S-N) 피로 진동에서 점근선을 확인할 수 있다.
   ㉱ 피로한계를 정확히 확인할 수 없을 때는 10^6의 수를 회전시켜서 파괴되지 않을 때의 진동 응력의 진폭

   • 피로(fatigue) : 반복하중에 의해 재료의 저항력이 감소하는 현상
   • 피로파괴 : 반복하중에 의해 정하중에서의 재료의 극한 강도보다 낮은 응력 상태에서의 파단

3. 리벳을 교체할 때 어떻게 하는 것이 가장 좋은가?
   ㉮ 구멍은 항상 더 큰 크기의 리벳에 맞게 뚫는다.
   ㉯ 항상 1/16 인치 더 큰 크기를 사용한다.
   ㉰ 만일 구멍이 크기 이상으로 커지지 않았다면 원래크기의 리벳을 사용하고 그렇지 않으면 구멍의 다음 크기로 뚫은 다음 다듬질한다.
   ㉱ 항상 1/32인치 더 큰 것을 사용하여 다듬질한다.

4. 실속속도가 150km/h인 비행기가 300km/h의 속도로 수평비행할 때 갑자기 조종간을 당겨서 최대 받음각이 되었을 때 하중계수는?
   ㉮ 2   ㉯ 3
   ㉰ 4   ㉱ 5

5. 응력외피형 날개구조에서 비틀림을 주로 담당하게 되어있는 부재로 가장 올바른 것은?
   ㉮ 스파   ㉯ 리브
   ㉰ 외피   ㉱ 압축버팀대

6. 케이블 조종계통에서 턴버클을 장착하는데 턴버클 배럴에 구멍이 있다. 이 구멍의 용도는?
   ㉮ 기름을 주기 위한 것
   ㉯ 나사가 충분히 턴버클 배럴에 물려있는

지 확인하기 위한 검사구멍이다.
㉰ 안전결선을 하기 위한 것이다.
㉱ 장·탈착을 쉽게 하기 위한 것이다.

7. 모노코크 구조는?

㉮ 스킨만으로 되어있는 구조
㉯ 강관 골격에 천을 씌운 구조
㉰ 강판 골격에 알루미늄 스킨을 씌운 구조
㉱ 스킨, 프레임, 스트링거등의 접합으로 한 구조

8. AA 알루미늄 규격과 주합금 원소가 올바르게 짝지어진 것은?

㉮ 3××× − 망간   ㉯ 5××× − 규소
㉰ 6××× − 구리   ㉱ 7××× − 구리

● AA(미국알루미늄협회)규격의 주합금 원소
- 1××× − Al 99% 이상
- 2××× − Cu
- 3××× − Mn
- 4××× − Si
- 5××× − Mg
- 6××× − Mg+Si
- 7××× − Zn
- 8××× − 그 밖의 원소
- 9××× − 예비원소

9. 양극처리(anodizing)에 대해서 바르게 설명한 것은?

㉮ 금속표면에 산화피막을 입힌 것이다.
㉯ 크롬화 아연을 처리한다.
㉰ 알루미늄 합금에 처리하면 내식성이 감소한다.
㉱ 부식에 대한 저항력을 약화시키나, 페인팅하기 좋은 표면을 만든다.

10. 구조하중에 대한 설명으로 잘못된 것은?

㉮ 양력은 Wing과 Empennage에서 불균등 분포 하중으로 발생하여 Wing과 동체 결합부에 인장. 압축, 굽힘, 전단, 비틀림 응력을 유발한다.
㉯ 항력은 기체 각 부분에서 공기력에 의해 발생되는 불균형 분포 하중으로 기체 결합부에 집중하중으로 작용한다.
㉰ 중력은 구조물 각 Section의 합성력으로 각 구조부의 개별하중으로 작용한다.
㉱ 하중은 무게 중심에 집중 하중으로 계산하되 주어진 Limit 안에 있어야 한다.

● 면하중(surface load) : 집중하중, 분포하중
● 체적하중(body load) : 중력, 자기력 및 관성력과 같이 체적 전체에 작용하는 하중
● 정하중(static load) : 시간에 따른 작용하중의 크기가 변화하지 않거나 완만히 변화하는 것
● 동하중(dynamic load) : 시간에 따른 작중하중의 크기가 변화하는 것

11. 조종간을 후방좌측으로 당기면 우측 보조 날개와 승강키의 움직임은 어떠한가?

㉮ 우측 보조날개는 내려가고 승강키는 올라간다.
㉯ 우측 보조날개는 올라가고 승강키는 내려간다.
㉰ 우측 보조날개는 올라가고 승강키는 올라간다.
㉱ 우측 보조날개는 내려가고 승강키는 내려간다.

12. TUBE FLARE 에 대해서 바르게 설명한 것은?

㉮ 강철 튜브는 tube flating으로 제작된다.
㉯ 가공 경화로 인해 전단 사용에 대한 저항력 감소
㉰ Single Flaring은 매끈하고 동심으로 제작 용이
㉱ Double Flaring은 밀폐특성이 좋다.

▶ Double Flaring은 바깥지름 1/8"에서 3/8"까지의 5052-O와 6061-T 알루미늄합금 튜브를 사용한다.

13. 무게 1500kg인 항공기 중심위치가 기준선 후방 50cm에 위치하고 있으며, 기준선 전방 100cm에 위치한 화물 75kg을 기준선 후방 100cm 위치로 이동 시켰을 때 새로운 중심위치는?

㉮ 기준선 후방 40cm
㉯ 기준선 후방 50cm
㉰ 기준선 후방 60cm
㉱ 기준선 후방 70cm

14. 알루미늄 합금 2024-T_4의 T_4는 무엇을 나타내는가?

㉮ 용액 열처리 후 냉간 가공품
㉯ 연화(Annealing)한 것
㉰ 용액 열처리 후 자연 시효 완료품
㉱ 용액 열처리 후 인공 시효품

15. 저용융점 합금이란?

㉮ 주석의 녹는점보다 낮은 합금
㉯ Al의 녹는점보다 낮은 합금
㉰ Cu의 녹는점보다 낮은 합금
㉱ 주철의 녹는점보다 낮은 합금

▶ 저용융점 합금(fusible alloy)은 거의 약 250℃이하의 용융점을 가지는 것으로 Pb, Bi, Sn, Cd, In 등의 합금이다

16. 라크 와셔(lock washer)에 대한 설명으로 가장 올바른 것은?

㉮ 결함으로 틈새가 생겨 연결부에 공기흐름이 노출되는 곳에 사용
㉯ 패스너와 함께 1차 2차 구조에 사용
㉰ 와셔(AN935)의 스프링작용은 충분한 마찰을 제공해서 진동으로 인한 너트의 풀림을 막는다.
㉱ 와셔가 부식조건에 영향을 받는 곳에 사용한다.

▶ 라크 와셔(lock washer) : 라크와셔는 셀프 락 너트나 코터 핀, 안전결선을 사용할 수 없는 곳에 볼트, 너트 스크류의 느슨함 방지를 위해 사용된다.

17. 육각 볼트 머리에 삼각형 속에 X가 새겨져 있다면 이것은 어떤 볼트인가?

㉮ 표준(STANDARD) 볼트
㉯ 내식성 볼트
㉰ NAS 정밀공차볼트
㉱ 내부렌칭볼트

18. 케이블 조종 계통에서 7×19 cable을 가장 올바르게 설명한 것은?

㉮ 7개의 wire로서 1개의 다발을 만들고 이 다발 19개로서 1개의 cable을 만든 것이다.

㉯ 19개의 wire로서 1개의 다발을 만들고 이 다발 7개로서 1개의 cable을 만든 것이다.
㉰ 7개의 다발로 19개로서 만든 것이다.
㉱ 19개의 다발로 7개로서 만든 것이다.

19. 패스너 장착부위에 프리로드(PRELOAD)를 주며, 피로하중에 대한 특성이 가장 좋은 체결 부품은?

㉮ 테이퍼 록 볼트 ㉯ 블라인드 패스너
㉰ 척 볼트 패스너 ㉱ 록 볼트 패스너

20. 다음 중 설계하중을 나타낸 것은?

㉮ 설계하중=종극하중×종극하중계수
㉯ 설계하중=극한하중×극한하중계수
㉰ 설계하중=극한하중×안전계수
㉱ 설계하중=한계하중×안전계수

▶ 항공기는 한계하중보다 큰 하중에서 견딜 수 있도록 설계해야 하며 이를 설계하중(design load)이라 하고 이때의 하중배수를 설계하중배수(design load factor)라 한다.

1. ㉮	2. ㉯	3. ㉰	4. ㉰	5. ㉰
6. ㉯	7. ㉮	8. ㉮	9. ㉮	10. ㉰
11. ㉮	12. ㉱	13. ㉰	14. ㉰	15. ㉮
16. ㉰	17. ㉯	18. ㉯	19. ㉮	20. ㉱

2001년도 산업기사 3회 항공기체

1. 알루미늄의 제1 변태점은 300℃이기 때문에 초고속 항공기에 사용하기 적합하지 않다. 이런 약점을 극복하기 위해 개발된 금속은 무엇인가?

   ㉮ 텅스텐　　　㉯ 몰리브덴강
   ㉰ 티타늄　　　㉱ 코발트

2. 다음의 표는 어느 항공기의 무게를 측정한 결과이다. 이 항공기의 무게 중심을 구하라.

	무게	기준선에서의 거리
왼쪽 바퀴	700	68
오른쪽 바퀴	720	68
앞쪽 바퀴	150	10

   ㉮ 60.45　　　㉯ 62.45
   ㉰ 64.45　　　㉱ 66.45

3. 고정 지지점(Fixed Support)에 대한 내용으로 가장 바른 것은?

   ㉮ 수직 반력만 생긴다.
   ㉯ 저항 회전모멘트 반력만 생긴다.
   ㉰ 수직 및 수평 반력이 생긴다.
   ㉱ 수직 및 수평 반력과 동시에 저항 회전모멘트 등 3가지 반력이 생긴다.

   ▶ 지지점과 반력
   · 롤러지지점(roller support) : 수평방향으로 자유로워 수직반력이 생김
   · 힌지지지점(hinge support) : 수평 및 수직방향으로 구속되어 수직 및 수평반력이 생김

4. 육안 검사로 항공기체의 부식 탐지 내용 중 틀린 것은?

   ㉮ 알루미늄 합금의 부식은 리벳 머리에 흰색이나, 회색 가루가 묻어 나오는 것을 보고 확인한다.
   ㉯ 스킨의 랩 조인트는 부풀어 오르면 밀착표면사이에 부식이 진행 중인 것을 알 수 있다.
   ㉰ 페인트칠 한 표면 밑에 작은 흠은 부식의 징후를 나타낸다.
   ㉱ 마그네슘 부식은 표면 가장자리가 청색으로 변한다.

5. 용접의 강도와 모양에 심각한 영향을 주는 용접봉의 직경은 무엇에 의해서 결정하는가?

   ㉮ 사용될 용접불꽃의 형태
   ㉯ 용접될 재질과 두께
   ㉰ 용접토우치
   ㉱ 후럭스 형태

6. 기체구조의 어느 부분에서 피로파괴가 일어나거나, 그 일부분이 파괴되어도 나머지 구조가 작용하는 하중을 지지할 수 있게 하며, 치명적인 파괴 또는 과도한 변형을 가져오지 않게 하는 구조를 무엇이라 하는가?

   ㉮ 트러스　　　　　㉯ 응력 외피구조
   ㉰ 페일 세이프구조　㉱ 샌드위치 구조

7. 케이블의 장력을 조절하는 것은?

㉮ 풀리   ㉯ 페어레드
㉰ 벨 크랭크   ㉱ 턴버클

8. 알루미늄 합금 부식 방지법 중 얇은 산화피막을 입히는 것은 어느 것인가?

㉮ 파커라이징   ㉯ 아노다이징
㉰ 카드늄 도금 처리   ㉱ 주석 도금 처리

9. 인테그럴 탱크의 대한 설명으로 맞는 것은?

㉮ 스파와 스킨으로 된 공간에 고무탱크를 삽입하여 연료탱크로 사용
㉯ 스파와 스킨으로 된 공간 자체를 연료 탱크로 사용
㉰ 스파와 스킨으로 된 공간에 금속탱크를 삽입하여 사용
㉱ 벨크헤드 사이의 공간에 탱크를 삽입하여 사용

● 브래더형 연료탱크 : 금속제품의 연료 탱크를 날개보 사이의 공간에 내장하여 사용하는 것

10. Hydromotor에서 스크류를 돌려 회전시킬 때 작동하는 것은?

㉮ 도움날개
㉯ 수평안정판
㉰ 탭
㉱ 스피드 브레이크

11. 마그네슘 합금의 규격은 일반적으로 다음과 같은 ASTM의 기호를 사용하고 있다. 설명 내용과 틀린 것은?

AZ	−	92	−	A	−	T₆
㉠		㉡		㉢		㉣

㉮ ㉠은 함유원소
㉯ ㉡은 함유원소의 중량%
㉰ ㉢은 합금의 용도
㉱ ㉣은 열처리 기호

12. Bucking Bar는 어디에 사용하는가?

㉮ 리벳의 머리를 지지하기 위해 사용
㉯ 드릴을 고정하기 위해 사용
㉰ 리벳건에 끼워서 사용
㉱ 성형머리를 만들기 위해 사용

● Bucking Bar는 일반적으로 강으로 만들어지고 작업에 따라 치수, 무게, 형상이 다르다.

13. 그레비스 볼트에 대한 설명으로 맞는 것은?

㉮ 전단하중에 사용한다
㉯ 인장하중에 사용한다.
㉰ 볼트머리는 6각 또는 12각으로 렌치를 사용해서 체결한다.
㉱ 인장, 압축하중에 사용한다.

14. 평와셔에 대한 설명으로 거리가 먼 것은?

㉮ 락킹에 사용한다.
㉯ 볼트, 너트이 정확한 그립을 위해 심처럼 사용
㉰ 코터핀 구멍위치 조절에 사용
㉱ 이질 금속간의 부식 방지

● 와셔는 사용목적에 따라 평와셔, 락와셔, 특수와셔로 분류하고 크기는 구멍에 사용하는 적용 볼트의 지름으로 표시한다.

15. 다음 속도 하중배수 선도 중에 올바른 것을 고르시오. (V_S : 실속 속도, n_1 : 제한하중배수)

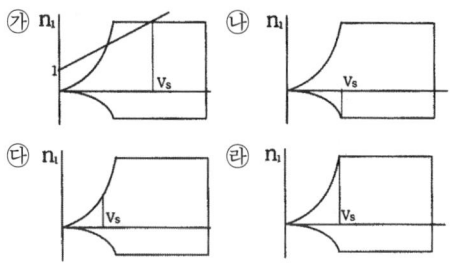

16. 항공기 동체 구조 점검 중 알루미늄 합금의 구조물이 층층이 떨어지는 것을 발견하였다. 일반적으로 이와 같은 부식을 무엇이라 하는가?

㉮ 이질금속간의 부식
㉯ 응력 부식
㉰ 마찰 부식
㉱ 엑스폴리에이션 부식

17. 그림과 같이 인장력 P를 받는 봉에 축척되는 탄성에너지에 대하여 잘못 설명된 것은?

㉮ 봉의 길이 L에 비례한다.
㉯ 봉의 단면적 A에 비례한다.
㉰ 가한 하중 P에 제곱에 비례한다.
㉱ 재료의 탄성계수 E에 반비례한다.

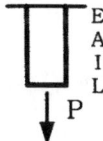

18. 스파의 종류가 아닌 것은?

㉮ 모노스파(Monospar)
㉯ 멀티스파(Multispar)
㉰ 박스빔
㉱ 정형재

19. 외경 8cm, 내경 6cm인 중공 원형 단면보의 극관성 모멘트를 구하여라.

㉮ $29cm^4$ ㉯ $127cm^4$
㉰ $275cm^4$ ㉱ $402cm^4$

20. 올레오 완충장치의 완충곡선이 그림과 같을 때 완충효율은 몇 %인가?

㉮ 55.5%
㉯ 75.5%
㉰ 78.2%
㉱ 82.5%

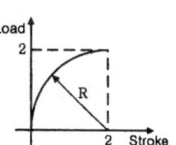

1. ㉰	2. ㉯	3. ㉱	4. ㉱	5. ㉯
6. ㉰	7. ㉱	8. ㉯	9. ㉯	10. ㉰
11. ㉰	12. ㉱	13. ㉮	14. ㉮	15. ㉱
16. ㉱	17. ㉯	18. ㉱	19. ㉰	20. ㉰

2002년도 산업기사 1회 항공기체

1. 항공기의 주 조종면의 구성으로 가장 올바른 것은?

   ㉮ 승강타, 보조날개, 플랩
   ㉯ 승강타, 방향타, 플랩
   ㉰ 승강타, 방향타, 보조날개
   ㉱ 승강타, 방향타, 스포일러

2. Creep현상에 대한 설명중 가장 올바른 것은?

   ㉮ 장시간 방치하면 Creep는 심하게 진행된다.
   ㉯ 주위의 온도가 상온이하에서 Creep는 심하게 진행된다.
   ㉰ 내부조직이 안정되어 있을수록 Creep는 심하게 진행된다.
   ㉱ 일정한 온도와 하중을 가한 상태에서 시간에 따라 변화한다.

3. 그림은 어떤 비행기 완충장치의 완충곡선이다. 완충효율은 몇 %인가?

   ㉮ 90
   ㉯ 80
   ㉰ 75
   ㉱ 50

   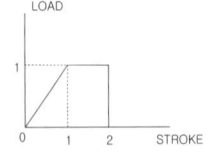

4. 항공기 기체에서 사용되는 금속재료의 90%이상이 알루미늄 합금이다. 알크래드(ALCLAD) 판이란 무엇인가?

   ㉮ 순수 알루미늄에 알루미늄 합금으로 입힌 것이다.
   ㉯ 알루미늄 합금에 순수 알루미늄으로 입힌 것이다.
   ㉰ 순수 알루미늄을 말한다.
   ㉱ 알루미늄 합금을 말한다.

5. 판금성형에 대한 설명 내용으로 가장 관계가 먼 것은?

   ㉮ 굴곡허용량(bend allowance)은 평판을 구부릴 때 필요한 길이를 뜻한다
   ㉯ 굴곡 중심선은 정 중앙에 위치한다.
   ㉰ set back은 성형점과 굴곡 접선과의 거리이다.
   ㉱ set back은 $\tan\left(\dfrac{\theta}{2}\right)=k$로 구하기도 한다.(단, θ는 굴곡 각도이다.)

6. 강철형 튜브 구조재(構造材)가 나옴에 따라 개발된 형식으로 이러한 구조는 내부에 보강용 웨브(web)나 버팀줄(bracing wire)을 할 필요가 없으므로 조종실이나 여객실에 보다 많은 공간을 줄 수가 있다, 또 충분한 강도도 가질 수 있으며, 보다 유선형인 형태로의 동체성형(胴體成形)이 용이하다. 이 구조 형식은?

   ㉮ pratt truss   ㉯ warren truss
   ㉰ monocoque   ㉱ semi-monocoque

   ▶ 트러스 구조(pratt truss, warren truss)

- 주조 부재가 삼각형의 뼈대를 이루고 있으며 이 뼈대가 기체에 작용하는 모든 하중을 감당하게 하는 구조이다.
- 장점 : 주조 설계와 제작이 용이하여 경비행기 제작에 주로 사용된다.
- 단점 : 내부공간의 마련이 쉽지 않고 동체를 유선형으로 만들기 어렵다.

7. 코터핀의 장착 및 떼어낼 때의 주의사항 중 틀린 것은?

㉮ 한번 사용한 것은 재사용해서는 결코 않 된다.
㉯ 판끝을 접어 구부릴 때는 꼬거나 가로 방향으로 구부린다.
㉰ 판끝을 절단할 때는 안전사고를 방지하기 위해 판측에 직각으로 절단해야 한다.
㉱ 부근의 구조를 손상시키지 않도록 플라스틱 해머를 사용한다.

8. 가열하면 화학반응이 진행되어 그 온도에서 고체화하며, 냉각 후에는 가열전과 다른 구조로 되고, 여러 번 가열해도 연화하지 않는 수지는?

㉮ 열가소성수지   ㉯ 열강화성수지
㉰ 염화비닐수지   ㉱ 아크릴수지

9. 0.0625in 두께의 알루미늄판을 접하기 위해 1/8in직경의 유니버설 리벳을 사용하려고 한다. 최소한 라벳의 길이는 얼마가 되어야 하는가?

㉮ 5/16in   ㉯ 1/8in
㉰ 3/16in   ㉱ 3/8in

10. 단면적이 A이고, 길이가 L이며 영률이 E인 시편에 인장하중 P가 작용하였을 때, 이 시편에 저장되는 탄성에너지는?

㉮ $U = \dfrac{PL^2}{2AE}$ ㉯ $U = \dfrac{PL^2}{3AE}$

㉰ $U = \dfrac{P^2L}{2AE}$ ㉱ $U = \dfrac{P^2L}{3AE}$

● 축하중(P)을 받아 δ만큼 늘어난 경우
탄성에너지(일) $= \dfrac{1}{2}P\delta = \dfrac{P^2L}{2AE}$

11. 공력 탄성학적 현상을 방지하기 위한 목적으로 행하는 시험은?

㉮ 목형시험   ㉯ 풍동시험
㉰ 진동시험   ㉱ 피로시험

● 기체구조시험 : 항공기의 구조물이 안전한지 입증하고 구조물의 분석과 설계하중을 구체화하여 각 요소의 기능과 성능을 확인함으로써 안전비행성능을 갖게 하기 위해 시행한다.(정하중시험, 낙하시험, 피로시험, 지상진동심험)

12. 비행기 응력스킨 구조의 설명중 틀리는 것은?

㉮ 응력 외피 구조는 트러스형과는 달리 스킨이 비행기에 작동하는 하중의 일부를 담당하는 구조이다.
㉯ 내부에 골격이 없으므로 내부 공간을 크게 할 수 있고 외형을 유선형으로 할 수 있는 장점이 있다.
㉰ 응력스킨 구조에는 모노코크형과 세미 모노코크형이 있다.
㉱ 응력 스킨 구조에는 모노코크형만 있다.

13. 그림과 같이 길이 l 인 캔틸레버 보의 자유단에 집중력 P 가 작용하고 있다. 이 보의 최대 굽힘모멘트는 얼마인가?

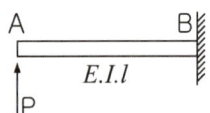

㉮ Pl ㉯ $\dfrac{Pl}{AE}$

㉰ $\dfrac{P^2l}{2AE}$ ㉱ Pl^2

14. 비행기체의 각 부분을 전기적으로 연결하는 것을 bonding이라고 한다. 다음 중 bonding과 관계없는 것은?

㉮ 기체 각부 사이의 spark 방지
㉯ 전기 접지회로의 저항 감소
㉰ 기체 각부 사이의 전위와 감소
㉱ 기상 축전지의 전해액 유출방지

● bonding jumper : 2개 이상으로 분리된 금속 구조물 또는 기계적으로는 접합되어 있으나 전기적으로 불완전한 금속 구조물을 전기적으로 완전히 접속하는 선

15. 리벳(Rivet)의 머리형태에 의한 분류에서 항공기 외피용으로 가장 많이 사용되는 것은?

㉮ 카운터성크 리벳(Counter sunk rivet)
㉯ 둥근머리 리벳(Round head rivet)
㉰ 납작머리 리벳(Flat head rivet)
㉱ 유니버샬 리벳(Universal head rivet)

16. Nut의 사용에 관한 설명으로 틀린 것은?

㉮ Plan nut의 사용시 Check nut나 Lock washer를 사용한다.
㉯ 큰 인장력이 작용하는 곳에는 Castle nut를 사용한다.
㉰ Bolt나 Nut가 회전하는 연결부에는 Self Locking nut를 사용한다.
㉱ Wing Nut는 손으로 조일 수 있는 강도가 요구되는 곳에 사용한다.

17. 소형 항공기의 앞 착륙장치(NOSE LANDING BOLT)실의 문은 어떤 힘에 의하여 열리고 닫히게 되는가?

㉮ 유압 계통의 힘으로
㉯ 전기적인 힘으로
㉰ 링크(LINK)기구에 의하여 기계적으로
㉱ 전기 유압식으로

18. 정밀공차볼트(CLOSE TOLERANCE BOLT)를 용이하게 식별하기 위하여 볼트 머리에 어떤 기호가 표시되어 있는가?

㉮ 십자형 표시   ㉯ 원형표시
㉰ 사각형표시   ㉱ 삼각형표시

19. 보조날개(Aileron)의 설명이 잘못된 것은?

㉮ 비행기를 오른쪽이나 왼쪽으로 움직인다.
㉯ 보조날개는 통상 날개의 바깥쪽에 붙어 있다.
㉰ 대형 비행기는 보조날개가 좌, 우에 각각 2개씩 있다.
㉱ 오른쪽 보조날개와 왼쪽 보조날개는 같은 방향으로 움직인다.

20. 항공기 타이어의 형식 Ⅷ타이어는 높은 이륙 속도를 갖는 고성능 항공기의 타이어로 사용되는데, 타이어 표면에 49X19-20, 32 R2 (B747)로 표시되어 있다면 이것의 의미는?

㉮ 외경 49inch, 폭 19inch, 휠 직경 20inch, 32PLY, 2회 재생
㉯ 외경 49inch, 내경 19inch, 폭 20inch, 넓이 32inch, 2회 재생
㉰ 외경 49inch, 내경 19inch, 폭 20inch, 32PLY, 휠의 종류
㉱ 외경 49inch, 내경 19inch, 휠 직경 20inch, 32PLY, 2회 재생

1. ㉰	2. ㉱	3. ㉰	4. ㉯	5. ㉯
6. ㉯	7. ㉯	8. ㉯	9. ㉮	10. ㉰
11. ㉰	12. ㉰	13. ㉮	14. ㉱	15. ㉮
16. ㉰	17. ㉰	18. ㉱	19. ㉱	20. ㉮

2002년도 산업기사 2회 항공기체

1. 인터날렌칭볼트(Internal Wrentching Bolt) 사용상의 주의사항으로 가장 올바른 내용은?
   ㉮ 카운터 싱크와셔를 사용할 때는 와셔의 방향은 무시해도 좋다.
   ㉯ MS 와 NAS의 인터날렌칭볼트의 호환은 NAS를 MS로 교환이 가능하다.
   ㉰ 너트의 아래는 충격에 강한 연질의 와셔를 사용한다.
   ㉱ 이 볼트에는 연질의 너트를 사용한다.
   ● MS볼트는 fillet을 압연가공하고 볼트머리의 높이가 높아서 피로 강도가 크기 때문이다.

2. 타이어 휘일(TIRE-WHEEL)에 부착되어 있는 퓨우즈 플러그(FUSE PLUG)를 가장 올바르게 설명한 것은?
   ㉮ 타이어내의 공기 압력을 조절한다.
   ㉯ 제동장치의 과도한 사용으로 타이어 면에 과도한 열이 발생하여 타이어 내부의 공기 압력 및 온도가 과도하게 높아졌을 때 퓨우즈 플러그가 녹아 공기 압력이 빠져나가 TIRE가 터지는 것을 방지한다.
   ㉰ 타이어 교환시 공기 압력을 빼기 위한 것이다.
   ㉱ 타이어 내부의 온도를 조절하는 것이다.

3. 등분포하중 q를 받는 길이 L되는 단순지지보의 최대 처짐은 얼마인가? (단 E는 재료의 탄성계수 이고 l는 보단면의 단면 2차 모멘트이다.)
   ㉮ $\dfrac{ql^4}{48EL}$ ㉯ $\dfrac{ql^4}{8EL}$
   ㉰ $\dfrac{5ql^4}{384EL}$ ㉱ $\dfrac{ql^4}{192EL}$

4. 고정와셔(lock washer)가 사용되는 곳으로 가장 적당한 것은?
   ㉮ 주(主) 및 부구조물 고정장치로 사용될 때
   ㉯ 파손시 공기흐름에 노출되는 곳
   ㉰ 자동고정너트(self locking nut)나 castllated-nut 가 적합하지 않은 곳에 사용된다.
   ㉱ Screw를 자주 장탈하는 부분

5. 착륙기어(Landing gear)가 내려올 때 속도를 감소시키는 밸브는?
   ㉮ Orifice Check Valve
   ㉯ Sequence Valve
   ㉰ Shuttle Valve
   ㉱ Relief Valve

6. 알루미늄 합금의 식별에는 미국의 알코아(ALCOA)회사에서 제조한 알루미늄 합금의 규격표시가 사용되기도 한다. 규격의 표시 A-50S가 나타내는 것은?
   ㉮ ALCOA 회사의 알루미늄 재료로서 합

금의 원소가 마그네슘이고, 가공용 알루미늄을 나타낸 것이다.
㈏ ALCOA 회사의 알루미늄 재료로서 합금의 원소가 구리이고, 가공용 알루미늄을 나타낸 것이다.
㈐ ALCOA 회사의 알루미늄 재료로서 합금의 원소가 규소이고, 가공용 알루미늄을 나타낸 것이다.
㈑ ALCOA 회사의 알루미늄 재료로서 합금의 원소가 아연이고, 가공용 알루미늄을 나타낸 것이다.

● ALCOA 규격의 합금번호와 주 합금원소

2S- 상업용 순수 알루미늄	30S~29S -Si
3S~9S -Mn	50S~69S -Mg
10S~29S -Cu	70S~79S -Zn

7. 항공기 무게 측정에서 다음과 같이 나타났다. 자기 무게의 무게중심(EMPTY WEIGHT CENTER OF GRAVITY)은?
(단, 8G/L (G/L당 7.5 Lbs)의 oil이 -30의 거리에 보급되어 있다.)

무게점	순무게(Lbs)	거리(IN)
좌측 주바퀴	617	68
우측 주바퀴	614	68
앞바퀴	152	-26

㈎ 61.64" ㈏ 51.64"
㈐ 57.67" ㈑ 66.14"

8. 17ST의 AN표준규격 재료기호 표시로 가장 올바른 것은?

㈎ A ㈏ D
㈐ AD ㈑ DD

9. Cable control system 에서 cable tension 을 조절하여 줄 수 있는 부품은?

㈎ cable drum(케이블드럼)
㈏ bell crank(벨크랭크)
㈐ turn buckle(턴벅클)
㈑ pulley(풀리)

10. 항공기 너트의 식별표시에 포함되어 있지 않는 내용은?

㈎ 황동색깔
㈏ 내부특징으로 비셀프락킹 또는 셀프락킹
㈐ 금속의 광택
㈑ 재질표시 특수문자가 너트에 새겨있다.

11. 폭이 20cm, 두께가 8mm인 알루미늄판을 그림과 같이 구부리고자 한다. 필요한 알루미늄판의 set back은 얼마인가?

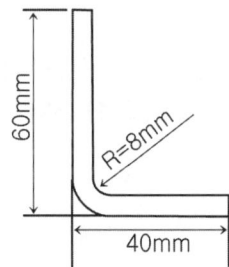

㈎ 12[mm] ㈏ 16[mm]
㈐ 18[mm] ㈑ 20[mm]

12. 항공기의 설계 및 제작과정에서 항공기가 비행중에 걸리는 공기력의 측정을 위해 수행되는 시험은?

㈎ 진도 시험
㈏ 풍동시험(wind tunnel test)
㈐ 비행하중시험
㈑ 목형시험(mock up test)

13. 주익에 걸리는 굽힘력(bending force)을 견디는 것은 주로 어떤 것인가?

㉮ skin   ㉯ spar
㉰ rib   ㉱ stringer

14. 합성고무 중 우수한 안정성을 가져 내열성이 요구되는 부분의 밀폐제 등으로 사용되는 것은?

㉮ 부틸   ㉯ 부나
㉰ 네오프렌 ㉱ 실리콘 고무

● 합성고무 : 기름 및 기후에 대한 저항성이 우수하여 항공기 부품으로 널리 사용
  • 부틸고무 : 가스침투와 노화에 대한 저항성 우수(타이어용 튜브)
  • 니트릴고무 : 내연료성이 우수(링과 개스킷)
  • 네오프렌고무 : 가솔린에 대한 저항성 우수 (기화기 등에 사용)

15. 그림은 수송기의 V-n 선도를 나타낸 것이다. 이 그림에서 A와 D의 연결선은 무엇을 나타내는가?

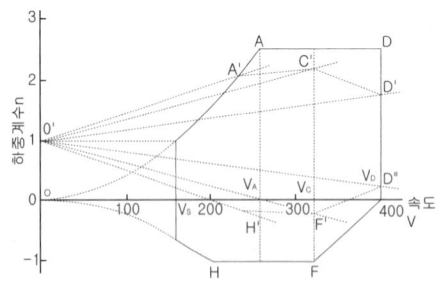

㉮ 양력계수
㉯ 돌풍하중계수
㉰ 설계상 주어진 한계 하중계수
㉱ 설계 순항속도

16. 0.0625인치 두께의 금속판 2개를 접하기 위하여 1/8인치 직경의 유니버셜 리벳을 사용하려고 한다. 최소한의 RIVET 길이는 얼마가 되어야 하는가?

㉮ 1/4인치   ㉯ 1/8인치
㉰ 5/16인치 ㉱ 7/16인치

17. 반 모노코큐(SEMI-MONOCOQUE)구조형식에 있어서 날개의 구조는?

㉮ 론저론(LONGERON), 스트링거(STRINGER), 벌크헤드(BULKHEAD), 외피(SKIN)
㉯ 스트링거(STRINGER), 리브(RIB), 외피(SKIN)
㉰ 스파(SPAR), 리브(RIB), 스트링거(STRINGER), 외피(SKIN)
㉱ 플랩(FLAP), 에일러론(AILERON), 스포일러(SPOILER)

18. 연한 Aluminum에 드릴(Drill)작업을 할 때 Drill각도는?

㉮ 118°   ㉯ 90°
㉰ 67°   ㉱ 45°

19. 재료의 탄성계수 E와 포아송의 비 ν 및 체적탄성계수 K간의 관계가 올바르게 된 것은?

㉮ $K = E(1-2\nu)$
㉯ $K = \dfrac{E}{3(1-2\nu)}$
㉰ $K = \dfrac{E}{1-2\nu}$
㉱ $K = \dfrac{E}{2\nu}+1$

20. 대형 항공기에 주로 사용하는 브레이크 장치는?

㉮ 싱글디스크 브레이크(single-Disk)
㉯ 세그멘트 로터 브레이크 (segment-Rotor)
㉰ 슈(Shoe)브레이크
㉱ 듀얼디스크 브레이크(Dual-Disk)

1. ㉯	2. ㉯	3. ㉰	4. ㉰	5. ㉮
6. ㉮	7. ㉮	8. ㉯	9. ㉰	10. ㉱
11. ㉯	12. ㉯	13. ㉯	14. ㉱	15. ㉰
16. ㉰	17. ㉰	18. ㉯	19. ㉯	20. ㉯

2002년도 산업기사 3회 항공기체

1. 합금조직 중 화학적으로 결합하여 성분금속과 다른 성질을 가지는 것은?

㉮ 공정   ㉯ 공석
㉰ 고용체   ㉱ 금속간 화합물

- 합금(alloy) : 한 금속에 다른 금속이나 비금속이 용입되거나 결합된 것
- 공정(eutectic) : 두 종류의 성분 금속이 일정한 비율로 동시에 석출되어 나온 혼합된 조직을 형성하는 합금
- 공석(eutectoid) : 하나의 고용체에서 두 종류의 고체가 일정한 비율로 동시에 석출하여 생긴 혼합물
- 고용체(solid solution) : 한 성분의 금속중에 다른 성분의 금속 또는 비금속이 혼합되어 융용 상태에서의 합금

2. 와셔(washer)의 취급에 대한 내용 중 가장 올바른 것은?

㉮ 탭 와셔, 프리로드 지시와셔는 1회에 한하여 재사용 할 수 있다.
㉯ 락크와셔는 2차 구조부에 사용해서는 안된다.
㉰ 클램프 장착시는 반드시 평와셔를 붙여 사용한다.
㉱ 와셔는 원칙적으로 볼트와 같은 재질로 사용할 필요가 없다.

3. 항공기 위치 표시방법 중 버톡라인(Buttock line)은?

㉮ A/C의 전방에서 테일콘(Tail cone)까지 연장된 선과 평행하게 측정한다.
㉯ 수직 중심선에 평행하게 좌, 우측의 너비를 측정한 것이다.
㉰ A/C동체의 수평면으로부터 수직으로 높이를 측정하는 것이다.
㉱ 날개의 후방빔에 수직하게 밖으로부터 안쪽가장자리를 측정한 것이다.

4. 항공기의 무게중심을 구할 때 사용되는 최소 연료량은 기관의 어떤 출력과 관계가 있는가?

㉮ 최대 이륙출력   ㉯ 최대 연속출력
㉰ 지시 출력   ㉱ 제동 유효출력

5. Al합금 RIVET중 황색은?

㉮ 크롬산 아연 보호도장을 한 것이다.
㉯ 양극처리를 한 것이다.
㉰ 금속도료를 도장한 것이다.
㉱ 니켈, 마그네슘선으로 보호 도장된 것이다.

6. 착륙장치의 완충장치가 흡수하는 운동에너지에 대한 설명 중 잘못된 것은?

㉮ 항공기 중량에 비례한다.
㉯ 중력가속도에 반비례한다.
㉰ 실속속도의 제곱에 비례한다.
㉱ 양력의 제곱에 반비례한다.

7. 가격이 비교적 비싸고 화학 반응성이 커서 취급에 어려움이 있으나 기계적 특성이 다른 강화섬유에 비해 뛰어나므로 주로 전투기등의 동체나 날개 부품제작에 사용되는 것은?

㉮ 아라미드 섬유   ㉯ 알루미나 섬유
㉰ 탄소 섬유   ㉱ 보론 섬유

● ·유리 섬유 : 내열성과 내화학성이 우수하고 값이 저렴하여 가장 많이 사용
·탄소 섬유 : 열팽창 계수가 작아 치수 안정성이 우수
·아라미드 섬유 : 높은 인장강도와 유연성를 가지고 있다. 일명 케블러
·보론 섬유 : 우수한 압축강도 인성 및 높은 경도를 갖는다.
·세라믹 : 높은 온도의 적용이 요구되는 곳에 사용

8. 플레인 체크 너트는 어느 것인가?

㉮ AN310   ㉯ AN315
㉰ AN316   ㉱ AN350

● 체크너트는 플레인 너트를 잠그기 위한 목적으로 사용

9. 가스용접시 역화의 원인이 아닌 것은?

㉮ 팁이 물체에 부딪혀 순간적으로 가스의 흐름이 멈출 때
㉯ 팁이 과열되었을 때
㉰ 가스의 압력이 높을 때
㉱ 팁의 연결이 불충분할 때

● 역화(flash back) : 토치 안으로 개스가 타는 현상으로 방지하지 않으면 불꽃이 호스, 조절기 등으로 번져 큰 위험이 따른다.

10. 리벳의 치수 계산시 아래 사항중 틀린 것은?

㉮ 리벳지름(D)는 일반적으로 두꺼운 판재 두께(T)의 3배이다.
㉯ 리벳길이는 판의 전체 두께와 리벳지름(D)의 1.5배 한 길이를 합한 것이다.
㉰ 리벳 피치간격은 최소 3D 이상이며, 보통 6~8D이다.
㉱ 벅 테일(BUCK TAIL)의 높이는 1.5 D 이고 최소지름은 3D이다.

11. 봉의 단면적 A, 길이 L, 재료의 탄성계수 E, 이에 작용하는 인장력 P일 때 늘어난 길이 δ는?

㉮ $\delta = \dfrac{PE}{AL}$ ㉯ $\delta = \dfrac{P^2L}{AE}$

㉰ $\delta = \dfrac{P^2E}{AL}$ ㉱ $\delta = \dfrac{PL}{AE}$

● $\sigma = \dfrac{P}{A} = E\epsilon, \ \epsilon = \dfrac{\delta}{L}$

따라서 $\dfrac{P}{EA} = \dfrac{\delta}{L}, \ \delta = \dfrac{PL}{AE}$

12. 아래 V-n선도에서 AD선은 무엇을 나타내는 것인가?

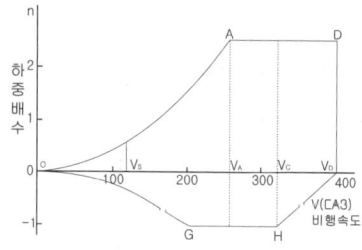

㉮ "+"방향에서 얻어지는 하중배수
㉯ "-"방향에서 얻어지는 하중배수
㉰ 최소 제한 하중배수
㉱ 최대 제한 하중배수

13. 모노코크(Monocoque)구조에 있어서 항공역학적 힘의 대부분을 담당하는 부재는?

   ㉮ 포머(formers)
   ㉯ 응력표피(stressed skin)
   ㉰ 벌크헤드(bulkhead)
   ㉱ 스트링거(stringer)

14. 하중과 응력에 대한 설명으로 잘못된 것은?

   ㉮ 구조물에 가해지는 힘을 하중이라 한다.
   ㉯ 하중에는 탑재물의 중량, 공기력, 관성력, 지면반력, 충격력 등이 있다.
   ㉰ 면적당 작용하는 내력의 크기를 응력이라 한다.
   ㉱ 구조물인 항공기는 하중을 지지하기 위한 외력으로 응력을 가진다.

15. 열처리가 부적당한 어느 특정된 알루미늄 합금재에 발생하는 부식을 무엇이라 하는가?

   ㉮ 입자부식(Intergranular corrosion)
   ㉯ 응력부식(Stress corrosion)
   ㉰ 찰과부식(Fretting corrosion)
   ㉱ 이질금속간의 부식

16. 스포일러(Spoiler)의 설명이 잘못된 것은?

   ㉮ 날개 윗면 혹은 밑면에 좌우 대칭 위치에서 돌출 되는 일종의 공기 저항판이다.
   ㉯ 날개 위에서 뻗치면 그 후방에서 공기 흐름에 박리가 생기고 크게 압력이 줄고 항력이 증가한다.
   ㉰ 날개 위에서 뻗치면 그 후방에서 공기 흐름에 박리가 생기고 크게 압력이 줄고 항력이 감소한다.
   ㉱ 플라이트 스포일러 혹은 그라운드 스포일러라고 한다.

17. 복합재료로 제작된 항공기 부품의 결함(분리 또는 내부손상)을 발견하기 위해 사용되는 검사 방법이 아닌 것은?

   ㉮ 육안검사
   ㉯ 동전 두드리기 시험(Coin tap test)
   ㉰ 와전류탐상검사
      (Eddy current inspection)
   ㉱ 초음파검사

   ▶ 와전류검사는 자기유도작용을 이용하므로 전도성 재료의 검사만으로 제한된다.

18. 그림에서 MAC(MEAN AERODYNAMIC CHORD)의 백분율로 C.G(CENTER OF GRAVITY)를 구하면?

   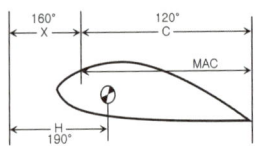

   ㉮ 20%   ㉯ 15%
   ㉰ 30%   ㉱ 25%

19. 항공기 조종 계통의 케이블(CABLE)의 장력은 신축과 온도 변화에 따른 주기적 점검 조절을 해야 한다. 무엇으로 조절 하는가?

   ㉮ 케이블 장력 조절기
      (CABLE TENSION REGULATOR)
   ㉯ 턴버클(TURNBUCKLE)
   ㉰ 케이블 드럼(CABLE DRUM)
   ㉱ 케이블 장력계
      (CABLE TENSION METER)

20. 굴곡 각도가 90°일 때 세트백(Set Back)을 계산하는 공식은?
(단; T=두께, R=굴곡반경, S=세트백, D=지름)

㉮ S=(D+T)/2   ㉯ S=R+T/2
㉰ S=R+T   ㉱ S=R/2+T

1. ㉱	2. ㉯	3. ㉯	4. ㉯	5. ㉮
6. ㉱	7. ㉱	8. ㉰	9. ㉰	10. ㉱
11. ㉰	12. ㉱	13. ㉯	14. ㉱	15. ㉮
16. ㉰	17. ㉰	18. ㉱	19. ㉯	20. ㉰

2003년도 산업기사 1회 항공기체

1. 노스 스트럿(Nose strut) 내부에 있는 센터링 캠(Centering cam)의 작동 목적을 가장 올바르게 설명한 것은?

   ㉮ 착륙 후에 노스 휠(Nose wheel)을 중립으로 하여 준다.
   ㉯ 이륙 후에 노스 휠을 중립으로 하여 준다.
   ㉰ 내부 피스톤에 묻은 오물을 제거해 준다.
   ㉱ 노스 휠 스티어링(steering)이 작동하지 않을 때 중립위치로 하여 준다.

2. 페일세이프(fail-safe) 구조형식에 속하지 않는 것은?

   ㉮ 다경로 하중(redundant) 구조
   ㉯ 샌드위치(sandwich) 구조
   ㉰ 이중(double) 구조
   ㉱ 대치(back-up) 구조

3. 유효길이 16인치인 토오크렌치(Torque wrench)와 연장공구 유효길이 4인치를 사용하여 1,500인치 파운드의 토오크 값을 구하려 한다. 필요한 토오크에 해당되는 Scale Reading값은?

   ㉮ 1,000 [IN LBS]
   ㉯ 1,200 [IN LBS]
   ㉰ 1,300 [IN LBS]
   ㉱ 1,500 [IN LBS]

4. 조종계통의 구성품 중에서 회전축에 대해 두 개의 암(ARM)을 가지고 있어 회전운동을 직선운동으로 바꿔 주는 것은?

   ㉮ 토크 튜브(Torque Tube)
   ㉯ 벨 크랭크(Bell Crank)
   ㉰ 풀리(Pulley)
   ㉱ 페어 리드(Fair Lead)

5. 모노코크 구조를 가장 올바르게 설명한 것은?

   ㉮ 비틀림 응력은 동체 스트링거가 담당한다.
   ㉯ Hydro-Press로 가공한 벌크헤드, 포머와 스킨이 Rivetting되어 있다.
   ㉰ 동체 밑부분에는 압축력이 걸려 주로 스킨이 담당한다.
   ㉱ 인장력은 스킨이 받는다.

6. SAE 4130 합금강에서 숫자 41은 무엇을 의미하는가?

   ㉮ 크롬-몰리브덴강이다.
   ㉯ 크롬강이다.
   ㉰ 4%의 탄소강이다.
   ㉱ 0.04%의 탄소강이다.

7. Hi-shear rivet를 사용하여 알루미늄 합금으로 된 구조재를 조립하려고 한다. 다음 중 가장 올바른 내용은?

㉮ 높은 전단응력(高前斷應力)이 작용하는 곳에 정밀공차를 두고 riveting 하여야 한다.
㉯ 3개의 알루미늄 합금 rivet가 담당하는 응력치보다 1개의 Hi-shear rivet이 담당하는 값이 적어야 한다.
㉰ 금이 가는 것을 방비하기 위해 830°F 내지 860°F로 가열 사용한다.
㉱ 그리프(grip) 길이가 샨크(shunk)의 직경보다 적은 곳에 사용한다.

▶ 핀 리벳이라고도 하는 특수 리벳으로 핀의 한쪽에는 머리와 다른 한쪽에는 홈이 있어 칼라로 고정한다. 전단력만이 작용하는 곳에 사용한다.

8. 다음 중 열가소성 수지는?

㉮ 폴리에틸렌수지　㉯ 페놀수지
㉰ 에폭시수지　　　㉱ 폴리우레탄수지

9. NAS 654 V 10 D 볼트에 너트를 고정시키는 데 필요한 것은?

㉮ 코터핀　　　㉯ 안전 결선
㉰ 락크 와셔　㉱ 특수 와셔

▶ D는 나사 끝에 구멍 있음을 나타내며, H는 볼트의 머리에 구멍 있음, 무표시는 구멍 없음을 나타냄

10. 다음 보 중에서 부정정보는?

㉮ 연속보　　　㉯ 단순 지지보
㉰ 내다지보　　㉱ 외팔보

▶ 정정구조물은 정역학적 평형방정식을 만족하는 구조물로 미지수와 방정식의 수가 같은 구조물이라 하며 미지수의 수가 평형방정식의 수보다 많은 경우를 부정정인 구조물이라 한다.

11. 변형률에 대한 설명 중 옳지 않은 것은?

㉮ 변형률은 변화량과 본래의 치수와의 비를 말한다.
㉯ 변형률은 탄성 한계 내에서 응력과는 아무런 관계가 없다.
㉰ 변형률은 탄성 한계 내에서 응력과 정비례 관계에 있다.
㉱ 변형률은 길이와 길이와의 비이므로 차원은 없다.

12. 항공기용 와셔에 대한 다음 설명 중 틀리는 것은?

㉮ AN960과 AN970은 Lock washer(락크와tu)로서 너티 밑에 사용한다.
㉯ AN935와 AN936은 락크와셔로서 기계 가공한 스크류나 볼트와 함께 사용한다.
㉰ 락크와셔는 패스너와 함께 1차와 2차 구조에 사용할 수 없다.
㉱ 표면의 결함을 막는 밑바닥에 평와셔 없이 락크와셔가 재료에 직접 닿아서는 안 된다.

▶ AN960과 AN970은 plain washer(평와셔)로서 그립의 길이 조절, 고저와셔 사용시 재료표면의 보호, 그리고 작용력의 분산 등에 사용한다.

13. Al의 내식성을 향상시키고 좋은 피막을 얻는 방법이 아닌 것은?

㉮ 황산법　　　㉯ 인산알콜법
㉰ 크롬산법　　㉱ 석출경화

14. 한 개의 리벳(rivet)으로 두 개의 평판을 그림과 같이 연결했다. 만약 리벳의 지름이 15mm이고 하중 P가 500kg일 때, 리벳에 생기는 응력은 몇 [kg/cm²]인가?

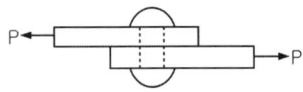

㉮ 282.94　　㉯ 141.47
㉰ 42.44　　㉱ 2.83

● 리벳의 단면에는 전단력(전단하중)이 작용하며 전단응력은 단위면적에 작용하는 전단력이다.

15. 케이블 조종계통(CABLE CONTROL SYSTEM)의 턴버클 바렐(TURNBUCKLE BARREL)에 구멍이 있다. 이 구멍의 용도를 가장 올바르게 표현한 것은?

㉮ 양쪽 CABLE FITTING의 나사가 충분히 물려있는지 확인하기 위하여
㉯ 양쪽 CABLE FITTING에 윤활유를 보급하기 위하여
㉰ 안전선(SAFETY WIRE)을 하기 위하여
㉱ TURN BUCKLE를 조절하기 위하여

16. 어떤 항공기의 무게를 측정한 결과 다음 도표와 같다. 이때 중심위치는 MAC의 몇 %에 위치하는가?

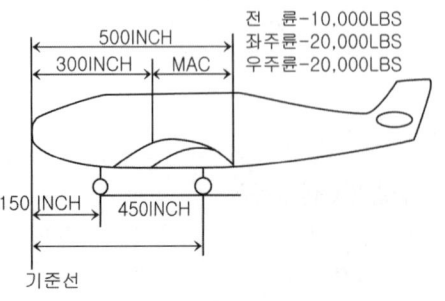

㉮ MAC의 앞전부터 45% 뒤에 위치한다.
㉯ MAC의 앞전부터 45% 앞에 위치한다.
㉰ MAC의 앞전부터 25% 뒤에 위치한다.
㉱ MAC의 앞전부터 25% 앞에 위치한다.

● 중심위치(총모멘트/총무게)를 정한 후 % MAC를 정한다.

17. 서로 다른 금속이 접촉하면 접촉전기와 수분에 의해 전기가 발생하여 부식을 초래하게 되는 현상은?

㉮ Anti-Corrosion　　㉯ Galvanic Action
㉰ Bonding　　㉱ Age Hardening

18. 모재의 용접에 쓰이는 Joint의 형식이 아닌 것은?

㉮ Butt Joint　　㉯ Tee Joint
㉰ Double Joint　　㉱ Lap Joint

● 용접의 5가지 타입 : Butt Joint, Tee Joint, Lap Joint, Corner Joint, Edge Joint

19. 조종계통의 구조작동에 대한 설명 내용으로 가장 올바른 것은?

㉮ 항공기를 옆놀이 시키는 데는 방향키를 사용하고, 조종은 페달로 한다.
㉯ 선회회전 반지름으로부터 바깥쪽으로 미끄러져 나가는 것을 스킷(Skid)현상이라 한다.
㉰ 항공기를 왼쪽으로 빗놀이 시키려면 오른쪽 방향키를 변위시켜야 한다.
㉱ 조종간에 힘을 주어 오른쪽으로 젖히면 항공기는 왼쪽으로 옆놀이 한다.

20. 그림과 같은 Web 양단에 연결된 두 flange 보 구조에 전단력 V가 그림과 같이 작용하는 경우에 있어서 web에 작용하는 전단흐름 q는 얼마인가? (단, web는 굽힘 하중에 대해서 저항하지 않는다.)

㉮ 1,000kg/m
㉯ 2,000kg/m
㉰ 3,000kg/m
㉱ 4,000kg/m

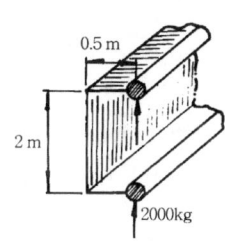

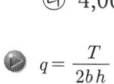 $q = \dfrac{T}{2bh}$

1. ㉯	2. ㉯	3. ㉯	4. ㉯	5. ㉯
6. ㉮	7. ㉮	8. ㉮	9. ㉮	10. ㉮
11. ㉯	12. ㉮	13. ㉱	14. ㉮	15. ㉮
16. ㉮	17. ㉯	18. ㉰	19. ㉯	20. ㉮

2003년도 산업기사 2회 항공기체

1. 판 스피링형(leaf spring type) 강착장치(landing gear)에서 탄성에너지에 의한 방법으로 충격에너지를 흡수할 때 완충효율은 일반적으로 얼마 정도인가?
   - ㉮ 75%
   - ㉯ 50%
   - ㉰ 40%
   - ㉱ 30%

2. 승강타의 트림 탭을 내리면 항공기는 어떻게 되는가?
   - ㉮ 항공기의 기수가 올라간다.
   - ㉯ 왼쪽으로 선회한다.
   - ㉰ 오른쪽으로 선회한다.
   - ㉱ 피칭운동을 한다.

3. 다음은 플렉시블(Flexible) 호스의 조립과 교환에 관한 설명 내용이다. 가장 관계가 먼 내용은?
   - ㉮ 피팅의 안지름은 장착할 호스의 안지름과 같다.
   - ㉯ 호스에 소켓을 돌려 끼운 후 튜브 어셈블리가 제대로 배열되었는지를 확인하기 위해 1바퀴를 더 돌려준다.
   - ㉰ 플레어리스 튜브 어셈블리를 장착할 때는 튜브를 제자리에 놓고 배열상태를 점검한다.
   - ㉱ 플렉시블 호스에 쓰이는 슬리이브형 끝피팅은 분리 가능하며, 사용할 수 있다고 판단되면 다시 사용해도 된다.

4. 알루미늄(Aluminum)합금의 열처리(heat treatment)의 기호 "T_4"의 의미는?
   - ㉮ 연화(annealing)한 것
   - ㉯ 용액 열처리 후 냉각한 것
   - ㉰ 용액 열처리 후 인공시효품
   - ㉱ 용액 열처리 후 자연시효(상온시효) 완료품

5. 항공기 날개구조에서 리브(Rib)의 기능을 가장 올바르게 설명한 것은?
   - ㉮ 날개의 곡면상태를 만들어주며, 날개의 표면에 걸리는 하중을 스파에 전달시킨다.
   - ㉯ 날개에 걸리는 하중을 스킨에 분산시킨다.
   - ㉰ 날개의 스팬(span)을 늘리기 위하여 사용되는 연장 부분이다.
   - ㉱ 날개 내부구조의 집중응력을 담당하는 골격이다.

6. NAS 514 P 428-8의 screw에서 틀린 내용은?
   - ㉮ NAS : 규격명
   - ㉯ P : 머리의 홈
   - ㉰ 428 : 지름, 나사산수
   - ㉱ 8 : 계열

● NAS 514(계열), P(머리의 홈), 428(지름, 나사산 수), -8(스크류의 길이)

7. Skin과 Skin 사이에 Core를 끼워서 제작한 판의 구조는?

㉮ 이중구조(double structure)
㉯ 응력외피구조(stressed skin structure)
㉰ 샌드위치구조(sandwich structure)
㉱ 페일-세이프구조(fail-safe structure)

8. 다음은 항공기의 구조부재들이다. 트러스(Truss) 구조형식의 비행기에 없는 부재는?

㉮ 스파(Spar)
㉯ 스트링거(Stringer)
㉰ 리브(Rib)
㉱ 장선(Brace Wire)

9. BUCKING BAR는 어디에 사용하는가?

㉮ 리벳의 머리를 지지하기 위해 사용한다.
㉯ 드릴을 고정하기 위해 사용한다.
㉰ 리벳 건에 끼워서 사용한다.
㉱ 성형 머리부를 만들기 위해 사용한다.

10. 굴곡반경(Radius of bend)을 R, 판의 두께를 T라 하면 중립선(neutral line)의 반경은 대략 어느 정도인가?

㉮ R+(1/2)T   ㉯ R+T
㉰ 2R+(1/2)T   ㉱ R+2T

11. 그림에서와 같이 길이 2m인 외팔보에 2개의 집중하중 300kg, 100kg이 작용할 때 고정단에 생기는 최대굽힘 모멘트의 크기는 얼마인가?

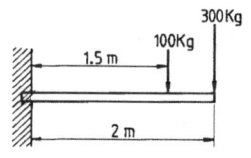

㉮ 400kg-m   ㉯ 650kg-m
㉰ 750kg-m   ㉱ 800kg-m

12. 알루미나 섬유에 대한 설명으로 가장 올바른 것은?

㉮ 기계적 특성이 뛰어나므로 주로 전투기 동체나 날개 부품 제작에 사용
㉯ 알루미나 섬유를 일명 케블라라고 한다.
㉰ 무색 투명하며 약 1300℃로 가열하여도 물성이 유지되는 우수한 내열성을 가지고 있다.
㉱ 기계적 성질이 떨어져 주로 객실 내부 구조물 등 2차 구조물에 사용

13. 항공기의 무게중심이 기준선에서 90inch에 있고, MAC의 앞전이 기준선에서 82inch인 곳에 위치한다. MAC가 32inch인 경우 중심은 몇 〔%MAC〕인가??

㉮ 15   ㉯ 20
㉰ 25   ㉱ 35

14. 그림은 캔틸레버(cantilever)식 날개이다. B 점에서의 굽힘 모멘트는 얼마인가?

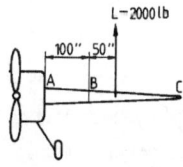

㉮ 200,000in-lb   ㉯ 100,000in-lb
㉰ 10,000in-lb   ㉱ 2,000in-lb

15. 다음은 너트(Nut)의 일반적인 설명이다. 틀리는 것은?
㉮ 평 너트(Plain Hexagon Airframe Nut)는 장착 부품과 상대운동을 하는 볼트에 사용한다.
㉯ 나비 너트(Plain Wing Nut)는 맨손으로 조일 수 있는 곳에서 조립부를 빈번하게 장탈 혹은 장착하는데 적합하게 만들어져 있다.
㉰ 잼 너트(Hexagon Jam Nut)는 평 너트, 세트 스크류 끝 부분의 나사가 있는 로드에 장착되어 고정하는 역할을 한다.
㉱ 구조용 캐슬 너트(Plain Castellated Airframe Nut)는 인장용의 홈이 있는 너트이다.

16. 쥬스 패스너(Dzus Fastener)의 구성품이 아닌 것은?
㉮ 리셉터클(receptacle)
㉯ 그로멧(grommet)
㉰ 어크로스 슬리브(acres sleeve)
㉱ 스터드(stud)

17. 2차 조종면(secondary control surface)인 밸런스 탭(balance tab)을 가장 올바르게 설명한 것은?
㉮ 1차 조종면에 조종계통이 연결되지 않고 조종계통이 2차 조종면, 즉 탭(tab)에 연결되어 작동되는 tab을 말한다.
㉯ 조종계통은 1차 조종면에 연결되어 있으나 1차 조종면과 2차 조종면이 spring을 통해 연결되어 있어 2차 조종면은 1차 조종면과 반대 방향으로 작동하는 tab이다.
㉰ 조종계통이 1차 조종면에 연결되어 있고 1차 조종면과 2차 조종면이 직접 연결되어 있어 1차 조종면과 2차 조종면은 서로 반대 방향으로 작동한다.
㉱ 1차 조종면에 의한 비행조종시 조종특성을 수정하기 위해 작동하는 tab을 말한다.

18. 일정 온도에서 시간에 따라 재료의 변형율이 변화하는 것을 무엇이라 하는가?
㉮ Strain ㉯ Buckling
㉰ Fatigue ㉱ Creep

19. TUBE FLARING에 대하여 설명하였다. 가장 올바른 것은?
㉮ steel tube는 double flaring으로 제작된다.
㉯ double flare tube는 밀폐 특성이 좋다.
㉰ 가공경화로 인해 전단작용에 대한 작용력이 감소한다.
㉱ single flare tube는 매끈하고 동심으로 제작이 용이하다.

20. 그림과 같은 도면의 단면 2차 모멘트(Ix)는?

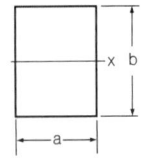

㉮ $\dfrac{ba^3}{12}$ ㉯ $\dfrac{ab^3}{12}$
㉰ $\dfrac{ba^3}{6}$ ㉱ $\dfrac{ab}{6}$

1. ㉯	2. ㉮	3. ㉯	4. ㉱	5. ㉮
6. ㉰	7. ㉰	8. ㉯	9. ㉱	10. ㉮
11. ㉰	12. ㉰	13. ㉰	14. ㉯	15. ㉮
16. ㉰	17. ㉰	18. ㉱	19. ㉯	20. ㉯

2003년도 산업기사 3회 항공기체

1. 일정한 단면을 갖는 보에서 분포하중 q와 처짐 y와의 관계식으로 가장 올바른 것은?
   (단, E는 탄성계수이고, I는 관성모멘트이다.)
   ㉮ $EI\dfrac{dy}{dx} = q$ ㉯ $EI\dfrac{d^2y}{dx^2} = q$
   ㉰ $EI\dfrac{d^3y}{dx^3} = q$ ㉱ $EI\dfrac{d^4y}{dx^4} = q$

2. 이상적인 트러스 구조의 부재는 어느 하중을 받는가?
   ㉮ 인장 또는 압축 ㉯ 굽힘
   ㉰ 전단 ㉱ 인장 또는 굽힘
   ▶ 작용하는 힘 두 개인 두 힘 부재로만 구성된 구조물을 트러스 구조라 한다.

3. 두께가 3mm인 알루미늄판과 두께가 2mm인 알루미늄판을 리벳으로 접하고자 한다. 리벳의 직경은 얼마로 하면 되는가?
   ㉮ 15mm ㉯ 9mm
   ㉰ 6mm ㉱ 5mm

4. 동체 구조에서 반 모노코크(SEMI-MONCOQUE)를 가장 올바르게 설명한 것은?
   ㉮ 구조재가 삼각형을 이루는 기체의 뼈대가 하중을 담당하고 표피는 항공 역학적인 요구를 만족하는 기하학적 형태만을 유지하는 구조이다.
   ㉯ 골격과 외피가 공히 하중을 담당하는 구조로서 외피는 주로 전단응력(SHEAR LOAD)을 담당하고 골격은 인장, 압축, 굽힘 등 모든 하중을 담당하는 구조이다.
   ㉰ 하중의 대부분을 표피가 담당하며, 내부에 보강재가 없이 금속의 각 껍질(SHELL)로 구성된 구조이다.
   ㉱ 동체 내부 공간을 확보하기 위하여 세로대(LONGERONS) 및 세로지(STRINGER)를 이용한 구조이다.

5. 비틀림 모멘트에 대한 식으로 가장 올바른 것은?
   ㉮ 전단응력×극단면계수
   ㉯ 전단응력×횡탄성계수
   ㉰ 전단변형도×단면오차모멘트
   ㉱ 굽힘응력×단면계수

6. 일정한 응력이 가해질 때 시간에 따라 계속 변형율이 증가한다. 이와 같이 시간에 따라서 변형도가 달라지는 현상은?
   ㉮ 전이점(transition point)
   ㉯ 피로(fatigue)
   ㉰ 크리이프(creep)
   ㉱ 탄성(elasticity)

7. 티타늄합금의 성질을 설명한 내용으로 가장 올바른 것은?

    ㉮ 티타늄은 고온에서 산소, 질소, 수소 등과 친화력이 매우 크고 또한 이러한 가스를 흡수하면 매우 약해진다.
    ㉯ 티타늄합금은 열전도 계수가 크다.
    ㉰ 티타늄합금에는 Cu가 합금원소로써 몇 %씩 포함하고 있어 취성을 감소시키는 역할을 한다.
    ㉱ 티타늄합금은 불순물이 들어가면 가공 후 자연경화를 일으켜 강도를 좋게 한다.

8. 턴록 중에서 에어록 패스너의 구성요소가 아닌 것은?

    ㉮ 스터드(stud)
    ㉯ 스터드리셉터클(receptacle)
    ㉰ 크로스핀(cross pin)
    ㉱ 그로메트(grommet)

9. AN 501 B- 416- 7의 B는 스크류의 무엇을 식별하는가?

    ㉮ 2017-T 알루미늄 합금이다.
    ㉯ 황동이다.
    ㉰ 부식 저항 강이다.
    ㉱ 머리에 구멍이 있다.

10. 페일 세이프 구조의 백업구조(Back-up Structure)를 가장 올바르게 설명한 것은?

    ㉮ 많은 부재로 되어 있고 각각의 부재는 하중을 고르게 되도록 되어 있는 구조
    ㉯ 하나의 큰 부재를 사용하는 대신 2개 이상의 작은 부재를 결합하여 1개의 부재와 같은 또는 그 이상의 강도를 지닌 구조
    ㉰ 규정된 하중은 모두 좌측 부재에서 담당하고 우측 부재는 예비 부재로 좌측 부재가 파괴된 후 그 부재를 대신하여 전체하중을 담당한다.
    ㉱ 단단한 보강재를 대어 해당량 이상의 하중을 이 보강재가 분담하는 구조

11. V-n 선도에서의 n(load factor)을 올바르게 나타낸 것은? (단, L:양력, D:항력, T:추력, W:무게)

    ㉮ L/W   ㉯ W/L
    ㉰ T/D   ㉱ D/T

12. 한쪽의 길이를 짧게 하기 위해 주름지게 하는 판금가공 방법은?

    ㉮ 수축가공(shrinking)
    ㉯ 신장가공(stretching)
    ㉰ 범핑(bumping)
    ㉱ 크림핑(crimping)

13. 와셔의 부품번호가 AN 960 J D 716 L로 표기되었다. L이 뜻하는 내용은?

    ㉮ 재질   ㉯ 두께
    ㉰ 표면처리   ㉱ 형식

14. 크리닝 아웃(Cleaning Out)이 아닌 것은?

    ㉮ 트리밍(Trimming)   ㉯ 커팅(Cutting)
    ㉰ 파일링(filing)   ㉱ 크린업(Clean Up)

    ▶ 크린 아웃은 손상부분이 완전히 제거되는 것을 말하며 손상이 더 이상 진전되는 것을 방지하는 처리방법이며 크린 업은 판 가장자리의 날카로운 부분을 제거하는 손상처리를 말한다.

15. 키놀이 조종계통에서 승강키에 대한 설명으로 가장 올바른 것은?

㉮ 보통 수평 안정판의 뒷전에 장착되어 있다.
㉯ 수직축을 중심으로 좌우로 회전하는 운동에 사용
㉰ 보통 승강키의 조종은 페달에 의존한다.
㉱ 세로축을 중심으로 하는 항공기 운동에 사용

16. 착륙장치는 장착위치에 따라 앞바퀴형과 뒷바퀴형이 있다. 다음 중 앞바퀴형의 장점이 아닌 것은?

㉮ 동체 후방이 들려 있기 때문에 착륙성능이 좋다.
㉯ 중심이 주 바퀴의 앞에 있어 지상전복의 위험이 적다.
㉰ 제트기는 배기 때문에 앞바퀴형이어야 한다.
㉱ 이륙할 때 저항이 크므로 연료 소모가 적다.

17. 그림의 판재 굽힘에서 판재 전체의 길이는 약 얼마인가?

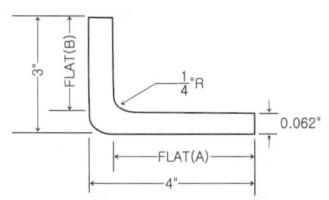

㉮ 8.2in ㉯ 6.8in
㉰ 6.6in ㉱ 5.8in

18. 알루미나 섬유의 특징으로 틀린 것은?

㉮ 내열성이 뛰어나 공기 중에서 1300℃를 가열해도 취성을 갖지 않는다.
㉯ 표면처리를 하지 않아도 FRP나 FRM으로 할 수 있다.
㉰ 전기 광학적 특징은 은백색으로 전기의 도체이다.
㉱ 금속과 수지와의 친화성이 좋다.

19. 알크래드 알루미늄(ALCLAD ALUMINUM)을 올바르게 설명한 것은?

㉮ 부식을 방지하기 위하여 합금판에 모재 두께의 한쪽 면의 3~5%로 순 ALUMINUM으로 피막한 것이다.
㉯ 부식을 방지하기 위하여 알루미늄 합금판에 모재 두께의 한쪽 면에 3~5%로 순 MAGNESIUM으로 도금한 것이다.
㉰ 모재 두께의 한쪽 면에 0~3%로 TITANIUM으로 피막한 것이다.
㉱ 모재 두께의 한쪽 면에 5~7%로 순 MAGNESIUM으로 피막한 것이다.

20. 조종간을 후방좌측으로 움직이면 우측 보조익과 승강타는 어떻게 움직이나?

㉮ 보조날개는 아래로 승강타는 위로
㉯ 보조날개는 아래로 승강타는 아래로
㉰ 보조날개는 위로 승강타는 위로
㉱ 보조날개는 위로 승강타는 위로

1. ㉱	2. ㉮	3. ㉯	4. ㉯	5. ㉮
6. ㉰	7. ㉰	8. ㉯	9. ㉯	10. ㉰
11. ㉮	12. ㉱	13. ㉯	14. ㉱	15. ㉮
16. ㉱	17. ㉯	18. ㉮	19. ㉮	20. ㉮

2004년도 산업기사 1회 항공기체

1. 2017 알루미늄 리벳의 다른 재질 표시방법은?

㉮ DD   ㉯ AD
㉰ A   ㉱ D

2. 합금강 SAE 6150의 1의 숫자는 무엇을 표시하는가?

㉮ 1%의 Chrominum 함유량
㉯ 0.1%의 Carbon 함유량
㉰ 1%의 Nickel 함유량
㉱ 0.1%의 Mangans 함유량

● SAE는 합금강을 네 가지 숫자로 분류하며 첫번째 수는 강의 주성분 합금재이고, 둘째 수는 이 금속의 퍼센트, 마지막 두 수는 강에 포함되어 있는 탄소의 함유량을 퍼센트로 나타낸다.

3. 상품명이 케블러(KEVLAR)라고 하며 황색이고 전기부도체이며 전파도 투과시키는 강화섬유는?

㉮ 보론 섬유   ㉯ 알루미나 섬유
㉰ 아라미드 섬유 ㉱ 유리 섬유

● 높은 인장강도와 유연성을 가지고 있는 아라미드 섬유는 일명 케블러라고도 한다.

4. 판금 가윗날의 여유각에 대하여 가장 올바르게 설명한 것은?

㉮ 아랫날과 윗날이 이루는 각을 말한다.
㉯ 날면의 경사를 말한다.
㉰ 수직 절단면과 윗날 및 아랫날이 만드는 각을 말한다.
㉱ 동력 전단기에서의 여유각은 3~6°이고, 판금가위는 7~9°이다.

5. 너트(NUT)의 일반적인 식별방법이 아닌 것은?

㉮ 머리 모양에 식별기호나 문자가 있다.
㉯ 금속 특유의 광택으로 식별할 수 있다.
㉰ 내부에 삽입된 화이버(Fiber) 또는 나이론의 색으로 구별한다.
㉱ 구조 및 나사 등으로 식별한다.

6. 케이블 터미널 핏팅(fitting) 연결방법에서 원래 부품과 똑같은 강도를 보장할 수 있는 방법은?

㉮ 5-tuck woven splice 방법
㉯ 스웨이징(swaging) 방법
㉰ wrap-solder cable splice 방법
㉱ 모두 다 원래의 부품과 같은 강도를 가진다.

7. 기체구조의 형식에서 응력 외피구조(STRESS SKIN STRUCTURE)를 가장 올바르게 설명한 것은?

㉮ 목재 또는 강판으로 트러스(삼각형구조)를 구성하고 그 위에 천 또는 얇은 금속

판의 외피를 씌운 구조형이다.
㉯ 외피가 항공기의 형태를 이루면서 항공기에 작용하는 하중의 일부를 외피가 담당하는 구조이다.
㉰ 두 개의 외판 사이에 벌집형, 거품형, 파(WAVE)형 등의 심을 넣고 고착시켜 샌드위치 모양으로 만든 구조이다.
㉱ 하나의 구조요소가 파괴되더라도 나머지 구조가 그 기능을 담당해 주는 구조이다.

8. 엔진이 2대인 항공기의 엔진을 1,759kg의 모델에서 1,850kg의 모델로 교환하였으며, 엔진의 위치는 기준선에서 40cm에 위치하였다. 엔진을 교환하기 전의 항공기 무게평형(Weight And Balance) 기록에는 항공기 무게 15,000kg, 무게중심은 기준선 후방 35cm에 위치하였다면, 새로운 엔진으로 교환 후 무게중심 위치는?

㉮ 기준선 전방 32cm
㉯ 기준선 전방 20cm
㉰ 기준선 후방 35cm
㉱ 기준선 후방 45cm

● 엔진을 장착하지 않은 항공기만의 무게중심(기준선 후방 33.83cm)은 항상 일정하며 장착 전후의 무게중심 계산에 활용된다.

9. 드릴작업 후 드릴구멍 가장자리에 남은 칩을 효과적으로 제거하기 위한 방법을 가장 올바르게 설명한 것은?

㉮ 리벳 작업시 자동적으로 제거되므로 제거할 필요가 없다.
㉯ 줄을 사용하여 갈아서 제거한다.
㉰ 드릴구멍 크기의 한 배 또는 두 배 크기의 드릴을 사용하여 손으로 돌려 제거한다.
㉱ 같은 크기의 드릴을 사용하여 반대 방향에서 뚫어 제거한다.

10. 항공기 앞착륙 장치의 좌우 방향 진동을 방지하거나 감쇠시키는 장치는 무엇인가?

㉮ 시미댐퍼
㉯ 방향제어장치
㉰ 오리피스
㉱ 오버센터 링크

11. 항상 압축응력과 인장응력이 동시에 발생하는 경우는?

㉮ 순수 전단(pure shear)
㉯ 순수 휨(pure bending)
㉰ 순수 비틀림(pure torsion)
㉱ 평면 응력(plane stress)

12. 고정와셔(lock washer)가 사용되는 곳으로 가장 적당한 것은?

㉮ 주(主) 및 부구조물 고정장치로 사용될 때
㉯ 파손시 공기흐름에 노출되는 곳
㉰ 자동고정너트(Self locking nut)나 Castlated-nut가 적합하지 않은 곳에 사용된다.
㉱ Screw를 자주 장탈하는 부분

13. 하이드로릭 모터(Hydraulic Motor)로 스크루 잭(Screw Jack)을 회전시켜 작동되는 조종면은?

㉮ 도움날개(Aileron)

㉯ 수평 안정판(Horizontal Stabilizer)
㉰ 탭(Tab)
㉱ 스피드 브레이크(Speed Brake)

14. 다음 중 설계하중을 나타낸 것은?
㉮ 설계하중=종극하중×종극하중계수
㉯ 설계하중=극한하중×극한하중계수
㉰ 설계하중=극한하중×안전계수
㉱ 설계하중=한계하중×안전계수

15. 길이가 5m인 받침보에 있어서 A단에서 2m인 곳에 800kg의 집중하중이 작용할 때 A단에서의 반력은 얼마인가?

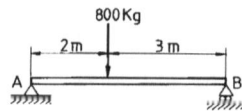

㉮ 480kg ㉯ 400kg
㉰ 320kg ㉱ 300kg

● B₁₂₅를 중심으로 한 모멘트 값이 같아야 한다.

16. 전단응력만 작용하는 곳에 사용되고 그리프(GRIP) 길이가 섕크의 직경보다 적은 곳에 사용하여서는 안 되는 RIVET는?
㉮ 폭발 리벳(EXPLOSIVE RIVET)
㉯ 블라인드 리벳(BLIND RIVET)
㉰ 하이쉐어 리벳(HI SHEAR RIVET)
㉱ 기계적 확장 리벳(MECHANICALLY EXPAND RIVET)

17. 다음과 같은 속도 하중배수(V-n)선도에서 실속속도의 표시가 맞게 된 것은?
(단, Vs: 실속속도, n_1: 제한하중배수)

㉮ 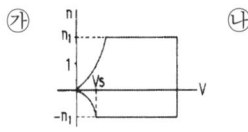 ㉯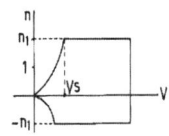
㉰ 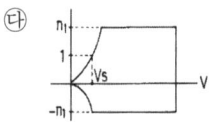 ㉱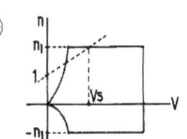

18. 알루미늄 판재의 굽힘 허용값을 구하면?
(단, 곡률 반지름(R) : 0.125inch, 굽힘각도(θ) : 90°, 두께(T) :0.040inch)

㉮ 0.228인치   ㉯ 0.259인치
㉰ 0.342인치   ㉱ 0.456인치

● $BA = \frac{\theta}{360} \times 2\pi (R + \frac{1}{2}T)$

19. 다음 부재 중 동체구조 부재에 들지 않는 것은?
㉮ 리브   ㉯ 벌크헤드
㉰ 세로대(longeron) ㉱ 프레임(frame)

20. 항공기 동체구조 점검 중에 알루미늄 합금의 구조물이 층층이 떨어지는 것을 발견하였다. 일반적으로 이와 같은 부식을 무엇이라 부르는가?
㉮ 이질금속 간의 부식
㉯ 응력부식
㉰ 마찰부식
㉱ 엑스폴리에이션

1. ㉱	2. ㉮	3. ㉰	4. ㉰	5. ㉮
6. ㉯	7. ㉯	8. ㉯	9. ㉰	10. ㉮
11. ㉯	12. ㉰	13. ㉯	14. ㉰	15. ㉮
16. ㉰	17. ㉰	18. ㉮	19. ㉮	20. ㉱

2004년도 산업기사 2회 항공기체

1. 항공기 중량을 측정한 결과 다음과 같다. 날개 앞전으로부터 무게중심까지의 거리를 MAC(공력평균시위) 백분율로 표시하면?

〔결과〕
앞바퀴(Nose Landing Gear) : 1,500kg
우측 주바퀴(Main Landing Gear) : 3,500kg
좌측 주바퀴 : 3,400kg

㉮ 14.5% MAC
㉯ 16.9% MAC
㉰ 21.7% MAC
㉱ 25.4% MAC

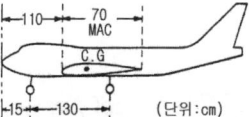

(단위 : cm)

● $C.G = \dfrac{1500 \times 15 + 3400 \times 145 + 3500 \times 145}{1500 + 3400 + 3500} = 121.8$

$\%MAC = \dfrac{121.8 - 110}{70} \times 100 = 16.9(\%)$

2. 너트(Nut)의 일반적인 설명 중 가장 올바른 내용은?

㉮ 평너트(Plain Hexagon Airframe Nut)는 인장하중을 받는 곳에 사용한다.
㉯ 잼 너트(Hexagon Jam Nut)는 맨손으로 조일 수 있는 곳에서 조립부를 빈번하게 장탈 혹은 장착하는데 적합하게 만들어져 있다.
㉰ 나비 너트(Plain Wing Nut)는 평너트, 세트 스크류 끝부분의 나사가 있는 로드에 장착되어 고정하는 역할을 한다.
㉱ 구조용 캐슬 너트(Plain Castellated Airframe Nut)는 홈이 없이 사용된다.

3. 항공기 수리용 도면에서 은선(HIDDEN LINES)은 무엇을 가리키는가?

㉮ 눈에 안보이는 끝(EDGE)또는 윤곽선을 가리킨다.
㉯ 물체의 어떤 면부분이 도면상에서 보이지 않는 것을 가리킨다.
㉰ 물체의 교차되는 부분 또는 없어진 부분과 관계되는 부분을 가리킨다.
㉱ 한 물체의 단면도 상에 노출된 표면을 가리킨다.

4. 스크류(Screw)의 식별부호 NAS 144 DH-22에서 DH는 무엇을 가리키는가?

㉮ 재질
㉯ 머리모양
㉰ 드릴헤드
㉱ 길이

5. 허니컴구조(Honeycomb Structure)에서 층분리(Delamination)를 체크(check)하는 가장 간단한 방법은?

㉮ Dye Penetrant
㉯ Metallic Ring Test
㉰ X-Ray
㉱ Ultrasonic

6. 단면적이 A, 길이가 l인 beam에 축방향으로 힘 P가 작용할 때 변위 δ는?

㉮ $\delta = \dfrac{P^2 l}{2EA}$ ㉯ $\delta = \dfrac{Pl}{2EA}$

㉰ $\delta = \dfrac{Pl}{2A}$ ㉱ $\delta = \dfrac{Pl}{EA}$

7. 랜딩기어에서 전륜식(nose gear)과 후륜식(tail gear)의 차이점 중 틀린 것은?

㉮ 전륜식이 후륜식보다 이륙시 저항이 작다.
㉯ 전륜식이 후륜식보다 조종사의 시야가 좋다.
㉰ 후륜식이 전륜식보다 승객이 안락하다.
㉱ 제트기에서는 배기 관계로 전륜식이어야 한다.

8. 밀착된 구성품 사이에 작은 진폭의 상대운동이 일어날 때에 발생하는 제한된 형태의 부식은 무엇인가?

㉮ 점(PITTING) 부식
㉯ 찰과(FRETTING) 부식
㉰ 피로(FATIGUE) 부식
㉱ 동전기(GALVANIC) 부식

9. 클레비스 볼트는 일반적으로 항공기의 어느 부분에 주로 사용하는가?

㉮ 외부 인장력이 작용하는 부분
㉯ 전단력이 작용하는 부분
㉰ 착륙기어 부분
㉱ 인장력과 전단력이 작용하는 부분

10. 알루미늄 합금판에서 "알크래드(alclad)"란 말은 판의 표면 부식방지를 위하여 어떻게 처리한 것을 말하는가?

㉮ 크롬-인산염 처리
㉯ 전기도금-화학처리
㉰ 카드뮴 판을 입힘
㉱ 순알루미늄을 피복

11. 그림은 구멍이 뚫린 평판이 인장하중을 받을 때 생기는 응력분포 곡선들이다. 가장 올바른 것은?

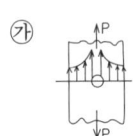 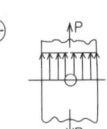

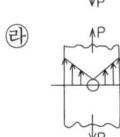

12. 수송유형 비행기의 제한하중 배수가 (+)방향으로 2.5이며 항공기의 안전율은 1.5로 하였을 때 종극하중배수는 얼마인가?

㉮ 5.25   ㉯ 3.75
㉰ 1.67   ㉱ 0.6

● 종극하중(극한하중)=한계하중×안전계수

13. 알루미늄판(ALUMINUM SHEET) 두께가 0.051인치인 재료를 굴곡반경 0.125인치가 되도록 90° 굴곡할 때 생기는 세트백(SET BACK)은 얼마인가?

㉮ 0.017in   ㉯ 0.074in
㉰ 0.125in   ㉱ 0.176in

14. 재료의 변형은 하중에 의하여 어느 작은 범위에서는 응력과 변형율의 비례관계가 $\sigma = E\varepsilon$로 성립된다. 이것을 무엇이라 하는가?

㉮ 탄성계수 ㉯ 후크의 법칙
㉰ 영률 ㉱ 응력-변형율

15. 다음은 딤플링(Dimpling) 작업시의 주의사항이다. 틀린 것은?

㉮ 판을 2개 이상 겹쳐서 동시에 딤플링하는 방법은 되도록이면 삼가한다.
㉯ 티타늄합금은 홀딤플링을 적용하지 않으면 균열을 일으킨다.
㉰ 마무리 작업시에는 반대방향으로 다시 딤플링한다.
㉱ 얇은 판 때문에 카운터 싱킹한계(0.040 in이하)를 넘을 때는 딤플링으로 한다.

● 판재 두께가 0.04inch 이하인 경우 딤플링작업을 하며, 고강도 알류미늄 합금, 마그네슘합금 및 티탄합금의 경우 균열 방지를 위해 열을 가한 후 딤플링 작업을 실시한다.

16. 성형 후 수축율이 적으며 우수한 기계적강도와 접착강도를 가져 항공기 구조물용 접착제나 도료의 재료로 사용되는 열경화성 수지는?

㉮ 폴리에틸렌수지 ㉯ 페놀수지
㉰ 에폭시수지 ㉱ 폴리우레탄수지

17. 케이블 조종계통(cable control system)에서 7×19의 cable을 가장 올바르게 설명한 것은?

㉮ 7개의 wire 로서 1개 다발을 만들고 이 다발 19개로서 1개의 cable을 만든 것이다.
㉯ 19개의 wire로서 1개 다발을 만들고 이 다발 7개로서 1개의 cable을 만든 것이다.
㉰ 7개의 다발로서 19개로 만든 것이다.
㉱ 19개의 다발로서 7개로 만든 것이다.

18. 페일세이프(fail-safe) 구조형식에 속하지 않는 것은?

㉮ 다경로 하중(redundant) 구조
㉯ 샌드위치(sandwich) 구조
㉰ 이중(double) 구조
㉱ 대치(back-up) 구조

19. 조종면의 평형(Balancing)에서 동적평형(Dynamic balance)이란?

㉮ 물체가 자체의 무게중심으로 지지되고 있는 상태
㉯ 조종면을 어느 위치에 돌려놓거나 회전 모멘트가 영(Zero)으로 평형되는 상태
㉰ 조종면을 평형대 위에 장착하였을 때 수평위치에서조종면의 뒷전이 밑으로 내려가는 상태
㉱ 조종면을 평형대 위에 장착하였을 때 수평위치에서 조종면의 뒷전이 위로 올라가는 상태

20. 강철형 튜브 구조재(構造材)가 나옴에 따라 개발된 형식으로 이러한 구조는 내부에 보강용 웨브(web)나 버팀줄(bracing wire)을 할 필요가 없으므로 조종실이나 여객실에 보다 많은 공간을 줄 수가 있다. 또 충분한 강도도 가질 수 있으며, 보다 유선형인 형태로의 동체성형(胴體成形)이 용이하다. 이 구조 형식은?

㉮ pratt truss ㉯ warren truss
㉰ monocoque ㉱ semi-monocoque

1. ㉯	2. ㉮	3. ㉮	4. ㉰	5. ㉯
6. ㉱	7. ㉰	8. ㉰	9. ㉰	10. ㉱
11. ㉮	12. ㉯	13. ㉰	14. ㉯	15. ㉰
16. ㉰	17. ㉯	18. ㉯	19. ㉯	20. ㉯

2004년도 산업기사 3회 항공기체

1. 마그네슘 합금의 규격은 일반적으로 다음과 같은 ASTM의 기호를 사용하고 있다. 설명 내용이 틀린 것은?

AZ	-	92	-	A	-	T$_6$
①		②		③		④

㉮ ①은 함유원소
㉯ ②는 합금원소의 중량 %
㉰ ③은 용도
㉱ ④는 열처리 기호

2. 고정 지지점(Fixed support)에 대한 내용으로 가장 올바른 것은?

㉮ 수직 반력만 생긴다.
㉯ 저항 회전모멘트 반력만 생긴다.
㉰ 수직 및 수평 반력이 생긴다.
㉱ 수직 및 수평 반력과 동시에 저항 회전모멘트 등 3개의 반력이 생긴다.

3. semi-monocoque 구조에 대한 설명 내용으로 가장 관계가 먼 것은?

㉮ 금속제 항공기에 많이 사용된다.
㉯ 동체의 길이 방향으로 세로대와 스트링어가 보강되어 있어 압축하중에 대한 좌굴의 문제점이 없다.
㉰ 공간 마련이 용이하다.
㉱ 정역학적으로 정정인 구조물이다.

4. MS20470D5-2리벳에 대한 설명 중 가장 올바른 것은?

㉮ 유니버설 머리 리벳으로 2017알루미늄 재질이며, 지름 5/32″, 길이 2/16″이다.
㉯ 둥근머리 리벳으로 재질은 2024이며, 지름 5/16″, 길이는 2/16″이다.
㉰ 납작머리 리벳으로 재질은 2017이며, 지름은 5/32″, 길이는 2/16″이다.
㉱ 브레이져 머리 리벳으로 재질은 2024이며, 지름 5/16″, 길이 2/16″이다.

5. 안전결선 작업을 신속하고, 일관성 있게 하거나 와이어(wire)를 절단하는 데에도 사용할 수 있는 공구는?

㉮ diagonal cutter   ㉯ wire twister
㉰ interlocking plier ㉱ cannon plier

6. 육각 BOLT에 대한 설명으로 가장 올바른 것은?

㉮ 볼트는 머리(head)와 그립(grip)로 구성되어 있다.
㉯ 볼트의 길이는 그립(grip)의 길이를 말한다.
㉰ 일반적으로 볼트의 식별을 위해 머리에 식별기호가 있다.
㉱ 볼트의 길이는 1/16inch 단위로 표시한다.

7. 항공기의 무게와 평형에서 유효하중이란?

㉮ 항공기에 인가된 최대무게이다.
㉯ 항공기내의 고정위치에 실제로 장착되어 있는 하중이다.
㉰ 최대허용 총무게에서 자기 무게를 뺀 것을 의미한다.
㉱ 항공기의 무게 중심을 말한다.

8. 그림과 같은 보에 있어서 굽힘 모멘트 선도가 올바르게 그려진 것은?

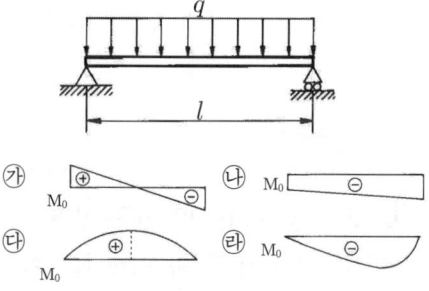

· 보의 전단력 : 외력에 대응하여 보에 단면에 평행하게 작용하는 내력
· 보의 굽힘모멘트 : 외력에 의하여 보를 구부러지게 하는 역학적양

9. V-n선도에 대한 설명으로 잘못된 것은?

㉮ 정부기관에서 항공기의 유형에 따라 정한다.
㉯ 제작회사에서 항공기 설계시 정한다.
㉰ 제작자에게 구조상 안전하게 설계, 제작을 지시한다.
㉱ 사용자에게 구조상 안전운항 범위를 제시한다.

10. 판금 작업 시 일반적으로 사용하는 전개도 작성 방법은?

㉮ 평행선법, 삼각형법, 방사선법
㉯ 평행선법, 삼각형법, 투상도법
㉰ 삼각형법, 투상도법, 방사선법
㉱ 평행선법, 투상도법, 사각형법

11. 양극처리(Anodizing) 설명으로 관계 없는 것은?

㉮ 강철에 처리하기 용이하다.
㉯ 산화 알루미늄 도금이다.
㉰ 부식을 방지하기 위한 도금이다.
㉱ 전기화학적 도금이다.

12. 항공기 조종계통은 대기온도 변화에 따라 케이블의 장력이 변한다. 이것을 방지하기 위하여 온도 변화에 관계없이 자동적으로 항상 일정한 케이블의 장력을 유지하기 위하여 설치된 부품은?

㉮ 턴버클(TURN BUCKLE)
㉯ 케이블 장력계 (CABLE TENSIONMETER)
㉰ 케이블 장력 조절기 (CABLE TENSION-REGULATOR)
㉱ 푸쉬풀 로드(PUSH PULL ROD)

13. 연료탱크(fuel tank)는 벤트계통(vent system)이 있다. 그 목적으로 가장 올바른 것은?

㉮ 연료탱크(fuel tank)내의 증기를 배출하여 발화를 방지한다.
㉯ 연료탱크(fuel tank)내의 압력을 감소시켜 연료의 증발을 방지한다.
㉰ 연료탱크(fuel tank)를 가압하여 송유를 돕는다.
㉱ 탱크 내·외의 압력차를 적게하여 압력 보호와 연료 공급을 돕는다.

14. RETRACTABLE LANDING GEAR에서 부주의로 인해 착륙장치가 접히는 것(retraction)을 방지하기 위한 안전장치가 아닌 것은?

㉮ UP LOCK
㉯ DOWN LOCK
㉰ SAFETY SWITCH
㉱ GROUND LOCK

15. 날개(wing)의 주요구조 부분이 아닌 것은?

㉮ 스파(spar)   ㉯ 리브(rib)
㉰ 스킨(skin)   ㉱ 프레임(frame)

16. AN 310 D - 5R의 NUT에서 5R를 올바르게 설명한 것은?

㉮ 사용 BOLT의 길이가 5/16인치 오른나사
㉯ 사용 BOLT의 직경이 5/16인치 오른나사
㉰ 사용 BOLT의 길이가 5/8인치 왼나사
㉱ 사용 BOLT의 직경이 5/8인치 왼나사

17. 두께가 0.051인치인 재료를 90° 굴곡에 굴곡반경 0.125인치가 되도록 굴곡할 때 생기는 세트 백(Set back)은 얼마인가?

㉮ 2.450인치   ㉯ 0.276인치
㉰ 0.176인치   ㉱ 0.088인치

18. 서로 밀착한 부품 간에 계속적으로 아주 작은 진동이 일어날 경우 그 표면에 생기는 부식을 무엇이라 하는가?

㉮ 표면부식(Surface corrosion)
㉯ 이질 금속간의 부식(Galvanic corrosion)
㉰ 입간부식(Intergranular corrosion)
㉱ 프레팅 부식(Fretting corrosion)

19. 비금속 재료인 플라스틱 가운데 투명도가 가장 높아서 항공기용 창문유리, 객실내부의 전등 덮개 등에 사용되며, 일명 플랙시글라스라고도 하는 것은?

㉮ 네오프렌
㉯ 폴리메틸메타크릴레이트
㉰ 폴리염화비닐
㉱ 에폭시수지

▶ • 폴리염화비닐 : 전선의 피복제 또는 항공기의 객실내장재
• 에폭시 수지 : 항공기 구조의 접착제나 도료로 상용, 항공기 레이돔, 동체 및 날개 등의 구조재용 복합재료의 모재로 사용
• 폴리우레탄 수지 : 항공기 좌석 및 열 배기부분의 단열재

20. 그림과 같은 외팔보의 자유단에 300kg, 중앙점에 400kg의 하중이 작용할 때 고정단 A점의 굽힘 모멘트는 얼마인가?

㉮ 5,000kg - cm
㉯ 7,000kg - cm
㉰ 10,000kg - cm
㉱ 20,000kg - cm

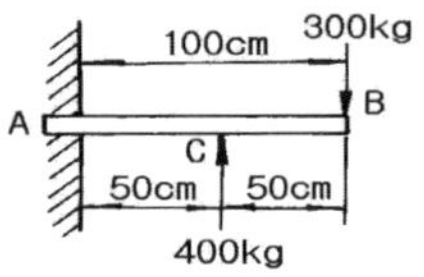

▶ 굽힘모멘트 =300×100-40×50=10,000

1. ㉰	2. ㉱	3. ㉱	4. ㉮	5. ㉯
6. ㉰	7. ㉯	8. ㉰	9. ㉯	10. ㉮
11. ㉮	12. ㉰	13. ㉰	14. ㉮	15. ㉱
16. ㉯	17. ㉰	18. ㉱	19. ㉯	20. ㉰

2005년도 산업기사 1회 항공기체

1. 재료가 탄성한도에서 단위 체적에 저축되는 변형에너지를 최대 탄성에너지라고 부르는데, 다음에서 옳은 표시는? (단, σ:응력, E:탄성계수)

   ㉮ $u = \dfrac{\sigma^2}{2E}$ ㉯ $u = \dfrac{E}{2\sigma^2}$

   ㉰ $u = \dfrac{\sigma}{2E^2}$ ㉱ $u = \dfrac{E}{2\sigma^3}$

2. 기계적 확장 리벳(Mechanically expand rivet) 중에서 진동으로 리벳이 헐거워서 이탈되는 것을 방지하기 위하여 기계적 고정 칼라(Collar)를 갖고 있는 리벳은?

   ㉮ 기계고정식 브라인드 리벳
   ㉯ 마찰고정식 브라인드 리벳
   ㉰ 리브 넛트
   ㉱ 폭발 리벳

3. 그림과 같은 보를 무엇이라 하는가?

   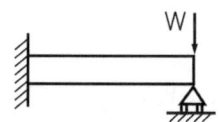

   ㉮ 단순보   ㉯ 고정지지보
   ㉰ 고정보   ㉱ 돌출보

4. ASTM의 기호표시로 마그네슘합금 AZ31A를 설명한 내용 중 가장 올바른 것은?

   ㉮ 첫째자리 A는 주합금원소인 알루미늄을 말한다.
   ㉯ Z는 이차 합금원소인 지르코늄을 말한다.
   ㉰ 3은 지르코늄의 함량이 3%이다.
   ㉱ 1은 단단한 정도를 표시한다.

5. 육각 볼트(BOLT)머리의 삼각형 속에 X가 새겨져 있다면, 이것은 어떤 볼트(BOLT)인가?

   ㉮ 표준 볼트(STANDARD BOLT)
   ㉯ 내식성 볼트
   ㉰ 정밀공차 볼트
   ㉱ 내부 렌칭 볼트

6. V-n선도에 대한 설명으로 가장 올바른 것은?

   ㉮ 속도와 저항에 대한 하중과의 관계
   ㉯ 양력계수와 하중계수와의 관계
   ㉰ 비행기의 운용가능한 하중의 범위
   ㉱ 비행속도와 항력계수와의 관계

7. 타이어(tire)가 과팽창하면 가장 큰 손상의 원인이 될 수 있는 것은?

   ㉮ 허브프림(hub frim)
   ㉯ 휠플렌지(wheel flange)
   ㉰ 백프레이트(back plate)
   ㉱ 브레이크(brakes)

8. 그림과 같이 하중이 작용하는 경우 항공기의 무게중심(C.G)을 MAC(%)로 나타내면? (단, MAC=120in)

〔조건〕 앞바퀴:1400Lbs, 우측 주바퀴:3200Lbs
         좌측 주바퀴:3300Lbs

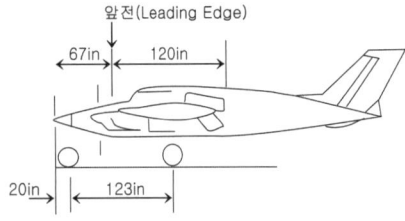

㉮ 40% MAC   ㉯ 45.2% MAC
㉰ 50% MAC   ㉱ 54.2% MAC

▶ $C.G = \dfrac{1,400 \times 20 + 3,200 \times 143 + 3,300 \times 143}{1,400 + 3,200 + 3,300} = 121.2$

$\%MAC = \dfrac{121.2 - 67}{120} \times 100 = 45.2(\%)$

9. Turn Buckle의 검사방법에 대한 설명 중 가장 거리가 먼 내용은?

㉮ 단선 결선법인 경우 턴버클의 죔이 적당한지 확인하는 방법은 나사산이 3~4개가 밖으로 나와 있는지를 본다.
㉯ 이중결선법인 경우 Barrel의 검사 구멍에 pin이 들어가면 장착이 잘 되었다고 할 수 있다.
㉰ 이중결선법인 경우에 케이블의 지름이 1/8in 이상인지를 확인한다.
㉱ 단선결선법에서 턴버클 섕크 주위로 와이어가 4회 이상 감겼는지 확인한다.

10. 조종계통에서 벨 크랭크(BELL CRANK)의 주 역할은?

㉮ 케이블(CABLE)과 로드(ROD)를 연결한다.
㉯ 로-드(ROD)나 케이블(CABLE)의 운동 방향을 전환한다.
㉰ 풀리(PULLEY)를 장착하는데 사용한다.
㉱ 풀리와 케이블을 직선으로 연결한다.

11. 다음 중 부식의 종류에 해당되지 않는 것은?

㉮ 자장 부식   ㉯ 표면 부식
㉰ 입자간 부식 ㉱ 응력 부식

12. 다음 비파괴검사법 중에서 큰하중을 받는 알루미늄 합금구조물의 내부검사에 이용할 수 있는 검사법은?

㉮ 다이체크 검사(dye penetrant inspection)
㉯ 자이글로 검사(zyglo inspection)
㉰ 자기탐상 검사(magnetic particle inspection)
㉱ 방사선투과 검사(radiograph inspection)

13. AN 514 P 428-8 스크류에서 P가 뜻하는 것은?

㉮ 계열   ㉯ 머리의 홈
㉰ 지름   ㉱ 재질

14. 두께 0.051인치의 판을 1/4인치 굴곡반경으로 90° 굽힌다면 굴곡 허용량(Bend Allowance)은 얼마인가?

㉮ 0.3423in   ㉯ 0.4328in
㉰ 0.4523in   ㉱ 0.5328in

▶ $BA = \dfrac{\theta}{360} 2\pi (R+t)$
$= \dfrac{90}{360} \times 2\pi \times (\dfrac{1}{4} + \dfrac{0.051}{2}) = 0.4328$

15. 듀랄루민으로 개발된 최초합금으로 Cu 4%, Mg 0.5%를 함유하며 현재는 주로 리벳으로 사용되는 것은?

㉮ AA2014 ㉯ AA2017
㉰ AA2024 ㉱ AA2224

● 알루미늄 열처리합금에는 내식 알루미늄합금, 고강도 알루미늄합금, 내열 알루미늄합금 등이 있다. 특히 고강도 알루미늄합금(Al2014, Al2017, Al2024, Al7075, Al-Li합금)은 내식성보다 강도를 더 중요하게 고려한 합금으로 항공기 기체 재료에 가장 많은 부분을 차지

16. 노스 스트럿(Nose strut)내부에 있는 센터링 캠(Centering cam)의 작동 목적을 가장 올바르게 설명한 것은?

㉮ 착륙 후에 노스 휠(Nose wheel)을 중립으로 하여준다.
㉯ 이륙 후에 노스 휠을 중립으로 하여준다.
㉰ 내부 피스톤에 묻은 오물을 제거해 준다.
㉱ 노스 휠 스티어링(steering)이 작동하지 않을 때 중립위치로 하여준다.

17. 원형단면인 봉의 경우 비틀림에 의하여 단면에서 발생하는 비틀림각 θ를 나타낸 식은?
(단, L: 봉의 길이, G: 전단탄성계수, R: 반지름, J: 극관성 모멘트, T: 비틀림 모멘트)

㉮ $\dfrac{G \times J}{T \times L}$ ㉯ $\dfrac{T \times R}{J}$
㉰ $\dfrac{T \times L}{G \times J}$ ㉱ $\dfrac{G \times R}{T \times J}$

18. 용해된 이산화 규소의 가는 가닥으로 만들어진 섬유로서 전기절연성이 뛰어나고 내수성, 내산성등 화학적 내구성이 좋으며, 가격도 저렴하지만 다른 강화섬유에 비해 기계적 성질이 낮아 2차 구조물에 사용되는 섬유는?

㉮ 카본섬유 ㉯ 유리섬유
㉰ 아라미드섬유 ㉱ 보론섬유

● 복합재료의 강화재
· 유리섬유 : 밝은 흰색 천, 가장 경제적
· 탄소섬유 : 검은색 천, 정밀성이 필요한 곳에 사용, 그라파이트 또는 카본이라 함.
· 아라미드섬유 : 노란색 천, 높은 응력과 진동을 받는 항공기 부품에 사용, 케블러

19. 모노코크(monocoque) 구조를 가장 올바르게 설명한 것은?

㉮ 강관의 골격에 알루미늄 외피를 씌운 구조
㉯ 강관의 골격에 fabric을 씌운 구조
㉰ 금속외피, frame, stringer등의 강도 부재를 접합하여 만든 구조
㉱ 외피로만 되어있어서 구조의 하중을 외피가 담당하도록 한 구조

20. 항공기의 위치표시방식 중에서 기준으로 정한 특정 수평면으로부터의 위치를 측정한 수직 거리는?

㉮ FS(Fuselage Station)
㉯ WS(Wing Station)
㉰ BWL(Body Water Line)
㉱ BBL(Body Buttock Line)

1. ㉮	2. ㉮	3. ㉯	4. ㉮	5. ㉰
6. ㉰	7. ㉯	8. ㉯	9. ㉯	10. ㉯
11. ㉮	12. ㉱	13. ㉯	14. ㉯	15. ㉯
16. ㉯	17. ㉰	18. ㉯	19. ㉱	20. ㉰

2005년도 산업기사 2회 항공기체

1. 구조용 캐슬너트(Plain Castellated Air Frame Nut)에 대한 설명 내용으로 가장 거리가 먼 것은?

   ㉮ 나사에 구멍이 있는 스터드와 함께 사용한다.
   ㉯ 인장용의 홈이 있는 너트다.
   ㉰ 세트 스크류 끝부분의 나사가 있는 로드에 장착되어 고정하는 역할을 한다.
   ㉱ 장착부품과 상대 운동을 하는 볼트에 사용한다.

2. 그림의 V-n 선도에서 순항 성능이 가장 효율적으로 얻어지도록 정한 설계속도는?

   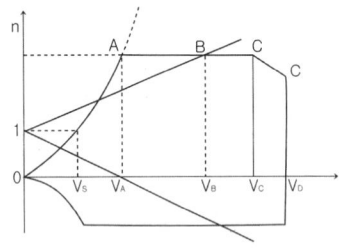

   ㉮ VS   ㉯ VA
   ㉰ VC   ㉱ VD

3. 조종계통의 턴버클 안전결선(Turn buckle safety wiring)에서 복선식 결선법은?

   ㉮ 모든 조종계통 Cable에 해당된다.
   ㉯ Cable직경이 1/8인치 이하에만 한다.
   ㉰ Cable직경이 1/8인치 이상에만 한다.
   ㉱ 비가요성 케이블(Nonflexible cable)에만 한다.

4. 착륙장치는 타이어의 수에 따라 일반적으로 3가지로 분류한다. 해당되지 않는 것은?

   ㉮ 이중식(dual type)
   ㉯ 단일식(single type)
   ㉰ 다발식(multy typy)
   ㉱ 보기식(bogie type)

5. 다음의 SAE 식별방법 중 가장 올바른 내용은?

   "SAE 1025"

   ㉮ 0 : 합금원소가 없다.
   ㉯ 1 : 망간강이다.
   ㉰ 5 : 탄소의 함유량이 5%이다.
   ㉱ 2 : 니켈강이다.

6. 그림과 같이 연장공구(EXTENTION)를 이용하여 토크렌치(TORQUE WRENCH)를 사용하였을 때 필요한 토크값은?

   · T:필요한 토크값   · E:연장공구의 길이
   · L:토크렌치의 길이   · R:필요한 게이지 읽음값

   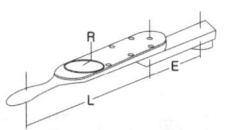

   ㉮ R=TE/L   ㉯ R=LT/(L+E)
   ㉰ R=T   ㉱ R=(TE/L)+E

7. 알루미나(Alumina)섬유의 특징으로 틀린 것은?

㉮ 내열성이 뛰어나 공기중에서 1300℃로 가열해도 취성을 갖지 않는다.
㉯ 표면처리를 하지 않아도 FRP나 FRM으로 할 수 있다.
㉰ 전기, 광학적 특징은 은백색으로 전기의 도체이다.
㉱ 금속과 수지와의 친화력이 좋다.

8. 다음의 금속 성질 중 어느 것이 좋아야 판재의 부품성형이 가장 용이한가?

㉮ 경도   ㉯ 전성
㉰ 연성   ㉱ 취성

9. 다음은 용접방법 중 좌진법과 우진법에 대하여 설명하였다. 이중 틀린 것은?

㉮ 열이용율은 좌진법이 좋다.
㉯ 용접변형은 우진법이 작다.
㉰ 산화의 정도는 좌진법이 심하다.
㉱ 용접이 가능한 판 두께는 좌진법이 얇다.

● ・좌진법(전진법) : 오른손에 토치, 왼손에 용접봉을 잡고 토치팁이 향하는 방향으로 용접비드를 형성하는 방법으로 모재용접에 주로 사용한다. 3.2mm 이하의 얇은 판에 적합하고 용접부의 과열, 모재의 변형이 심하나 비드표면은 매끈함.
・우진법(후진법) : 팁이 향하는 방향과 반대방향으로 진행하는 방법으로 두꺼운 판 용접에 사용

10. 그림과 같은 응력-변형률곡선(STRESS-STRAIN)에서 항복점(YIELD POINT)은 어느 것인가? (단, σ는 응력, ϵ은 변형률을 나타낸다.)

㉮ A
㉯ B
㉰ C
㉱ D

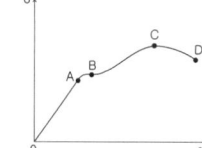

11. 탄성에너지에 대한 설명으로 가장 올바른 것은?

㉮ 응력에 비례하고, 탄성계수의 제곱에 반비례한다.
㉯ 응력의 제곱에 비례하고, 탄성계수에 반비례한다.
㉰ 응력의 제곱에 비례하고, 탄성계수에 비례한다.
㉱ 응력에 반비례하고, 탄성계수에 비례한다.

● $U = W = \dfrac{1}{2}P\delta = \dfrac{1}{2}P \cdot \dfrac{Pl}{AE} = \dfrac{P^2 l}{2AE} = \dfrac{\sigma^2}{2E}Al$

12. 올레오 속 스트럿(Oleo Shock Strut)에 있는 메터링 핀(Metering pin)의 주 역할은 무엇인가?

㉮ 업(up)위치에서 스트럿를 제동한다.
㉯ 다운(Down)위치에서 스트럿를 제동한다.
㉰ 스트럿가 압착될 때 오일의 흐름을 제한하여 충격을 흡수한다.
㉱ 스트럿 내부의 공기의 량을 조정한다.

13. 서로 다른 재질의 금속이 접촉하면 접촉전기와 수분에 의해 국부전류흐름이 발생하여 부식을 초래하게 되는 현상을 무엇이라 하는가?

㉮ Anti-Corrosion   ㉯ Galvanic Action
㉰ Bonding   ㉱ Age Hardening

14. 복합재료로 제작된 항공기 부품의 결함(층분리 또는 내부손상)을 발견하기 위해 사용되는 검사방법이 아닌 것은?

㉮ 육안검사
㉯ 동전 두드리기 시험(Coin tap test)
㉰ 와전류탐상검사(Eddy current inspection)
㉱ 초음파검사

15. 벌크헤드에 대한 설명 중 가장 거리가 먼 내용은?

㉮ 동체의 앞뒤에 하나씩 있다.
㉯ 동체에 작용하는 비틀림 모멘트를 담당한다.
㉰ 동체가 비틀림에 의해 변형되는 것을 막아준다.
㉱ 동체에서 공기 압력을 유지시키지 못한다.

16. Semi-Monocoque 구조에 대한 설명 중 가장 거리가 먼 것은?

㉮ 금속제 항공기 구조의 대부분이 이 구조에 속한다.
㉯ 구조가 단순하다.
㉰ 유효공간이 크다.
㉱ 무게에 비하여 강도가 크다.

17. 항공기용 와셔 취급시 일반적으로 고려해야 할 사항으로 가장 올바른 것은?

㉮ 와셔는 필요 강도가 충분하면 볼트와 같은 재질이 아니어도 상관없다.
㉯ 크램프 장착시에는 평 와셔를 붙여 사용할 필요가 없다.
㉰ 기밀을 요하는 장소및 공기의 흐름에 노출되는 표면에는 락크 와셔를 필히 사용해야 한다.
㉱ 탭 와셔는 재사용할 수 있다.

18. 패스너 장착 부위에 프리로드(PRELOAD)를 주며, 피로하중에 대한 특성이 가장 좋은 하드웨어는?

㉮ 테이퍼 록 볼트   ㉯ 블라인드 패스너
㉰ 척볼트 패스너   ㉱ 록볼트 패스너

19. 샌드위치(sandwitch type)구조를 가장 올바르게 설명한 것은?

㉮ 구조골격의 설치가 곤란한 곳에 금속판을 넣고 만든 구조이다.
㉯ 구조골격의 설치가 곤란한 곳에 상하 표피사이에 벌집구조(honeycomb structure)를 접착재 (bond compound)로 고정하여 면적당 무게가 적고 강도가 큰 구조이다.
㉰ 구조 골격의 설치가 곤란한 곳에 가벼운 나무를 넣어서 만든 구조이다.
㉱ 링 구조라고도 한다.

20. 설계제한 하중배수가 2.5인 비행기의 실속속도가 120km/h일 때 이 비행기의 설계 운용속도는?

㉮ 190km/h   ㉯ 300km/h
㉰ 150km/h   ㉱ 240km/h

● $n = \dfrac{V_A^2}{V_S^2}$, $V_A = \sqrt{n} \cdot V_S = \sqrt{2.5} \times 120$

1. ㉰	2. ㉰	3. ㉰	4. ㉰	5. ㉮
6. ㉯	7. ㉯	8. ㉯	9. ㉮	10. ㉯
11. ㉯	12. ㉯	13. ㉯	14. ㉰	15. ㉱
16. ㉯	17. ㉰	18. ㉮	19. ㉯	20. ㉮

2005년도 산업기사 3회 항공기체

1. 그림에서와 같이 길이 2m인 외팔보에 2개의 집중하중 300kg, 100kg이 작용할 때 고정단에 생기는 최대 굽힘 모멘트의 크기는 얼마인가?

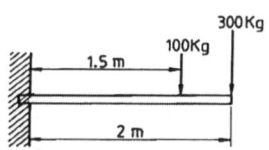

㉮ 400kg-m ㉯ 650kg-m
㉰ 750kg-m ㉱ 800kg-m

2. 두께 t=0.01in 인판의 전단흐름 q=30lb/in 이다. 전단응력은 얼마인가?

㉮ $f_S=3,000lb/in^2$ ㉯ $f_S=300lb/in^2$
㉰ $f_S=30lb/in^2$ ㉱ $f_S=0.3lb/in^2$

● $f_s = \frac{q}{t}$

3. 접개 들이 랜딩기어를 비상으로 내리는 세가지 방법이 아는 것은?

㉮ 핸들을 이용하여 기어의 업 락크를 풀었을 때 자중에 의하여 내려와 기계적으로 락크된다.
㉯ 핸드펌프로 유압을 만들어 내린다.
㉰ 축압기에 저장된 공기압을 이용하여 내린다.
㉱ 기어핸들 밑에 있는 비상 스위치를 눌러서 기어를 내린다.

4. 항공기 동체구조 점검 중에 알루미늄 합금의 구조물이 층층이 떨어지는 것을 발견하였다. 일반적으로 이와 같은 부식을 무엇이라 부르는가?

㉮ 이질금속간의 부식
㉯ 응력부식
㉰ 마찰부식
㉱ 엑스폴리에이션

5. 한쪽의 길이를 짧게 하기 위해 주름지게 하는 판금가공 방법은?

㉮ 수축가공   ㉯ 신장가공
㉰ 범핑   ㉱ 크림핑

6. 모재의 용접에 쓰이는 joint의 형식이 아닌 것은?

㉮ Butt joint   ㉯ Tee joint
㉰ Double joint ㉱ Lap joint

7. 항공기의 리깅 체크는 제작사의 지시를 따라야 하지만 일반적으로 구조적 일치 상태점검에 포함되지 않는 것은?

㉮ 날개 상반각
㉯ 날개 취부각
㉰ 수평안정판 상반각
㉱ 수직안정판 상반각

8. 다음 중 열가소성 수지는?
   ㉮ 폴리에틸렌수지   ㉯ 페놀수지
   ㉰ 에폭시수지   ㉱ 폴리우레탄수지

9. AA알루미늄 규격 2024로 만들어진 리벳트는 사용하기 전에 열처리 되어야 하는 가장 큰 이유는 무엇인가?
   ㉮ 경화시켜 강도를 증가하기 위해
   ㉯ 경화속도를 빨리하기 위해
   ㉰ 내부응력을 제거하기 위해
   ㉱ 리벳팅이 쉽도록 연화시키기 위해

10. AA알루미늄 규격 2024로 만들어진 리벳트는 사용하기 전에 열처리 되어야 하는 가장 큰 이유는 무엇인가?
    ㉮ 경화시켜 강도를 증가하기 위해
    ㉯ 경화속도를 빨리하기 위해
    ㉰ 내부응력을 제거하기 위해
    ㉱ 리벳팅이 쉽도록 연화시키기 위해

11. 모노코크 구조에 있어서 항공 역학적 힘의 대부분을 담당하는 부재는?
    ㉮ 포머   ㉯ 응력표피
    ㉰ 벌크헤드   ㉱ 스트링거

12. 항공기의 착륙활주 중 브레이크를 밟았을 때 바퀴가 한쪽면만 닳지 않게 하면서 브레이크의 효율을 높이는 장치는 무엇인가?
    ㉮ 안티스키드장치   ㉯ 올레오식장치
    ㉰ 시미댐퍼   ㉱ 드롭센터장치

13. 클레비스 볼트에 대한 설명으로 가장 올바른 것은?

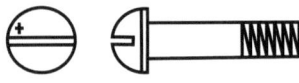

   ㉮ 전단하중이 걸리는 곳에 사용한다.
   ㉯ 인장하중이 걸리는 곳에 사용한다.
   ㉰ 볼트는 머리는 6각 또는 12각으로 되어 있어 렌치를 이용하여 장착한다.
   ㉱ 압축하중과 인장하중이 걸리는 곳에 사용한다.

14. 알루미늄 합금은 비행기의 재료로서는 구조용 강철보다 훨씬 좋지만 초고속기의 재료로서는 다음의 어떤 결함 때문에 티타늄 합금보다 못하는가?
    ㉮ 밀도가 크다.
    ㉯ 가공이 어렵다.
    ㉰ 부식이 심하다.
    ㉱ 고온에서 인장강도가 크지 않다.

15. 다음은 흔히 사용하는 너트와 이것의 부호이다. 각 부호를 가장 올바르게 설명한 것은?
    AN310 D 5 R
    ㉮ AN310은 화이버 락킹 너트를 나타낸다.
    ㉯ "D"는 마그네슘 합금을 나타낸다.
    ㉰ "5"는 직경으로 5/16인치를 나타낸다.
    ㉱ "R" 오른 나사선으로 나사산이 인치당 38개 있다.

16. 그림의 항공기의 무게중심 위치를 구하면?

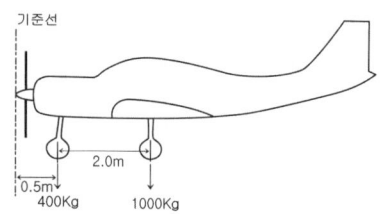

㉮ 기준선으로부터 후방 0.72m
㉯ 기준선으로부터 후방 1.50m
㉰ 기준선으로부터 후방 2.17m
㉱ 기준선으로부터 후방 3.52m

● $C.G = \dfrac{400 \times 0.5 + 1,000 \times 2.5 + 1,000 \times 2.5}{400 + 1,000 + 1,000} = 2.17$

17. 페일세이프 구조 형식에 속하지 않는 것은?

㉮ 다경로 하중 구조   ㉯ 샌드위치 구조
㉰ 이중구조   ㉱ 대치구조

18. 리벳트 보호피막처리에서 황색으로 된 것은?

㉮ 양극처리 한 것이다.
㉯ 크롬화 아연을 처리한 것이다.
㉰ 금속 분무한 것이다.
㉱ 보호피막 처리를 하지 않은 것이다.

19. 이상적인 트러스 구조의 부재는 어느 하중을 받는가?

㉮ 인장 또는 압축   ㉯ 굽힘
㉰ 전단   ㉱ 인장 또는 굽힘

20. 평행선을 이용한 전개도법은 어떠한 물체에 적용되는가?

㉮ 원뿔, 각뿔   ㉯ 원기둥, 각기둥
㉰ 깔때기, 원기둥   ㉱ 육각뿔, 사각뿔

1. ㉰	2. ㉮	3. ㉱	4. ㉱	5. ㉱
6. ㉰	7. ㉱	8. ㉮	9. ㉱	10. ㉰
11. ㉯	12. ㉮	13. ㉮	14. ㉱	15. ㉯
16. ㉰	17. ㉯	18. ㉯	19. ㉮	20. ㉯

2006년도 산업기사 1회 항공기체

1. 리벳의 배치에 대한 설명 중 가장 관계가 먼 내용은?

   ㉮ 리벳의 열과 열 사이를 리벳피치 한다.
   ㉯ 횡단 피치는 리벳 열 간의 거리이다.
   ㉰ 리벳 피치의 최소간격은 3d이다.
   ㉱ 리벳 끝거리는 판재의 가장 자리에서 첫째번 리벳 구멍 중심까지의 거리이다.

2. 넌 셀프 락킹 너트 (Non self locking nut)에 해당되지 않는 것은?

   ㉮ 평 너트
   ㉯ 잼 너트
   ㉰ 인서트 비금속 너트
   ㉱ 나비너트

3. 조종계통이 일차 조종면에 연결되어 있고, 일차 조종면과 이차 조종면은 서로 반대방향으로 작동하며 일차 조종면과 이차 조종면에 작용하는 풍압이 평형되는 위치에서 일차 조종면의 위치가 정해지는 탭은?

   ㉮ 트림탭
   ㉯ 콘트롤탭
   ㉰ 밸런스탭
   ㉱ 스프링탭

4. 알루미늄 합금의 열처리의 기호 T4의 의미는?

   ㉮ 연화(annealing)한 것
   ㉯ 용액 열처리 후 냉각한 것
   ㉰ 용액 열처리 후 인공시효품
   ㉱ 용액 열처리 후 자연시효(상온시효) 완료품

5. 다음에서 항공기의 무게중심 위치를 구하면?

   ㉮ 60.25inch   ㉯ 62.46inch
   ㉰ 65.25inch   ㉱ 67.46inch

   ▶ $C.G = \dfrac{700 \times 68 + 720 \times 68 + 150 \times 10}{700 + 720 + 150} = 62.46$

6. 비금속 재료인 플라스틱 가운데 투명도가 가장 높아서 항공기용 창문유리, 객실내부의 전등덮개 등에 사용되며, 일명 플랙시글라스라고도 하는 것은?

   ㉮ 네오프렌
   ㉯ 폴리메틸메타크릴레이트
   ㉰ 폴리염화비닐
   ㉱ 에폭시수지

7. 크리닝 아웃(cleaning out)이 아닌 것은?

   ㉮ 트리밍(trimming)
   ㉯ 커팅(cutting)
   ㉰ 파일링(filling)
   ㉱ 크린업(clean up)

8. 하중배수선두(V-n)에서 구조 역학적인 의미를 갖지 않는 속도는?

㉮ 설계 순항속도
㉯ 설계 운용속도
㉰ 설계 돌풍속도
㉱ 설계 급강하 속도

9. 2024 TO 알루미늄 판을 45°로 굽힐 때 굽힘 허용값은? (단, 재료의 두께 T=0.8mm, 곡률반지름 R=2.4mm)

㉮ 2.054 ㉯ 2.100
㉰ 2.198 ㉱ 2.532

● $BA = \frac{\theta}{360} 2\pi (R+t)$
$= \frac{45}{360} \times 2\pi \times (2.4 + 0.4) = 2.198$

10. 트라이싸이클 기어에 대한 다음 설명 중 가장 관계가 먼 내용은?

㉮ 기어의 배열은 노스기어와 메인기어로 되어 있다.
㉯ 빠른 착륙 속도에서 강한 브레이크를 사용할 수 있다.
㉰ 이착륙 중에 조종사에게 좋은 시야를 제공한다.
㉱ 항공기 중력중심이 메인기어 후방으로 움직여 그라운드 루핑을 방지한다.

11. 페일 세이프 구조의 백업구조(back-up structure)를 가장 올바르게 설명한 것은?

㉮ 많은 부재로 되어있고 각각의 부재는 하중을 고르게 되도록 되어 있는 구조
㉯ 하나의 큰부재를 사용하는 대신 2개 이상의 작은 부재를 결합하여 1개의 부재와 같은 또는 그 이상의 강도를 지닌 구조
㉰ 규정된 하중은 모두 좌측 부재에서 담당하고 우측 부재는 예비 부재로 좌측 부재가 파괴된 후 그 부재를 대신하여 전체하중을 담당한다.
㉱ 단단한 보강재를 대어 해당량 이상의 하중을 이 보강재가 분담하는 구조

12. 항공기 조종 계통의 케이블의 장력은 신축과 온도 변화에 따른 주기적 점검 조절을 해야 한다. 무엇으로 조절하는가?

㉮ 케이블 장력 조절기 (cable tension regulator)
㉯ 턴버클(turnbuckle)
㉰ 케이블 드럼(cable drum)
㉱ 케이블 장력계(cable tensionsionmeter)

13. 항공기의 위치표시 방법 중에서 수직인 중심선의 왼쪽 또는 오른쪽에 평행한 폭을 나타내는 것은?

㉮ 휴즈레지 스테이션
㉯ 버턱라인
㉰ 워터라인
㉱ 레퍼런스 라인

14. 다음의 합금강 SAE 의 부호에서 탄소를 가장 많이 함유하고 있는 것은?

㉮ 1025 ㉯ 2330
㉰ 4130 ㉱ 6150

15. NAS 514 P428 -8의 스크류에서 틀린 내용은?

㉮ NAS : 규격명
㉯ P : 머리의 홈
㉰ 428 : 지름, 나사산수
㉱ 8 : 계열

16. 턴록 중에서 에어록 패스너의 구성요소가 아닌 것은?

㉮ 스터드   ㉯ 스터드 리셉터클
㉰ 크로스핀   ㉱ 그로메트

17. 항공기 앞착륙 장치의 좌우 방향 진동을 방지하거나 감쇠시키는 장치는 무엇인가?

㉮ 시미댐퍼   ㉯ 방향제어장치
㉰ 오리피스   ㉱ 오버센터 링크

18. 세미모노코크 구조형식의 비행기에서 표피는 주로 어느 하중을 담당하는가?

㉮ 굽힘, 인장 및 압축
㉯ 굽힘과 비틀림
㉰ 인장력과 압축력
㉱ 비틀림과 전단력

19. 알루미늄합금을 용접할 때 가장 적합한 불꽃은?

㉮ 탄화불꽃   ㉯ 중성불꽃
㉰ 산화불꽃   ㉱ 활성불꽃

▶ 용접불꽃의 종류
· 표준불꽃(중성) : 연강, 주철, 구리, 아연, 고탄소강 등
· 탄화불꽃(아세틸렌과잉) : 스테인리스, 알루미늄, 모넬메탈 등
· 산화불꽃(산소과잉) : 황동, 청동 등

20. 경비행기의 날개를 떠받고 있는 지주는 비행 중에 어떤 하중을 가장 많이 받는가?

㉮ 비틀림 모멘트   ㉯ 굽힘 모멘트
㉰ 인장력   ㉱ 압축력

1. ㉮	2. ㉰	3. ㉰	4. ㉱	5. ㉯
6. ㉯	7. ㉱	8. ㉮	9. ㉰	10. ㉱
11. ㉰	12. ㉯	13. ㉯	14. ㉱	15. ㉱
16. ㉱	17. ㉮	18. ㉱	19. ㉮	20. ㉰

2006년도 산업기사 2회 항공기체

1. 강(AISI 4340)으로 된 봉의 바깥지름이 1cm이다. 인장하중 10t이 작용할 때 이 봉의 인장강도에 대한 안전 여유는 얼마인가?
(단, AISI 4340의 인장강도 σ_T=18,000kg/cm² 이다.)

㉮ 0.16　　㉯ 0.37
㉰ 0.41　　㉱ 0.72

● 인장응력 = $\dfrac{10,000}{\dfrac{\pi \cdot 1^2}{4}}$ = 12,738

　안전여유 = $\dfrac{18,000}{12,738} - 1 = 0.41$

2. 항공기의 기체구조 수리에 대한 내용으로 가장 올바른 것은?

㉮ 같은 enRP의 재료로써 17ST의 판재나 리벳트를 A17ST로 대체하여 사용할 수 있다.
㉯ 수리부분의 원래 재료와의 접촉면에는 재료의 성분에 관계없이 부식방지를 위하여 기름으로 표면 처리한다.
㉰ 사용 리벳트 수는 같은 재질로 기체의 강도를 고려하여 최소한의 수를 사용한다.
㉱ 수리를 위하여 대치할 재료의 두께는 원래 두께와 같거나 작아야 한다.

3. 아래 V-n 선도에서 AD선은 무엇을 나타내는 것인가?

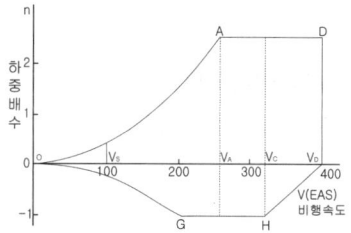

㉮ "+" 방향에서 얻어지는 하중배수
㉯ "-" 방향에서 얻어지는 하중배수
㉰ 최소제한 하중배수
㉱ 최대제한 하중배수

4. 비파괴시험 중 자분이 필요한 시험방법은?

㉮ 자기탐상법　　㉯ 초음파탐상법
㉰ 침투탐상법　　㉱ 방사선탐상법

5. 경비행기의 뼈대 재료로서 잘 쓰이는 SAE 4130이란 재료는 몇 %의 탄소를 함유하는가?

㉮ 0.03%　　㉯ 0.3%
㉰ 3%　　㉱ 30%

6. 세미모노코크 동체의 강도에 미치는 부재와 가장 관계가 먼 것은?

㉮ 스트링어(stringer)
㉯ 다이아고날 웨브(diagonal web)
㉰ 론저론(longeron)과 프레임(frame)
㉱ 벌크헤드(bulkhead)와 론저론(longeron)

7. 일명 "케블라"라 불리며, 비중이 작으므로 구조물의 경량화를 위하여 사용량이 증가되고 있는 복합재료는?

㉮ 아라미드섬유   ㉯ 열경화성수지
㉰ 유리섬유   ㉱ 세라믹

8. 항공기 기체수리 작업시 리벳팅 하기 전에 임시 고정하는 데 사용하는 공구는?

㉮ 캠-록 파스너   ㉯ 딤플링
㉰ 스퀴즈   ㉱ 시트 파스너

9. 그림에서 평균공기학적 시위(mean aerodynamic chord)의 백분율로 C.G(center of gravity) 위치를 계산하면?

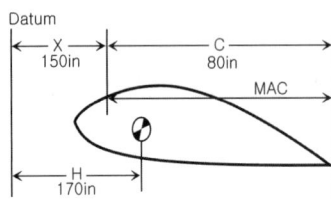

㉮ 15%   ㉯ 20%
㉰ 25%   ㉱ 30%

▶ $\%MAC = \dfrac{H-X}{C} \times 100$

10. 탄성계수 E, 포아송의 비 V, 전단 탄성계수 G 사이의 관계식으로 가장 올바른 것은?

㉮ $G = \dfrac{E}{2(1-V)}$ ㉯ $E = \dfrac{G}{2(1+V)}$
㉰ $G = \dfrac{E}{2(1+V)}$ ㉱ $E = \dfrac{E}{2(1-V)}$

11. 조종 케이블(Control Cable)에 대한 설명 중 가장 거리가 먼 내용은?

㉮ 케이블의 기본 구성품은 와이어 이다.
㉯ 케이블의 규격은 지름으로 정한다.
㉰ 주 조종 계통에는 지름이 1/8 인치 이하의 케이블을 사용한다.
㉱ 일반적으로 케이블의 재료는 탄소강과 내식강이다.

12. AN 3 DD - 6 볼트의 규격 중 3은 무엇을 나타내는가?

㉮ 재질(2024T)   ㉯ 지름(3/16in)
㉰ 그립의 길이   ㉱ 볼트의 길이

13. 알루미늄의 표면에 인공적으로 얇은 산화피막을 형성하는 방법은?

㉮ 파커라이징   ㉯ 아노다이징
㉰ 카드뮴 도금 처리 ㉱ 주석 도금 처리

14. 산소 아세틸렌 용접시, 불꽃의 용도에 대한 설명 중 가장 거리가 먼 내용은?

㉮ 탄화불꽃 : 스테인레스강, 알루미늄
㉯ 산성불꽃 : 아연도금, 티타늄
㉰ 중성불꽃 : 연강, 니크롬강
㉱ 산화불꽃 : 황동, 청동

15. 요구되는 중심의 평형을 얻기 위하여 항공기에 설치하는 모래주머니, 납봉, 납판 등을 무엇이라 하는가?

㉮ 유상하중(pay lord)
㉯ 테어무게(tare weight)

㉰ 평형무게(balance weight)
㉱ 밸러스트(ballast)

16. 트레일링 에이지 플랩(trailing edge flap)의 설명 중 가장 관계가 먼 내용은?

㉮ 비행기의 양력을 일시적으로 증가시킨다.
㉯ 착륙 거리를 감소시킨다.
㉰ 이륙 거리를 짧게 한다.
㉱ 보조날개 바깥쪽에 설치되어 있고 힌지로 지탱된다.

17. 조종면의 평형(balancing)에서 동적평형(dynamic balance)이란?

㉮ 물체가 자체의 무게중심으로 지지되고 있는 상태
㉯ 조종면을 어느 위치에 돌려 놓거나 회전 모멘트가 영(zero)으로 평형이 되는 상태
㉰ 조종면을 평형대 위에 장착하였을 때 수평위치에서 조종면의 뒷전이 밑으로 내려가는 상태
㉱ 조종면을 평형대 위에 장착하였을 때 수평위치에서 조종면의 뒷전이 위로 올라가는 상태

18. 항공기 외피용으로 적합하며, 플러시 헤드 리벳(flush head rivet)라 부르는 것은?

㉮ 납작머리 리벳(flat rivet)
㉯ 유니버샬 리벳(universal rivet)
㉰ 접시머리 리벳(counter sunk rivet)
㉱ 둥근머리 리벳(round head rivet)

19. 항공기용 Nut의 취급방법에 대한 설명 중 가장 거리가 먼 내용은?

㉮ Nut는 사용되는 장소에 따라 강도, 내식, 내열에 적합한 부품 번호의 Nut를 사용하여야 한다.
㉯ 셀프 락킹(locking) Nut를 Bolt에 장착하였을 때는 Bolt 나사 끝 부분이 2나사 이상 나와 있어야 한다.
㉰ 셀프 락킹(lockong Nut)의 느슨함으로 인한 Bolt의 결손이 비행의 안전성에 영향을 주는 장소에는 사용하여서는 안 된다.
㉱ 셀프 락킹(locking) Nut를 이용하여 토크를 걸 때에는 Nut의 규정 토크값만을 정확히 적용한다.

20. 항공기 타이어의 정비사항으로 가장 거리가 먼 내용은?

㉮ 타이어 압력은 최소한 일주일에 한번 이상 측정한다.
㉯ 공기압력은 반드시 타이어가 뜨거울 때 측정한다.
㉰ 비행 후 최소 2시간 이후에 타이어 공기 압력을 측정한다.
㉱ 비행 전에도 타이어의 공기압력을 측정하여야 한다.

1. ㉰	2. ㉰	3. ㉱	4. ㉮	5. ㉯
6. ㉯	7. ㉮	8. ㉱	9. ㉰	10. ㉰
11. ㉮	12. ㉯	13. ㉯	14. ㉰	15. ㉱
16. ㉱	17. ㉯	18. ㉰	19. ㉱	20. ㉯

2006년도 산업기사 3회 항공기체

1. 항공기의 무게중심이 기준선에서 90inch 에 있고, MAC의 앞전이 기준선에서 82inch 인 곳에 위치한다. MAC이 32inch인 경우 중심은 몇 %MAC 인가?

   ㉮ 15 ㉯ 20
   ㉰ 25 ㉱ 35

2. 항공기의 안전성을 보장하기 위한 구조는?

   ㉮ 페일-세이프 구조
   ㉯ 샌드위치 구조
   ㉰ 안전구조
   ㉱ 세미-모노코크 구조

3. 수직안정판, 수평안정판, 승강키, 방향키, 등으로 구성된 항공기의 후방 동체부분을 무엇이라 하는가?

   ㉮ after end assembly ㉯ empennage
   ㉰ fuselage ㉱ bulkhead

4. 비행기의 표피재료인 알크래드판은 알루미늄 합금판 위에 순 알루미늄을 피복한 것이다. 순 알루미늄을 피복한 주 목적은?

   ㉮ 단선배선에 있어서의 회로저항을 감소하기 위함
   ㉯ 공기 중에 있어서의 부식을 방지하기 위함
   ㉰ 표면을 매끈하게 하여 공기저항을 줄이기 위함
   ㉱ 판의 두께를 증가하여 더 큰 하중에 견디도록 하기 위함

5. 그림과 같이 경사각 θ=60°로서 정상선회의 비행을 하는 비행기의 날개에 걸리는 하중배수 n은 얼마인가?

   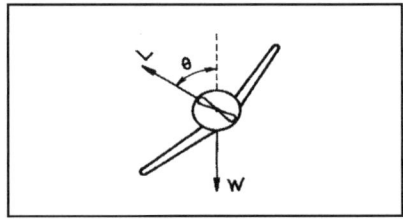

   ㉮ 0.5 ㉯ 1
   ㉰ 2 ㉱ 4

   ● $n = \dfrac{1}{\cos\theta}$

6. 판금 작업을 할 때에 일반적으로 사용하는 전개도 작성 방법으로 이루어진 것은?

   ㉮ 평행선법, 삼각형법, 방사선법
   ㉯ 평행선법, 삼각형법, 투상도법
   ㉰ 삼각형법, 투상도법, 방사선법
   ㉱ 평행선법, 투상도법, 사각형법

7. 안티스킷 장치의 가장 중요한 역할은?

   ㉮ 항공기의 착륙 활주 중 활주속도에 비해 과도하게 제동을 함으로써 타이어가

미끄러지고 올바른 착륙주행이 이루어지지 않는 것을 방지한다.
㉯ 브레이크 제동을 원활하게 하기 위한 것이다.
㉰ 유압식 브레이크에 장비되어 있는 작동유 누출을 방지하기 위한 것이다.
㉱ 항공기가 미끄러지지 않게 균형을 유지시켜 준다.

8. 연강의 최대응력이 $2.4 \times 10^6 kg/cm^2$이고 사용응력이 $1.2 \times 10^6 kg/cm^2$일 때 안전여유는 얼마인가?

㉮ 0.5 ㉯ 1
㉰ 2   ㉱ 4

● 안전여유 = $\dfrac{2.4 \times 10^6}{1.2 \times 10^6} - 1 = 1$

9. 조종 케이블이 작동 중에 최소의 마찰력으로 케이블과 접촉하여 직선운동을 하게 하며, 케이블의 3도 이내의 범위에서 방향을 유도하는 것은?

㉮ 토크 튜브   ㉯ 벨 크랭크
㉰ 폴리   ㉱ 페어리드

10. 쉐이크 프루프 고정와셔가 주로 사용되는 곳은?

㉮ 주 구조물에 고정장치로 사용
㉯ 높은 온도에 잘 견디고 심한 진동부분에 사용
㉰ 스크류를 자주 장탈하는 부분에 사용
㉱ 와셔가 공기흐름에 노출되는 곳에 사용

● shake proof lock washer : 고온과 심한 진동이 있는 곳에 사용하며 너트를 고정시키기 위해 볼트나 너트의 측면에 위 방향으로 구부릴 수 있는 탭이나 립을 가지고 있는 둥근 와셔이다.

11. 판금 성형법의 접기가공에 대한 설명 중 가장 관계가 먼 내용은?

㉮ 두께가 얇고 연한 재료는 예각으로 굴곡할 수 없다.
㉯ 얇은 판이나 플레이트 등을 굴곡하는 것을 접기가공이라 한다.
㉰ 굴곡반경이란 가공된 재료의 곡선상의 내측 반경을 말한다.
㉱ 세트백은 굽힘 접선에서 성형점까지의 길이를 나타낸 것이다.

12. 그림과 같이 인장력 P를 받는 봉에 축적되는 탄성에너지에 대하여 잘못 설명한 것은?

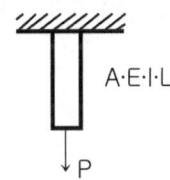

㉮ 봉의 길이 L에 비례한다.
㉯ 봉의 단면적 A에 비례한다.
㉰ 가한 하중 P의 제곱에 비례한다.
㉱ 재료의 탄성계수의 E에 반비례한다.

13. 알루미늄합금 2024-T4의 열처리 기호 T4는 무엇을 나타내는가?

㉮ 용액 열처리 후 냉간 가공품인 것
㉯ 담금질 후 인공시효 경화한 것
㉰ 가공경화 후 풀림처리를 한 것
㉱ 담금질 후 상온시효가 완료된 것

14. 다음 중 모노코크형 동체의 구조 부재에 해당하지 않는 것은?

㉮ 벌크헤드 ㉯ 정형재
㉰ 외피 ㉱ 세로대

15. 스포일러에 대한 설명 중 가장 거리가 먼 내용은?

㉮ 대형 항공기에서는 날개 안쪽과 바깥쪽에 스포일러가 설치되어 있다.
㉯ 비행 중 양쪽 날개의 공중 스포일러를 움직여서 비행속도를 감소시킨다.
㉰ 착륙 활주 중에는 사용해서는 안 된다.
㉱ 비행 스포일러 혹은 지상 스포일러로 구분할 수 있다.

16. 다음 중 부식의 종류에 해당되지 않는 것은?

㉮ 자장 부식 ㉯ 표면부식
㉰ 입자간 부식 ㉱ 응력부식

17. NAS 654 V 10 D 볼트에 너트를 고정하는 데 필요한 것은?

㉮ 코터핀 ㉯ 스크류
㉰ 락크와셔 ㉱ 특수와셔

18. 다음 항공기에 사용되는 복합재료의 하나인 탄소섬유에 관한 것이다. 가장 올바른 것은?

㉮ 밀도는 보론이나 유리 섬유보다 크다.
㉯ 열 팽창율이 매우 작아서 치수 안정성이 필요한 우주정비에 적합하다.
㉰ 고온(500℃ 이상)에서 사용시 탄화규소와 반응하여 산화 부식의 원인이 된다.
㉱ 열 팽창율이 매우 크다.

19. 합금강 SAE 6150의 1의 숫자는 무엇을 표시하는가?

㉮ 1%의 크롬 함유량
㉯ 0.1%의 탄소 함유량
㉰ 1%의 니켈 함유량
㉱ 1.0%의 망간 함유량

20. 리벳 머리에 표시를 보고 무엇을 알 수 있는가?

㉮ 리벳 머리의 모양 ㉯ 리벳의 지름
㉰ 재료의 종류 ㉱ 재료의 강도

1. ㉰	2. ㉮	3. ㉯	4. ㉯	5. ㉰
6. ㉮	7. ㉮	8. ㉰	9. ㉱	10. ㉯
11. ㉮	12. ㉯	13. ㉱	14. ㉱	15. ㉰
16. ㉮	17. ㉮	18. ㉯	19. ㉮	20. ㉰

2007년도 산업기사 1회 항공기체

1. 원형 단면인 봉의 경우 비틀림에 의하여 단면에서 발생하는 비틀림각 θ를 올바르게 나타낸 식은?
(단, L : 봉의 길이, G : 전단탄성계수, R : 반지름, J : 극관성 모멘트, T : 비틀림 모멘트)

㉮ $\dfrac{G \cdot J}{T \cdot L}$ ㉯ $\dfrac{T \cdot R}{J}$

㉰ $\dfrac{T \cdot L}{G \cdot J}$ ㉱ $\dfrac{G \cdot R}{T \cdot J}$

2. 지상 진동시험에서 외부 하중의 진동수와 고유진동수가 같아질 때에는 상당히 큰 변위가 발생하는데, 이것을 무엇이라 하는가?

㉮ 동적응력   ㉯ 정적응력
㉰ 공진   ㉱ 진폭

3. AA 알루미늄 규격에서 합금번호와 주 합금원소가 옳게 짝지어진 것은?

㉮ 3XXX - 망간   ㉯ 5XXX - 규소
㉰ 6XXX - 구리   ㉱ 7XXX - 구리

● AA(미국알루미늄협회)규격의 주합금 원소

1×××	2×××	3×××
Al 99% 이상	Cu	Mn
4×××	5×××	6×××
Si	Mg	Mg+Si
7×××	8×××	9×××
Zn	그 밖의 원소	예비원소

4. 카운터 성크 리벳(counter sunk rivet)이 주로 사용되는 곳은?

㉮ 주로 항공기 내부의 주요 구조물의 연결에 사용된다.
㉯ 구조물의 양쪽 면 접근이 불가능하거나 작업 공간이 좁아서 버킹바를 사용할 수 없는 곳에 사용된다.
㉰ 리벳의 머리가 금속판의 속에 심어지기 때문에 주로 항공기 외피에 사용된다.
㉱ 날개의 앞전에 제빙 부츠를 장착하거나 기관 방화벽에 부품을 장착할 때 사용된다.

5. 너트(Nut)의 일반적인 특징에 대한 설명 중 가장 올바른 것은?

㉮ 평 너트(Plain Hexagon Airframe Nut)는 인장하중을 받는 곳에 사용한다.
㉯ 잼 너트(Hexagon Jam Nut)는 맨손으로 조일 수 있는 곳에서 조립부를 빈번하게 장탈 혹은 장착하는 데 적합하게 만들어져 있다.
㉰ 나비 너트(Plain Wing Nut)는 평 너트, 세트 스크류 끝 부분의 나사가 있는 로드에 장착되어 고정하는 역할을 한다.
㉱ 구조용 캐슬 너트(Plain Castellated Airframe Nut)는 홈이 없이 사용된다.

6. 고정 지지점(Fixed support)에 대한 설명 중 가장 올바른 것은?

㉮ 수직 반력만 생긴다.
㉯ 저항 회전모멘트 반력만 생긴다.
㉰ 수직 및 수평반력 등 2개의 반력이 생긴다.
㉱ 수직 및 수평반력과 동시에 저항 회전 모멘트 등 3개의 반력이 생긴다.

● 지지점과 반력
· 롤러지지점(roller support) : 수평방향으로 자유로워 수직반력이 생김
· 힌지지지점(hinge support) : 수평 및 수직방향으로 구속되어 수직 및 수평반력이 생김

7. 날개(Wing)의 wndyh 구조 부재가 아닌 것은?

㉮ 스파(spar)   ㉯ 리브(rib)
㉰ 스킨(skin)   ㉱ 프레임(frame)

8. 알루미늄 판 두께가 0.051inch인 재료를 굴곡반경 0.125inch 가 되도록 90° 굴곡할 때 생기는 세트 백(SET BACK)은 얼마인가?

㉮ 0.017inch   ㉯ 0.074inch
㉰ 0.125inch   ㉱ 0.176inch

9. 가스용접시 역화의 원인으로 가장 거리가 먼 것은?

㉮ 팁이 물체에 부딪혀 순간적으로 가스의 흐름이 멈출 때
㉯ 팁이 과열되었을 때
㉰ 가스의 압력이 높을 때
㉱ 팁의 연결이 불충분할 때

● 역화(flash back) : 토치 안으로 개스가 타는 현상으로 방지하지 않으면 불꽃이 호스, 조절기 등으로 번져 큰 위험이 따른다.

10. 용해된 이산화규소의 가는 가닥으로 만들어진 섬유로서 전기절연성이 뛰어나고 내수성, 내산성 등 화학적 내구성이 좋으며, 가격도 저렴하지만 다른 강화섬유에 비해 기계적 성질이 낮아 2차 구조물에 사용되는 섬유는?

㉮ 카본섬유   ㉯ 유리섬유
㉰ 아라미드섬유   ㉱ 보론섬유

11. 다음 중 항공기의 1차 조종면이 아닌 것은?

㉮ 도움날개(aileron)   ㉯ 승강키(elevator)
㉰ 방향키(rudder)   ㉱ 스포일러(spoiler)

12. en 종류의 이질 금속이 접촉하여 전해질로 연결되면 한쪽의 금속에 부식이 촉진되는 것은?

㉮ 입자간 부식(intergranular corrosion)
㉯ 점부식(pitting corrosion)
㉰ 동전지 부식(galvanic cells corrosion)
㉱ 찰과 부식(fretting corrosion)

● · 표면부식 : 전기화학적 침식으로 분말 침전물 생성, 페인트 도금층 밑면의 부식은 페인트, 도금층을 벗겨놓음
· 이질금속간 부식 : 서로 다른 금속이 접촉되어 있는 상태에서 물, 습기, 기타 용액에 의하여 어느 한 재료가 먼저 부식, A군(1100, 3003, 5052, 6061), B군(2014, 2017, 2024, 7075)
· 입자간부식 : 합금성분의 분포가 고르지 못할 때 생성되면 표면 흔적 없이 발생하여 심할 때는 표면 발아, 얇은 조각으로 벗겨짐

- 응력부식: 강한 인장응력과 적당한 부식 조건과의 복합적인 영향으로 발생하는 부식, 알루미늄 부품에 철재 부식
- 프레팅부식: 밀착 부품에 계속적인 진동이 일어날 때, 홈에 생기는 부식, 베어링, 커넥팅 로드, 너클핀, 스플라인

13. 항공기용 윈드쉴드판넬(windshield panel)의 여압압력에 의한 파괴 강도는 내측판만으로 최대 여압실 압력의 최소 몇 배 이상의 강도를 가져야 하는가?

- ㉮ 1~2배
- ㉯ 3~4배
- ㉰ 5~6배
- ㉱ 7~10배

14. 엔진 마운트에 대한 설명으로 가장 올바른 것은?

- ㉮ 엔진의 추력을 기체에 전달하는 구조물이다.
- ㉯ 엔진과 기체를 차단하는 벽의 구조물이다.
- ㉰ 엔진이나 엔진에 부수되는 보기 주위를 쉽게 접근할 수 있도록 장·탈착하는 덮개이다.
- ㉱ 엔진을 둘러싸고 있는 부분이다.

15. 대형 항공기에 주로 사용하는 브레이크 장치는?

- ㉮ 싱글 디스크(Single Disk)식 브레이크
- ㉯ 세그먼트 로터(Segment Rotor)식 브레이크
- ㉰ 슈(shoe)식 브레이크
- ㉱ 팽창 튜브(Expander tube)식 브레이크

16. 세미모노코크 구조에서 날개, 착륙장치 등의 장착부를 마련해 주는 역할도 하고, 동체가 비틀림에 의해변형 되는 것을 방지해 주는 부재는?

- ㉮ BULKHEAD
- ㉯ LONGERON
- ㉰ STRINGER
- ㉱ FRAME

17. 항공기의 무게와 평형에서 유효하중을 가장 올바르게 설명한 것은?

- ㉮ 항공기에 인가된 최대무게이다.
- ㉯ 항공기내의 고정위치에 실제로 장착되어 있는 하중이다.
- ㉰ 총 무게에서 자기 무게를 뺀 무게이다.
- ㉱ 항공기의 무게 중심이다.

18. V - n 선도에서의 n(load factor)을 옳게 표현한 것은?

(단, L : 양력, D : 항력, T : 추력, W : 무게)

- ㉮ $n = \dfrac{L}{W}$
- ㉯ $n = \dfrac{W}{L}$
- ㉰ $n = \dfrac{T}{D}$
- ㉱ $n = \dfrac{D}{T}$

▶ 하중배수(Load factor)란, 현재의 하중이 기본하중의 몇 배나 되는지를 말하며, 항공기에 있어서는 날개에서 발생하는 양력이 기본 하중, 즉 수평 비행시에 발생하는 양력의 몇 배가 되는지를 정하는 수치

$$n = \frac{L}{W} = \frac{C_L \frac{1}{2} \rho V^2 S}{W}$$

19. 항공기 볼트의 나사산(THREAD)은 일반적으로 Class 3 NF(American National Fine Pitch)가 사용된다. NF는 길이 1인치당 몇 개의 나사산(Thread)을 가지고 있는가?

㉮ 10개 ㉯ 12개
㉰ 14개 ㉱ 16개

등급	정 도	작 업
1	Loose(헐거운 끼워맞춤)	손 작업
2	Free (느슨한 끼워맞춤)	screw driver
3	Medium(중간 끼워맞춤)	wrench
4	Close(억지 끼워맞춤)	항공기 구조부분

20. 알루미늄 합금 튜브(6061 T)의 이중 플레어 방식으로 플레어 작업을 할 수 있는 튜브 지름의 치수범위로 가장 올바른 것은?

㉮ $\frac{1}{8} \sim \frac{3}{8}$ inch ㉯ $\frac{3}{8} \sim \frac{5}{8}$ inch
㉰ $\frac{5}{8} \sim \frac{3}{4}$ inch ㉱ $\frac{1}{4} \sim \frac{3}{4}$ inch

1. ㉰	2. ㉰	3. ㉮	4. ㉰	5. ㉮
6. ㉰	7. ㉰	8. ㉱	9. ㉰	10. ㉯
11. ㉱	12. ㉰	13. ㉯	14. ㉮	15. ㉯
16. ㉮	17. ㉰	18. ㉮	19. ㉰	20. ㉮

2007년도 산업기사 2회 항공기체

1. 세미모노코크 구조형식인 비행기 날개의 구성 부재가 아닌 것은?

㉮ 리브   ㉯ 표피
㉰ 링   ㉱ 스트링어

2. 항공기의 날개 착륙장치의 트럭형식에서 트럭위치 작동기에 대한 설명으로 가장 관계가 먼 내용은?

㉮ 항공기가 지상에서 수평로 활주할 때에는 완충 스트럿과 트럭 빔이 수직이 되도록 댐퍼의 역할도 한다.
㉯ 착륙장치가 접혀 들어갈 때 공간을 줄이기 위해서도 사용된다.
㉰ 착륙장치를 접어 들이거나 펼칠 때 사용되는 유압작동기이다.
㉱ 바퀴가 지면으로부터 떨어지는 순간에 완충 스트럿과 트럭 빔을 특정한 각도로 유지시켜주는 유압 작동기이다.

3. 다음의 알루미늄 합금 중 알루미늄-아연 5.6%의 합금으로 ESD라고 부르는 것은?

㉮ 7075   ㉯ 3003
㉰ 2014   ㉱ 1100

4. 다음과 같은 도면의 단면 2차 모멘트의 식으로 옳은 것은?

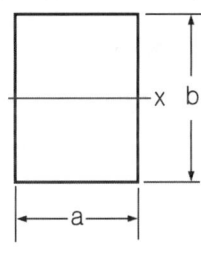

㉮ $ba^3/12$ ㉯ $ab^3/12$
㉰ $ab^2/6$ ㉱ $ba^2/6$

● 단면 2차 관성 모멘트에서 X축에 대한 단면 2차 관성 모멘트는
$I_x = \sum_{i=1}^{n} y_i^2 (\Delta A_i) = \int y^2 dA$
중심에서 y만큼 떨어진 거리에 미소길이 dy를 잡고 이 부분의 면적을 dA라 하면 dA=ady 따라서
$I_x = 2 \times \int_0^{\frac{b}{2}} y^2 a dy = \frac{2a}{3}[y^3]_0^{\frac{b}{2}} = \frac{2a}{3} \times \left(\frac{b}{2}\right)^3 = \frac{ab^3}{12}$

5. 그림은 응력 - 변형률 곡선을 나타낸 것이다. 기호별 내용의 표시가 틀린 것은?

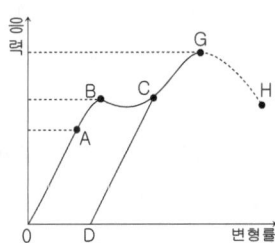

㉮ CD : 비례탄성범위
㉯ OA : 후크의 법칙 성립
㉰ B : 항복점
㉱ G : 인장강도

● $\sigma = E\epsilon$ (σ : 응력, E : 탄성계수, ϵ : 변형률)
후크의 법칙은 응력과 변형률의 관계를 나타내고 응력과 변형률 곡선에서 비례 한도점을 벗어나면 후크의 법칙은 성립하지 않는다.

6. 조종케이블이 작동중에 최소의 마찰력으로 케이블과 접촉하여 직선운동을 하게 하며, 케이블을 3° 이내의 범위에서 방향을 유도하는 것은?

㉮ 케이블드럼　　㉯ 페어리드
㉰ 폴리　　　　　㉱ 벨크랭크

7. 길이 5m인 받침보에 있어서 A단에서 2m인 곳에 800kg의 집중하중이 작용할 때 A단에서의 반력은 얼마인가?

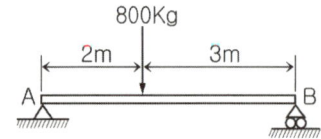

㉮ 300KG　　㉯ 320KG
㉰ 400KG　　㉱ 480KG

8. 제트기관을 장착하는 엔진 마운트는 어떤 형을 주로 사용하는가?

㉮ 포드 마운트　　㉯ 링 마운트
㉰ 베드 마운트　　㉱ 트루니언 마운트

9. 와셔의 부품번호가 다음과 같이 표기되어 있을 때 L이 뜻하는 내용은?

"AN 960 J D 716 L"

㉮ 재질　　　㉯ 두께
㉰ 표면처리　㉱ 형식

● AN 960(계열), J(표면처리), D(재질), 716(적용 볼트지름), L(두께)

10. 다음 중 항공기체에 도장된 얇은 금속재료를 비파괴검사하려면, 어느 방법이 가장 적당한가?

㉮ 방사선투과검사　㉯ 초음파탐상검사
㉰ 자기탐상검사　　㉱ 와전류탐상검사

11. 가스용접에 사용하는 용접 토치에 대한 설명으로 틀린 것은?

㉮ 분사식 토치는 산소압력에 비하여 매우 낮은 아세틸렌 압력으로 사용하도록 설계되어 있다.
㉯ 토치에 사용하는 팁은 특수 내열합금으로 만들어져 있으며 그 크기는 문자로 표시한다.
㉰ 밸런스형 압력식 토치는 산소와 아세틸렌이 똑같은 압력으로 토치에 공급된다.
㉱ 토치에 사용하는 팁은 항상 팁 세제로 깨끗하게 청소해야 한다.

● 용접 토오치는 여러 개의 형태와 크기로 제작되어 있어 작업의 종류 및 용접할 모재의 두께에 따라 적절량의 열이 발생할 수 있도록 몇 가지 크기의 교환형으로 되어 있다.

12. 다음은 딤플링 작업시의 주의사항이다. 틀린 것은?

㉮ 판을 2개 이상 겹쳐서 동시에 딤플링하는 방법은 되도록 이면 삼간다.
㉯ 티타늄합금은 홀 딤플링을 적용하지 않으면 균열을 일으킨다.

㉰ 마무리 작업시에는 반대방향으로 다시 딤플링한다.
㉴ 얇은 판 때문에 카운터 싱킹 한계(0.040in 이하)를 넘을 때는 딤플링으로 한다.

13. SAE규격으로 표시한 합금강의 종류가 올바르게 짝지어진 것은?

㉮ 13XX : 니켈- 몰리브덴강
㉯ 23XX : 망간-크롬강
㉰ 51XX : 니켈-크롬-몰리브덴강
㉱ 61XX : 크롬-바나듐강

14. 복합재료의 강화재 중 무색투명하며 전기부도체인 섬유로서 우수한 내열성 때문에 고온 부위의 재료로 상용되는 것은?

㉮ 유리섬유   ㉯ 아라미드섬유
㉰ 보론섬유   ㉱ 알루미나섬유

● 알루미나섬유
· 전기 광학적 특성은 유리 섬유와 같이 무색 투명하고 부도체이다.
· 내열성이 뛰어나 공기 중에서 1300℃를 가열해도 취성을 갖지 않는다.
· 표면처리를 하지 않아도 FRP나 FRM으로 할 수 있다.
· 금속과 수지와의 친화성이 좋다.

15. 항공기 설계하중과 관련된 안전여유의 식으로 옳은 것은?

㉮ M.S.=1+실제하중/허용하중
㉯ M.S.=1+허용하중/실제하중
㉰ M.S.=허용하중/실제하중-1
㉱ M.S.=실제하중/허용하중-1

16. 항공기의 무게측정을 하는 일반적인 방법으로 틀린 것은?

㉮ 밀폐된 건물 안에서 무게를 측정한다.
㉯ 자기무게에 포함된 모든 장비품을 항공기에서 장탈하여 놓는다.
㉰ 저울을 교정하고 0점 조정을 한다.
㉱ 무게측정에는 제동장치를 걸지 않도록 한다.

17. 알루미늄 합금으로 만들어진 2117T RIVET의 직경이 1/8inch이면, Rivet의 길이는 1/4inch인 Universal head Rivet의 Code를 MS로 가장 올바르게 표시한 것은?

㉮ MS 20470 AD - 4 - 4
㉯ MS 20470 DD - 4 - 4
㉰ MS 20436 AD - 3 - 2
㉱ MS 20426 DD - 3 - 2

● AN 470 AD 4 - 4
· AN 426 접시머리, AN 430 둥근머리, AN 442 납작머리, AN 455 브레이저머리, 470 유니버셜,
· AD : 2117-T 리벳,
· 4 - 4 : 지름 4/32=1/8=0.125in, 길이 1/4=0.25in
· 그립길이 : G=2T=0.064=8/125
  리벳지름 : D=3T=0.032×3=12/125=0.096
  리벳길이 : G+1.5D=8/125+18/125=0.208

18. 밀착된 구성품 사이에 작은 진폭의 상대운동이 일어날 때에 발생하는 제한된 형태의 부식은 무엇인가?

㉮ 점 부식   ㉯ 찰과 부식
㉰ 피로 부식   ㉱ 동전기 부식

19. 샌드위치 구조에 대한 설명중 가장 관계가 먼 내용은?

㉮ 날개나 꼬리 날개와 같은 일부 구조 요소의 스킨에 사용된다.
㉯ 2장의 판 상태의 스킨사이에 코어를 끼어서 제작된 구조이다.
㉰ 샌드위치 구조는 부재를 결합하여 1개의 부재와 같거나 또는 그 이상의 강도를 갖게 하는 구조이다.
㉱ 부분적인 벅클링이나 부분적인 피로 강도에 강하다.

20. 티타늄 합금볼트를 사용하는 데 있어서 주의해야 할 사항으로 가장 올바른 것은?

㉮ 200°F 를 넘는 곳에 장착시에는 카드뮴 도금된 너트를 사용하여서는 안 된다.
㉯ 200°F 를 넘는 곳에 장착시에는 은 도금된 셀프 락킹너트를 사용하여서는 안 된다.
㉰ 100°F 를 넘는 곳에 장착시에는 카드뮴 도금된 너트를 사용하여서는 안 된다.
㉱ 100°F 를 넘는 곳에 장착시에는 은 도금된 셀프 락킹너트를 사용하여서는 안 된다

1. ㉰	2. ㉰	3. ㉮	4. ㉯	5. ㉮
6. ㉯	7. ㉰	8. ㉮	9. ㉯	10. ㉱
11. ㉯	12. ㉰	13. ㉱	14. ㉱	15. ㉰
16. ㉯	17. ㉮	18. ㉯	19. ㉰	20. ㉮

2007년도 산업기사 4회 항공기체

1. 동체 구조형식에 세미모노코크 형식을 가장 올바르게 설명한 것은?

㉮ 스트링거, 벌크헤드, 프레임 및 외피로 구성되어 골격과 외피가 공히 하중을 담당하는 형식이다.
㉯ 구조재가 3각형을 이루는 기체의 뼈대가 하중을 담당하고 표피가 우포로 되어 있는 형식이다.
㉰ 하중의 대부분을 표피가 담당하며, 금속이 각 껍질로 되어 있는 형식이다.
㉱ 트러스 재를 활용하여 강도를 보충하고 외피를 씌워 항력을 감소시킨 현대항공기의 대표적인 형식이다.

2. 두께가 3mm인 알루미늄판과 두께가 2mm인 알루미늄판을 리벳으로 접합하고자 할 때 리벳의 직경은 얼마로 하면 되는가?

㉮ 15mm ㉯ 9mm
㉰ 5mm   ㉱ 3mm

3. 모노코크 구조에 있어서 항공 역학적 힘의 대부분을 담당하는 부재로 옳은 것은?

㉮ 포머   ㉯ 응력표피
㉰ 벌크헤드 ㉱ 스트링거

4. 나셀에 대한 설명으로 가장 올바른 것은?

㉮ 기체의 인장하중을 담당한다.
㉯ 장비나 점검을 쉽게 하도록 열고 닫을 수 있는 구조로 되어 있다.
㉰ 기체에 장착된 기관을 둘러싼 부분을 말한다.
㉱ 기관을 장착하기 위한 구조물이다.

- NACELLE : 기체에 장착된 기관을 둘러사는 부분
- COWLING : 기관이나 기관에 관계되는 보기, 기관마운트 및 방화벽 주위를 쉽게 접근할 수 있도록 장착하거나 떼어 낼 수 있는 덮개

5. SAE 6150합금강에서 숫자 "6" 은 무엇을 의미하는가?

㉮ 크롬-몰리브덴 강이다.
㉯ 크롬-바나듐 강이다.
㉰ 4%의 탄소강이다.
㉱ 0.04%의 탄소강이다.

6. V-n선도에 대한 설명으로 가장 올바른 것은?

㉮ 속도와 저항에 대한 하중과의 관계
㉯ 양력계수와 하중계수와의 관계
㉰ 비행기의 구조역학적 안전비행범위
㉱ 비행속도와 항력계수와의 관계

7. 다음 보 중에서 부정정보는?

   ㉮ 연속보   ㉯ 단순지지보
   ㉰ 내다지보 ㉱ 외팔보

8. 항공기 조종계통의 구성품들 중에서 방향을 바꿔주는 것이 아닌 것은?

   ㉮ 스토퍼(stopper)
   ㉯ 벨 크랭크(bell crank)
   ㉰ 풀리(pulley)
   ㉱ 토크 튜브(Torque tube)

9. 항공기 타이어를 밸런싱 하는 주목적은?

   ㉮ 브레이크의 효율을 향상시키기 위하여
   ㉯ 진동과 과도한 마모를 줄이기 위하여
   ㉰ 비행 중 타이어의 회전을 막기 위하여
   ㉱ 타이어의 수명을 길게 하기 위하여

10. AN 3DD 5 A 의 "DD"를 가장 올바르게 설명한 것은?

    ㉮ DD는 싱크에 드릴 작업이 되지 않은 상태를 나타낸다.
    ㉯ DD는 재질을 표시하는 것으로 2024 알루미늄 합금을 나타낸다.
    ㉰ DD는 부식 저항용 강을 나타낸다.
    ㉱ DD는 카드뮴 도금한 강을 나타낸다.

11. 항공기 연료탱크(FUEL TANK)에서 인터그랄 탱크(INTERGRAL TANK)란?

    ㉮ 날개보 사이의 공간에 합성고무 제품의 탱크를 내장한 것이다.
    ㉯ 날개보 및 외피에 의해 만들어진 공간을 그대로 탱크로 사용하는 것이다.
    ㉰ 날개보 사이의 공간에 알루미늄 제품의 탱크를 내장한 것이다.
    ㉱ 동체하단에 공간을 만들어 놓은 것이다.

12. 용접봉을 선택할 때 가장 먼저 고려해야 할 것은?

    ㉮ 용접할 금속의 종류
    ㉯ 용접봉의 사이즈
    ㉰ 용접할 금속의 두께
    ㉱ 토오치 첨단의 사이즈

13. 항공기 금속재료에 발생하는 일반적인 부식 중 이질 금속간의 부식은?

    ㉮ 표면부식   ㉯ 입자간 부식
    ㉰ 응력부식   ㉱ 동전지 부식

14. 5/32인치 직경의 리벳을 장착할 때 적합한 버킹바의 무게로 가장 옳은 것은?

    ㉮ 1~2 LBS   ㉯ 2~3 LBS
    ㉰ 3~4 LBS   ㉱ 5~6 LBS

● 버킹 바는 보통 강으로 만들어지고 가공 헤드측에 꼭 맞는 것으로 다양한 치수 무게 형상이 있으며 리벳의 지름에 따라 적절한 버킹바의 무게을 갖는다.

지름(in)	3/32	1/8	5/32	3/16	1/4
버킹바무게(lb)	2~3	3~4	3~4.5	4~5	5~6.5

15. 두께 1mm인 알루미늄 합금판을 [그림]과 같이 전단 가공할 때 필요한 최소한의 힘은 얼마인가?(단, 이판의 최대전단 강도는 3600 kgf/cm² 이다)

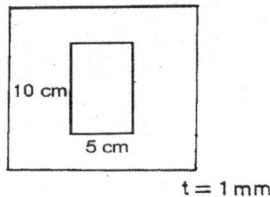

㉮ 10,800kgf ㉯ 36,000kgf
㉰ 108,000kgf ㉱ 360,000kgf

● $F = \tau \times A = 3,600 \times (0.1 \times 30) = 10,800$

16. 성형 후 수축율이 적으며 우수한 기계적 강도와 접착강도를 가져 항공기 구조물용 접착제나 도료의 재료로 사용되는 열경화성 수지는?

㉮ 폴리에틸렌수지 ㉯ 페놀수지
㉰ 에폭시수지 ㉱ 폴리우레탄수지

17. 셀프 락킹 너트(Self Locking Nut)의 사용법에 대한 설명으로 가장 올바른 것은?

㉮ 폴리, 벨크랭크, 레버, 링케이지 등에 사용할 수 있다.
㉯ 너트가 느슨하여 볼트가 손실될 경우 비행 안전성에 영향을 주는 장소에는 사용할 수 없다.
㉰ 일반적으로 움직임이 없는 곳에는 사용할 수 없다.
㉱ 화이버나, 나일론 재질의 셀프락킹 너트는 고온부에 사용할 수 있다.

18. 금속재료 시험에서 인장시험에 대한 설명으로 가장 옳은 것은?

㉮ 시험기를 써서 시험편을 서서히 잡아당겨 항복점, 인장 강도, 연신율 등을 측정하는 시험이다.
㉯ 시험기를 써서 시험편을 서서히 인장시켜 브리넬 인장, 로크웰 경도 등을 측정하는 시험이다.
㉰ 시험기를 써서 시험편을 서서히 인장시켰을 때 탄성에 의한 비커스 경도, 쇼어 경도 등을 측정하는 시험이다.
㉱ 시험기를 써서 시험편을 서서히 잡아당겨 충격에 의한 충격강도, 취성강도를 측정 하는 것이다.

19. [그림]과 같이 하중이 작용하는 경우 항공기의 무게중심(C.G)을 Mac(%)로 나타내면 약 얼마인가?(단, Mac=120in)

(조 건)
· 앞바퀴 : 1400Lbs
· 우측 주바퀴 : 3200Lbs
· 좌측 주바퀴 : 3300Lbs

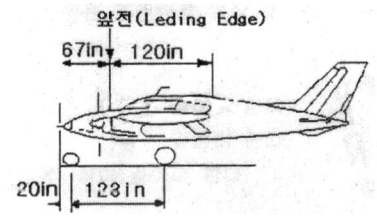

㉮ 40 ㉯ 45.2
㉰ 50 ㉱ 54.2

20. 항공기 복합소재부품 수리시 수지(matrix)가 잘 혼합되어 제 성능을 발휘하는지 가장 쉽게 확인하는 방법으로 옳은 것은?

㉮ 화학성분분석을 실시한다.
㉯ 수지를 섞은 직후 점도시험을 실시한다.
㉰ 수지가 굳은 후 경도시험을 실시한다.
㉱ 수지를 섞을 때 별도로 시험편을 만들어 확인한다.

● MATRIX : 강화재를 완전히 둘러싸서 강도를 주고 응력을 전달하며 습기나 화학물질로부터 강화재를 보호하는 역할

1. ㉮	2. ㉯	3. ㉯	4. ㉰	5. ㉯
6. ㉰	7. ㉮	8. ㉮	9. ㉯	10. ㉯
11. ㉯	12. ㉮	13. ㉱	14. ㉰	15. ㉮
16. ㉰	17. ㉯	18. ㉮	19. ㉯	20. ㉱

2008년도 산업기사 1회 항공기체

1. [그림]의 클레비스 볼트(Clevis Bolt)에 대한 설명으로 가장 올바른 것은?

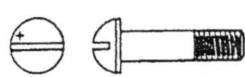

㉮ 전단하중이 걸리는 곳에 사용한다.
㉯ 인장하중이 걸리는 곳에 사용한다.
㉰ 볼트의 머리는 6각 또는 12각으로 되어 있는 것도 있어 렌치를 이용하여 장착한다.
㉱ 압축하중과 인장하중이 동시에 걸리는 곳에 사용한다.

2. 폭이 20cm, 두께가 2mm인 알루미늄판을 [도면]과 같이 구부리고자 한다. 필요한 알루미늄판의 set back은 얼마인가?

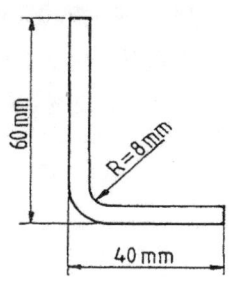

㉮ 8mm ㉯ 10mm
㉰ 12mm ㉱ 14mm

3. 합금강의 종류와 분류에서 SAE(Society of Automotive engineer) 4130을 올바르게 설명한 것은?

㉮ 고탄소강으로 탄소 함유량 30%를 나타낸다.
㉯ 저탄소강으로 탄소 함유량 0.3%를 나타낸다.
㉰ 크롬-몰리브덴강으로 몰리브덴3%와 탄소 30%를 나타낸다.
㉱ 크롬-몰리브덴강으로 몰리브덴1%와 탄소 0.3%를 나타낸다.

4. 항공기 날개구조에서 리브 (Rib)의 기능을 가장 올바르게 설명한 것은?

㉮ 날개의 곡면상태를 만들어주며, 날개의 표면에 걸리는 하중을 스파에 전달시킨다.
㉯ 날개에 걸리는 하중을 스킨에 분산시킨다.
㉰ 날개의 스팬(span)을 늘리기 위하여 사용되는 연장부분이다.
㉱ 날개 내부구조의 집중응력을 담당하는 골격이다.

5. 항공기 위치 표시방법 중 버톡라인(Bettock line)은?

㉮ 비행기의 전방에서 테일콘(Tail cone)까지 연장된 선과 평행하게 측정한다.
㉯ 비행기 수직 중심선에 평행하게 좌, 우측의 너비를 측정한 것이다.
㉰ 항공기 동체의 수평면으로부터 수직으로 높이를 측정하는 것이다.
㉱ 날개의 후방빔에 수진하게 밖으로부터 안쪽가장자리를 측정한 것이다.

6. [그림]과 같은 V-n선도에서 아무리 급격한 조작을 하여도 구조상 안전한 속도를 나타내는 지점은?

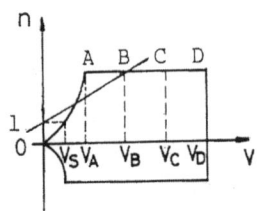

㉮ Va   ㉯ Vb
㉰ Vc   ㉱ Vd

7. 0.040 인치 두께인 2개의 판을 접합하고자 한다. 이때 리벳의 길이는 얼마인 것이 가장 적절한가?

㉮ 0.080 인치   ㉯ 0.120 인치
㉰ 0.160 인치   ㉱ 0.260 인치

8. Al 표면을 양극산화처리하여, 표면에 방식성이 우수하고 치밀한 산화 피막이 만들어지도록 처리하는 방법이 아닌 것은?

㉮ 수산화법   ㉯ 황산법
㉰ 크롬산법   ㉱ 석출경화법

9. [그림]과 같은 외팔보의 자유단에 500kgf, 중앙점에 400kgf의 하중이 작용할 때 고정단 A점의 굽힘 모멘트는 몇 kgf·cm인가?

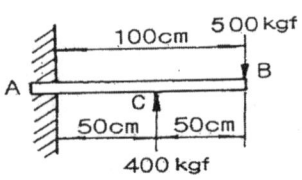

㉮ 10000   ㉯ 20000
㉰ 30000   ㉱ 40000

10. 용접 작업에 사용되는 산소·아세틸렌 토치 팁(Tip)의 재질로 가장 적당한 것은?

㉮ 납 및 납 합금
㉯ 구리 및 구리 합금
㉰ 마그네슘 및 마그네슘 합금
㉱ 알루미늄 및 알루미늄 합금

11. [그림]과 같은 응력-변형률곡선(STRESS-STRAIN)에서 파단점(FRACTURE POINT)은?(단, σ는 응력, ε은 변형률을 나타낸다.)

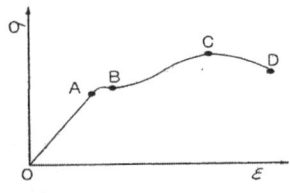

㉮ A   ㉯ B
㉰ C   ㉱ D

12. 항공기에 사용되는 복합재료인 FRP와 FRM의 특성을 비교한 것 중 틀린 것은?

㉮ 피로 강도가 모두 뛰어나다.
㉯ 비강도와 비강성이 모두 높다.
㉰ 내열강도는 FRP가 높고, FRM은 낮다
㉱ 층간의 선단 강도는 FRP가 낮고, FRM은 높다.

● FRP는 내식성, 전파 및 빛투과성, 전기절연성 등이 양호하고, FRM 은 내열강도, 기후에 따른 상대적 우수성이 야호하다.

13. 평형방적식에 관계되는 지지점과 반력에 대한 설명중 가장 올바른 것은?

㉮ 롤러 지지점은 수평 반력만 발생한다.
㉯ 힌지 지지점은 1개의 반력이 발생한다.
㉰ 고정 지지점은 수직 및 수평반력과 회전모멘트 등 3개의 반력이 발생한다.
㉱ 롤러 지지점은 수직 및 수평방향으로 구속되어 2개의 반력이 발생한다.

14. 어떤 온도에서 일정한 응력이 가해질 때 시간에 따라 계속 변형율이 증가한다. 이와 같이 시간에 따라서 변형량을 측정하는 것은?

㉮ 피로(fatigue)시험
㉯ 탄성(elasticity)시험
㉰ 크리프(creep)시험
㉱ 천이점(transition point)시험

15. 항공기에 사용되는 브레이크 계통의 기본형태가 아닌 것은?

㉮ 독립형 계통(Independent systen)
㉯ 파워 승압형 계통(Power boost system)
㉰ 파워 조정 계통(Power control system)
㉱ 디부스터 실린더 계통 (Debooster cylinder system)

● 브레이크 디부스터 실린더는 브레이크에 압력을 감소시키고 작동유의 흐름양을 증가시킨다.

16. 다음 중 평와셔에 대한 설명으로 틀린 것은?

㉮ 구조물, 장착 부품의 조임면의 부식을 방지한다.
㉯ 볼트, 너트를 조일 때에 구조물, 장착 부품을 보호한다.
㉰ 구조물이나 장착부품의 조이는 힘을 한 곳에 집중시킨다.
㉱ 볼트, 너트의 코터 핀 구멍 위치 등의 조정용 스페이서(spacer)로 사용한다.

17. 케이블 터미널 핏팅(fitting) 연결방법에서 원래 부품과 거의 같은 강도를 보장할 수 있는 방법은?

㉮ 5-tuck woven splice 방법
㉯ 스웨이징(swaging) 방법
㉰ wrap-solder cable splice 방법
㉱ 5-tuck woven splice 방법과 wrap-solder cable splice 방법

18. 항공기 랜딩기어에 사용하는 시미댐퍼(shimmy Damper)의 주된 목적은?

㉮ 항공기가 활주 중에 기체 축을 중심으로 좌우로 흔들리는 시미현상을 감쇄해 준다.
㉯ 항공기가 활주 중에 타이어의 공기압을 일정하게 하는 역할을 한다.

㉰ 노스 스티어링이 작동하지 않을 때 작동기 역할을 한다.
㉱ 활주 거리를 짧게 한다.

19. 판재에 드릴 작업을 하고 난 후 리이머 작업을 하는 주된 목적은?

㉮ 구멍을 약간 키우기 위해서이다.
㉯ 드릴로 뚫은 구멍의 안쪽의 부식을 제거하는 작업이다.
㉰ 드릴로 뚫은 구멍의 안쪽을 매끈하게 가공하는 작업이다.
㉱ 장착할 리벳의 크기와 드릴구멍과 차이가 날 때 하는 작업이다.

20. 엔진 나셀(Engine Nacelle)의 기본 구성이 아닌 것은?

㉮ 카울링(COWLING)
㉯ 방화벽(FIRE WALL)
㉰ 구조부재(STRUCTURE)
㉱ 콘(CONE)

1. ㉮	2. ㉯	3. ㉱	4. ㉮	5. ㉯
6. ㉮	7. ㉱	8. ㉱	9. ㉰	10. ㉯
11. ㉰	12. ㉱	13. ㉱	14. ㉰	15. ㉱
16. ㉰	17. ㉯	18. ㉮	19. ㉰	20. ㉱

2008년도 산업기사 2회 항공기체

1. 볼트의 식별에서 두부(頭部)에 삼각형 부호가 있는 것은 무슨 뜻이며, 어떤 곳에 사용되는가?

㉮ 일반공차 볼트로서 Engine mount 볼트로만 사용된다.
㉯ 정밀공차 볼트로서 기체의 1차 구조물에서만 사용된다.
㉰ 정밀공차 볼트로서 반복운동과 진동을 하는 정밀한 곳에 사용된다.
㉱ 육각 볼트로서 어떤 곳에나 다 같이 사용된다.

2. 다음 보(beam)중에서 정역학적으로 정정(靜定)구조인 것은?

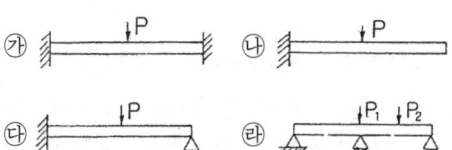

3. 항공기의 무게중심(c·g)에 대한 설명으로 가장 옳은 것은?

㉮ 무게중심은 항공기의 중앙을 말한다.
㉯ 항공기가 이륙하면 무게중심은 없어진다.
㉰ 제작회사에서 항공기를 설계할 때 결정되며 변하지 않는다.
㉱ 무게중심은 연료나 승객, 화물 등을 탑재하면 변할 수 있다.

4. 다음 중 항공기에 장착된 유관을 구분하는 방법으로 사용되지 않는 것은?

㉮ 색깔   ㉯ 문자
㉰ 그림   ㉱ 재질

5. [그림]은 캔틸레버(cantilever)식 날개이다. B점에 있어서 굽힘 모멘트는 몇 in-lb인가?

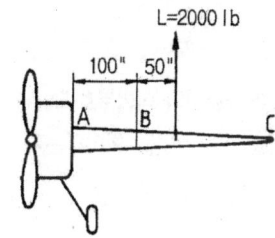

㉮ 2000   ㉯ 10000
㉰ 100000 ㉱ 200000

6. 굽힘강도가 EI 이고 길이가 L인 일정한 단면의 봉이 순수 굽힘 모멘트 M을 받을 때 변형에너지 식으로 옳은 것은?

㉮ $\dfrac{M^2L}{EI}$ ㉯ $\dfrac{M^2L}{2EI}$

㉰ $\dfrac{M^2L}{3EI}$ ㉱ $\dfrac{2M^2L}{3EI}$

7. 알루미늄 합금에서 용체화 처리 후 냉간 가공하고 인공시효 처리한 식별 기호는?

㉮ T6   ㉯ T7
㉰ T8   ㉱ T9

8. 1차 조종면과 2차 조종면이 직접 연결되어 있고, 1차 조종면과 2차 조종면이 서로 반대로 작동하며, 1차 조종면에 의하여 비행기의 조종을 수행하는 경우 조종특성의 수정을 위한 탭은?

㉮ 평형탭(Balance Tab)
㉯ 스프링탭(spring Tab)
㉰ 조종탭(Control Tab)
㉱ 트림탭(Trim Tab)

9. 스크류 (Screw)의 식별부호 "NAS 144 DH-22"에서 DH는 무엇을 의미하는가?

㉮ 재질   ㉯ 머리모양
㉰ 드릴헤드   ㉱ 길이

10. 알루미늄이나 아연 같은 금속을 특수분무기에 넣어 방식 처리해야 할 부품에 용해분착시키는 방법을 무엇이라 하는가?

㉮ 양극처리(ANODIZING)
㉯ 메탈라이징(METALLIZING)
㉰ 도금(PLATING)
㉱ 본데라이징(BONDERIZING)

11. 손상된 판재의 리벳에 의한 수리작업시 리벳 수를 결정하는 식으로 옳은 것은? (단, N : 리벳의 수 L : 판재의 손상된 길이 D : 리벳지름 1.15 : 특별계수 t : 손상된 판의 두께 σ_{max} : 판재의 최대인장응력 τ_{max} : 판재의 최대전단응력 이다)

㉮ $N = 1.15 \times \dfrac{2tL\sigma_{max}}{(\dfrac{\pi D^2}{4})\tau_{max}}$

㉯ $N = 1.15 \times \dfrac{tL\sigma_{max}}{(\dfrac{\pi D^2}{4})\tau_{max}}$

㉰ $N = 1.15 \times \dfrac{(\dfrac{\pi D^2}{4})\tau_{max}}{tL\sigma_{max}}$

㉱ $N = 1.15 \times \dfrac{(\dfrac{\pi D^2}{4})\tau_{max}}{2tL\sigma_{max}}$

12. 두께 0.051인치의 판을 $\dfrac{1}{4}$ 인치 굴곡반경으로 90° 굽힌다면 굴곡 허용량(Bend Allowance)은 약 몇 인치인가?

㉮ 0.342   ㉯ 0.433
㉰ 0.652   ㉱ 0.833

13. 로드나 케이블에서의 운동방향을 바꾸어 주기 위하여 사용되는 것으로, 회전축에 관한 2개의 암을 가지고 있어 회전운동에 의해 직선운동의 방향을 바꾸어 주는 것은?

㉮ 토크튜브   ㉯ 벨 크랭크
㉰ 풀리   ㉱ 스웨이징

14. 올레오 (OLEO) 완충장치에 대한 설명으로 옳은 것은?

㉮ 고무의 압축성을 완충한다.
㉯ 작동유의 압축성을 완충한다.
㉰ 공기 압축성과 작동유의 압축성을 완충한다.

㉣ 압축성의 공기와 비압축성의 작동유가 orifice를 통해 이동함으로써 충격을 흡수한다.

15. 항공기 V-n(비행속도-하중배수) 선도에서 플랩 등과 같은 공탄성에 의한 비행기의 위험을 피하기 위해서 제한하는 속도를 무엇이라 하는가?

㉮ 실속속도 ㉯ 설계운영속도
㉰ 설계순항속도 ㉣ 설계급강하속도

16. 세미모노코크 구조(Semimonocoque Constrution)에 대한 설명 중 가장 관계가 먼 것은?

㉮ 금속튜브 형태로 미사일 몸체에 주로 사용된다.
㉯ 벌크헤드, 스트링거와 세로대 등으로 구성된다.
㉰ 횡 방향과 길이 방향 부재의 부품으로 구성되어 있다.
㉣ 응력의 대부분을 담당하는 구조 스킨(Structural Skin)으로 덮어져 있다.

17. 원형단면의 봉이 비틀림 하중을 받을 때 비틀림 모멘트에 대한 식으로 옳은 것은?

㉮ 최대전단응력 × 극관성모멘트 ÷ 단면의 반지름
㉯ 전단변형도 × 단면오차모멘트 ÷ 단면의 반지름
㉰ 전단응력 × 횡탄성계수 ÷ 단면의 반지름
㉣ 굽힘응력 × 단면계수 ÷ 단면의 반지름

● $T = \dfrac{J\tau_{max}}{R}$,

18. 너트(NUT)에 대한 표시 기호가 다음과 같을 때 옳게 설명한 것은?

| AN 310　D 5 R |

㉮ "AN310"은 화이버 락킹너트(fiber locking nut)를 나타낸다.
㉯ "D"는 마그네슘 합금을 나타낸다.
㉰ "5"는 직경으로 5/16인치를 나타낸다.
㉣ "R"은 왼 나사로 나사산이 인치당 32개 있다.

19. 다음 중 페일 세이프 구조(Fail Safe Structure) 방식이 아닌 것은?

㉮ 백업 구조(Back-up Structure)
㉯ 더블 구조(Double Structure)
㉰ 리던던트 구조(Redundant Structure)
㉣ 단순구조(Simple Structure)

20. S A E 4130 합금강의 탄소 함유량은 얼마인가?

㉮ 0.1% ㉯ 1%
㉰ 0.3% ㉣ 3%

1. ㉰	2. ㉯	3. ㉣	4. ㉣	5. ㉰
6. ㉯	7. ㉰	8. ㉣	9. ㉣	10. ㉯
11. ㉯	12. ㉯	13. ㉯	14. ㉣	15. ㉣
16. ㉮	17. ㉮	18. ㉰	19. ㉣	20. ㉰

2008년도 산업기사 4회 항공기체

1. 다음 중 모노코크형 동체의 구조 부재가 아닌 것은?
㉮ 외피   ㉯ 세로대
㉰ 벌크헤드   ㉱ 정형재

2. 다음과 같은 항공기용 리벳의 표시 중 "5"가 의미하는 것은?

MS 20470 A 5 - 6 A

㉮ 재질   ㉯ 머리형상
㉰ 리벳지름   ㉱ 리벳길이

3. 알클래드(alclad)판은 어떤 목적으로 알루미늄 합금판 위에 순수 알루미늄을 피복한 것인가?
㉮ 공기 저항 감소
㉯ 기체 전기저항 감소
㉰ 인장강도의 증대
㉱ 공기 중에서의 부식 방지

4. 굴곡 각도가 90°일 때 세트백(Set Back)을 계산하는 식으로 옳은 것은?(단, S는 세트백, T는 두께, R은 굴곡반경, D는 지름이다.)
㉮ $S = \dfrac{D+T}{2}$ ㉯ $S = R + \dfrac{T}{2}$
㉰ $S = R + T$ ㉱ $S = \dfrac{R}{2} + T$

5. 다음 중 조종계통이 탭(tab)에 연결되어 탭을 작동시킴으로써 풍압에 의해 주 조종면(Primary control surface)을 작동시키는 탭은?
㉮ 트림 탭 (Trim tab)
㉯ 스프링 탭 (Spring tab)
㉰ 조종 탭 (Control tab)
㉱ 밸런스 탭 (Balance tab)

6. 항공기용 리벳 중 2017 알루미늄 재질을 나타내는 기호는?
㉮ A   ㉯ D
㉰ AD   ㉱ DO

7. 다음 중 응력(stress)의 단위가 아닌 것은?
㉮ kgf/cm^2 ㉯ N/m^2
㉰ lb/in^2 ㉱ kJ/m^2

8. 그림과 같이 보에 집중하중이 가해질 때 하중 중심의 위치는?

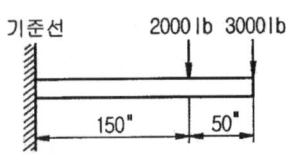

㉮ 기준선에서부터 150"
㉯ 기준선에서부터 180"
㉰ 보의 우측 끝에서부터 150"
㉱ 보의 우측 끝에서부터 180"

9. 경항공기에 사용되는 스프링의 탄성에너지에 의한 방법으로 충격에너지를 흡수하는 강착장치(Landing gear)의 완충 효율은 몇 %인가?

㉮ 25   ㉯ 30
㉰ 50   ㉱ 60

10. 그림과 같이 봉의 길이가 같고, 단면적이 다른 두 개의 동일 재료로 단면이 일정한 봉으로 이루어진 구조물에 하중 PA, PB 가 작용하고 있다면 이 구조물의 총 변형 에너지는?(단, L은 봉의 길이, E는 봉의 탄성계수, AA, AB는 각 봉의 단면적이다.)

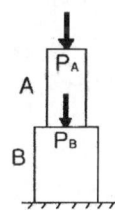

㉮ $\dfrac{P_A^2 L}{2EA_A} + \dfrac{P_B^2 L}{2EA_B}$ ㉯ $\dfrac{P_A^2 L}{2EA_A} - \dfrac{P_B^2 L}{2EA_B}$

㉰ $\dfrac{P_A L^2}{EA_A} + \dfrac{P_B L^2}{EA_B}$ ㉱ $\dfrac{P_A L^2}{EA_A} - \dfrac{P_B L^2}{EA_B}$

11. 둥근 머리(Round Head) 리벳의 길이에 관한 설명 중 옳은 것은?

㉮ 리벳의 길이는 결합판재 중 두꺼운 판재의 두께와 리벳 지름의 3배를 합한 길이를 선택한다.
㉯ 리벳의 길이는 머리 아랫면부터 생크 끝까지의 길이를 말한다.
㉰ 성형머리(shop head)의 폭은 리벳 길이의 0.2배가 가장 적당하다.
㉱ 모든 리벳은 같은 길이로 제조되며 원하는 길이로 잘라 사용한다.

12. AA 규격에서 규정하는 알루미늄의 특성기호 중 "T6"가 의미하는 것은?

㉮ 풀림 처리한 것
㉯ 용체화 처리 후 냉간 가공한 것
㉰ 제조 상태 그대로인 것
㉱ 저온 성형 공정에서 열간가공 후 인공 시효한 것

13. 그림 같은 항공기에서 무게중심의 위치는 기준선으로부터 약 몇 m인가?

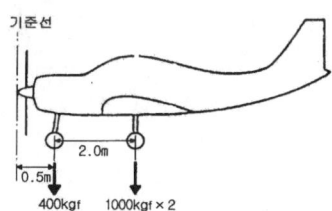

㉮ 0.72   ㉯ 1.50
㉰ 2.17   ㉱ 3.52

14. 그림 같이 길이 5m인 보에 A단에서 2m인 곳에 800kgf의 집중 하중이 작용 할 때 A단에서의 반력은 몇 kgf인가?

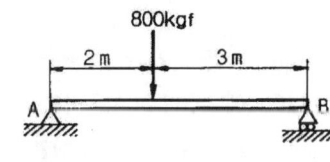

㉮ 300   ㉯ 320
㉰ 400   ㉱ 480

15. 가스용접을 할 때 사용하는 산소와 아세틸렌 가스 용기의 색을 옳게 나타낸 것은?

㉮ 산소용기 : 청색, 아세틸렌용기 : 회색
㉯ 산소용기 : 녹색, 아세틸렌용기 : 황색
㉰ 산소용기 : 청색, 아세틸렌용기 : 황색
㉱ 산소용기 : 녹색, 아세틸렌용기 : 회색

16. 항공기의 날개에서 취부각(Angle of Incidence)을 옳게 설명한 것은?

㉮ 날개의 횡평면과 비행기의 가로축 사이의 각
㉯ 날개의 시위선과 비행기의 세로축 사이의 각
㉰ 후퇴익의 기준선과 주어진 가상 기준선 사이의 각
㉱ 날개의 평균 캠버와 항공기 진행 방향이 이루는 각

17. 다음 중 마그나플럭스(magna flux)검사가 가능한 재질은?

㉮ 철과 같은 자성체
㉯ 모든 항공기 부속품
㉰ 나무나 플라스틱 제품
㉱ 스테인리스강 및 크롬-니켈

18. 조종 케이블 계통(Control cable system)에서 온도변화에 관계없이 자동적으로 항상 일정한 케이블 장력(Cable tension)을 유지하기 위한 장치는?

㉮ 케이블드럼(cable drum)
㉯ 케이블쿼드란트(cable quardrant)
㉰ 케이블장력계(cable tension meter)
㉱ 케이블장력조절장치
 (cable tension regulator)

19. 다음 중 이질 금속간 부식이 가장 잘 일어날 수 있는 조합은?

㉮ 납 - 철
㉯ 동 - 알루미늄
㉰ 동 - 니켈
㉱ 크롬 - 스테인리스강

20. 복합 소재의 부품을 경화시킬 때 표면에 압력을 가하기 위해 사용하는 것으로 클램프로 고정할 수 없는 대형 윤곽의 표현에 사용하는 것은?

㉮ 직포   ㉯ 램프
㉰ 숏 백   ㉱ 스프링 클램프

▶ 경화 기간 동안 표면을 가압을 시키는데 숏백, 클리코, 스프링클램프, 필플라이, 진공백 방법 등이 사용된다.

1. ㉯	2. ㉰	3. ㉱	4. ㉰	5. ㉰
6. ㉯	7. ㉱	8. ㉱	9. ㉰	10. ㉮
11. ㉯	12. ㉯	13. ㉱	14. ㉱	15. ㉯
16. ㉯	17. ㉮	18. ㉱	19. ㉯	20. ㉰

2009년도 산업기사 1회 항공기체

1. 다음 중 세미모노코크 형식의 항공기 동체에서 표피가 주로 담당하는 것은?

㉮ 축하중, 전단력
㉯ 우력, 비틀림 모멘트
㉰ 축하중, 굽힘 모멘트
㉱ 전단력, 비틀림 모멘트

2. 항공기 앞찰륙 장치의 좌우 방향 진동을 방지하거나 감쇠시키는 장치는?

㉮ 시미댐퍼   ㉯ 방향제어장치
㉰ 오리피스   ㉱ 오버센터 링크

3. 금속 표면에 접하는 물, 산, 알칼리 등의 매개체에 의해 금속이 화학적으로 침해되는 현상을 무엇이라 하는가?

㉮ 침식   ㉯ 찰식
㉰ 부식   ㉱ 마모

4. SAE(Society of Automotive Engineers) 규격표시와 이에 해당하는 강의 종류를 틀리게 짝지은 것은?

㉮ 1XXX: 탄소강
㉯ 2XXX: 니켈강
㉰ 3XXX: 니켈-크롬강
㉱ 5XXX: 크롬-바나듐강

5. 유효길이 15″의 토크렌치에 유효길이가 3″ 연장공구를 사용하여 1440 in-lbs로 조이려고 한다면 토크렌치에 지시되는 지시토크값은 몇 in-lbs 인가?

㉮ 1000   ㉯ 1200
㉰ 1400   ㉱ 1500

6. 그림과 같은 구조물에서 지점 A의 반력 R1은 얼마인가?(단, 구조물 ABC는 4분원이다.)

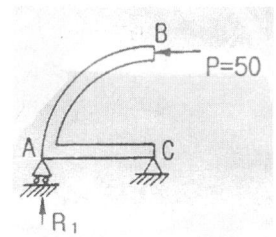

㉮ 0   ㉯ 25
㉰ 50   ㉱ 100

7. 조종간의 작동에 대한 설명이 옳은 것은?

㉮ 조종간을 뒤로 당기면 승강타가 내려간다.
㉯ 조종간을 앞으로 밀면 양쪽의 보조날개가 내려간다.
㉰ 조종간을 왼쪽으로 움직이면 왼쪽의 보조날개가 내려간다.
㉱ 조종간을 오른쪽으로 움직이면 왼쪽의 보조날개가 내려간다.

8. 그림과 같이 지름이 15mm 인 리벳을 이용하여 500kg의 하중(P)을 받는 두 개의 평판을 연결했을 때 리벳에 생기는 응력은 약 몇 kg/mm² 인가?

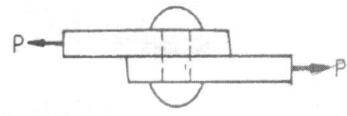

㉮ 2.83 ㉯ 5.65
㉰ 42.44 ㉱ 141.47

9. 다음 중 고정익 항공기의 일반적인 기체구조 구성요소로만 나열된 것은?

㉮ 동체, 날개, 나셀, 기관 마운트, 조종장치, 착륙장치
㉯ 기체, 주날개, 꼬리날개, 기관, 착륙장치
㉰ 동체, 날개, 기관, 동력연결장치, 전자장비
㉱ 동체, 날개, 기관, 조향장치, 강착장치

10. 다음 중 뒷전 플랩의 종류가 아닌 것은?
㉮ 슬롯 플랩 ㉯ 스플릿 플랩
㉰ 크루거 플랩 ㉱ 파울러 플랩

11. 너트의 부품번호가 다음과 같이 표기되었을 때 7은 너트의 어떤 치수를 의미하는가?

AN 315 D - 7 R

㉮ 두께 ㉯ 지름
㉰ 길이 ㉱ 인치당 나사산수

12. 호스 장착 작업시 주의사항으로 틀린 것은?

㉮ 호스가 꼬이지 않도록 한다.
㉯ 호스의 파손을 막기 위해 필요한 곳에 테이프를 감아준다.
㉰ 호스 길이에 여유를 두지 않고 간단하게 장착한다.
㉱ 호스의 진동을 방지하기 위해 클램프로 고정을 한다.

13. 비행기의 무게가 2500kg 이고 중심위치가 기준선 후방 0.5m에 있다. 기준선 후방 4m에 위치한 10kg짜리 좌석을 2개 떼어내고 기준선 후방 4.5m에 17kg자리 항법장치를 장착하였으며, 이에 따른 구조변경으로 기준선 후방 3m에 12.5kg의 무게증가 요인이 추가 발생하였다면 이 비행기의 새로운 무게중심위치는?

㉮ 기준선 전방 약 0.21m
㉯ 기준선 전방 약 0.51m
㉰ 기준선 후방 약 0.21m
㉱ 기준선 후방 약 0.51m

14. 볼트그립 길이와 볼트가 장착되는 재료의 두께에 관한 설명으로 옳은 것은?

㉮ 볼트그립 길이는 가장 얇은 판의 두께의 3배가 되어야 한다.
㉯ 볼트그립 길이는 볼트가 장착되는 재료의 두께와 같거나 약간 길어야 한다.
㉰ 볼트가 장착될 재료의 두께는 볼트그립 길이의 2배가 되어야 한다.
㉱ 볼트가 장착될 재료의 두께는 볼트그립 길이에 볼트 직경의 길이를 합한 것과 같아야 한다.

15. 다음 중 크기와 방향이 변화하는 인장력과 압축력이 상호 연속적으로 반복되는 하중은?

㉮ 정하중 ㉯ 충격하중
㉰ 반복하중 ㉱ 교번하중

16. 강관의 용접 작업시 조인트 부위를 보강하는 방법이 아닌 것은?

㉮ 평 가세트(flat gassets)
㉯ 삽입 가세트(insert gassets)
㉰ 스카프 패치(scarf patch)
㉱ 손가락 판(finger strapes)

17. 비행기의 원형 부재에 발생하는 전비틀림각과 이에 미치는 요소와의 관계를 잘못 설명한 것은?

㉮ 비틀림력이 크면 비틀림각이 작아진다.
㉯ 부재의 길이가 길수록 비틀림각도 커진다.
㉰ 부재의 전단계수가 크면 비틀림각이 작아진다.
㉱ 부재의 극단면 2차 모멘트가 작아지면 비틀림각이 커진다.

● $\theta = \dfrac{TL}{GJ}$ 비틀림각은 비틀림모멘트와 길이에 비례하고 극관성모멘트 및 전단탄성계수와 반비례한다.

18. 다음 중 굽힘 여유를 구하는 식으로 옳은 것은?(단, R : 굽힘 반지름, T : 금속의 두께, Θ : 굽힘 각도)

㉮ $\dfrac{2\pi(R+\frac{T}{2})\theta}{360}$ ㉯ $\dfrac{2\pi(T+\frac{R}{2})\theta}{360}$

㉰ $\dfrac{2\pi(T+\frac{\theta}{2})R}{360}$ ㉱ $\dfrac{2\pi(\theta+\frac{R}{2})T}{360}$

19. 리벳 제거 작업에 관한 설명으로 옳은 것은?

㉮ 드릴 사용시 리벳지름보다 한 치수 작은 드릴을 사용한다.
㉯ 리벳이 관통될 때까지 드릴 작업을 한다.
㉰ 리벳 생크 부분에 드릴을 이용하여 몸체를 제거한다.
㉱ 남은 리벳머리는 깨끗이 줄로 갈아 없앤다.

20. AA(The Alumium Association) 규격에서 알루미늄 합금 중 미그네슘 성분이 함유되지 않은 것은?

㉮ 2024 ㉯ 3003
㉰ 5052 ㉱ 7075

1. ㉰	2. ㉮	3. ㉰	4. ㉱	5. ㉯
6. ㉰	7. ㉮	8. ㉮	9. ㉮	10. ㉰
11. ㉯	12. ㉰	13. ㉰	14. ㉱	15. ㉱
16. ㉰	17. ㉮	18. ㉮	19. ㉮	20. ㉯

2009년도 산업기사  항공기체

1. 강(steel)의 표면만을 경화시키고 내부는 경화 전의 상태를 유지시켜 내마모성을 향상시키는 방법이 아닌 것은?
   - ㉮ 뜨임(Tempering)
   - ㉯ 침탄(Caburizing)
   - ㉰ 질화(Nitriding)
   - ㉱ 청화(Cyaniding)

2. 그림과 같이 지름 10cm 의 원형 강봉에 40kN 의 인장하중이 작용하는 경우, 축의 수직인 면에 발생하는 수직응력은 약 몇 kPa 인가?

   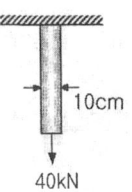

   - ㉮ 4505
   - ㉯ 5093
   - ㉰ 6025
   - ㉱ 7235

   ● $\sigma = \dfrac{W}{A} = \dfrac{4W}{\pi D^2}$

3. 항공기 위치 표시방법 중 비행기 수직 중심선에 평행하게 좌, 우측의 나비를 측정한 선은?
   - ㉮ 버톡선
   - ㉯ 동체 위치선
   - ㉰ 동체 수위선
   - ㉱ 날개 위치선

4. 항공기의 탭에 대한 설명으로 틀린 것은?
   - ㉮ 조종면의 균형을 향상시킨다.
   - ㉯ 일반적으로 뒷전에 설치되어 있다.
   - ㉰ 조종면을 대신하기 위한 장치이다.
   - ㉱ 조종면의 동작을 위한 조종력을 경감시킨다.

5. 바깥지름이 1cm 인 강(AISI 4340)으로 된 봉에 인장하중 10ton 이 작용할 때 이 봉의 인장강도에 대한 안전여유는 약 얼마인가?(단, AISI 4340 의 인장강도는 18000kg/㎠ 이다.)
   - ㉮ 0.29
   - ㉯ 0.41
   - ㉰ 0.71
   - ㉱ 1.41

   ● 인장응력 $= \dfrac{10,000}{\dfrac{\pi \cdot 1^2}{4}} = 12,738$

   안전여유 $= \dfrac{18,000}{12,738} - 1 = 0.41$

6. 항공기 중심을 계산하기 위한 기준선을 결정하는 방법으로 가장 옳은 것은?
   - ㉮ 기수에 위치하도록 정한다.
   - ㉯ 날개 시위선의 $\dfrac{1}{4}$ 지점으로 정한다.
   - ㉰ 날개의 앞전에 위치하도록 정한다.
   - ㉱ 계산 편의에 따라 기준으로 하는 것의 위치에 따라 다르게 결정한다.

7. 다음 중 항공기 비파괴검사에 해당하지 않는 것은?

㉮ 육안검사
㉯ 수중침전검사
㉰ 보어스코프검사
㉱ 형광침투탐상검사

8. 둥근막대의 단위 체적당 비틀림 변형에너지를 나타낸 것으로 옳은 것은?(단, τ 는 전단응력, G는 가로탄성계수이다.)

㉮ $\dfrac{\tau}{2G}$ ㉯ $\dfrac{\tau^2}{2G}$
㉰ $\dfrac{\tau^3}{4G}$ ㉱ $\dfrac{\tau^4}{2G}$

9. 그림과 같은 판재 가공을 위한 레이아웃에서 세트백을 나타낸 것은?

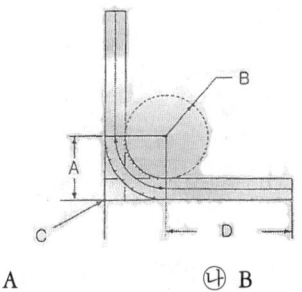

㉮ A   ㉯ B
㉰ C   ㉱ D

▶ • 최소굽힘반지름 : 판재가 본래의 강도를 유지한 상태로 구부러질 수 있는 최소의 곡률 반경
• 중립선 : 판재를 굽힘가공시 치수가 변화하지 않는 부분
• 굽힘여유 : 판재를 굽힘가공시 구부러지는 부분에 생기는 여유길이
• 세트백 : 구부러지는 판재에 있어 바깥면의 굽힘 연장선의 교차점과 굽힘 접선과의 거리

10. 샌드위치구조의 특징에 대한 설명으로 틀린 것은?

㉮ 습기와 열에 강하다.
㉯ 기존의 보강재보다 중량당 강도가 크다.
㉰ 같은 강성을 갖는 다른 구조보다 무게가 적다.
㉱ Control Surface나 Trailing Edge 등에 사용된다.

11. 중심축을 중심으로 대칭인 일정한 직사각형 단면으로 이루어진 보에 하중이 작용하고 있다. 이 때 보의 수직응력 중 최대인장 및 압축응력을 나타낸 것으로 옳은 것은?(단, M : 굽힘모멘트, I : 단면의 관성 모멘트, c : 중립축으로부터 양과 음의 방향으로 맨끝요소까지의 거리이다.)

㉮ $\dfrac{Mc}{I}$ ㉯ $\dfrac{I}{Mc}$
㉰ $\dfrac{c}{MI}$ ㉱ $\dfrac{Ic}{M}$

▶ $\sigma_{max} = \dfrac{Mc}{I}$, 보의 단면에는 굽힘 모멘트에 의해서 굽힘응력이 발생한다. 굽힘응력은 보의 단면의 끝에서 최대가 되고, 축립축에서는 0이 된다. 중립축에서 가장 멀리 떨어진 단면 끝에서 최대 굽힘응력이 발생한다.

12. 항공기 조종계통은 대기온도 변화에 따라 케이블의 장력이 변한다. 이것을 방지하기 위하여 온도 변화에 관계없이 자동적으로 항상 일정한 케이블의 장력을 유지하는 역할을 하는 장치는?

㉮ 턴 버클(Turn buckle)
㉯ 푸시 풀 로드(Push pull rod)
㉰ 케이블 장력계(Cable tension meter)

㉣ 케이블 장력 조절기
　　(Cable tension regulator)

13. 구리 도선을 통해서 저전압의 고전류를 용접할 금속에 흘려 보냄으로서 금속을 용해시켜 접합하는 것으로 버트, 스폿, 시임방법 등이 있는 용접법은?

㉮ 가스 용접
㉯ 전기아크 용접
㉰ 전기저항 용접
㉣ 피복아크 용접

14. 그림과 같은 표시는 어떤 볼트를 나타내는 것인가?

㉮ 내식성 볼트
㉯ 스탠다드 스틸볼트
㉰ 정밀공차 볼트
㉣ 알루미늄 합금 볼트

15. 어떤 온도에서 일정한 응력이 가해질 때 시간에 따라 계속적으로 변형율이 증가하게 되는데 이와 같이 시간에 따라 변형량을 측정하는 시험을 무엇이라 하는가?

㉮ 피로(Fatigue)시험
㉯ 크리프(Creep)시험
㉰ 탄성(Elasticity)시험
㉣ 천이점(Transition point)시험

16. 항공기 기체 구조 중 알루미늄 합금 2024가 주로 사용되는 곳은?

㉮ 동체 스킨
㉯ 동체 프레임
㉰ 랜딩기어
㉣ 날개 윗면판

17. 페일 세이프 구조 중 백업구조(Back-up Structure)에 대한 설명으로 옳은 것은?

㉮ 단단한 보강재를 대어 해당량 이상의 하중을 이 보강재가 분담하는 구조이다.
㉯ 많은 부재로 되어 있고 각각의 부재는 하중을 고르게 분담하도록 되어 있는 구조이다.
㉰ 하나의 큰 부재를 사용하는 대신 2개 이상의 작은 부재를 결합하여 1개의 부재와 같은 또는 그 이상의 강도를 지닌 구조이다.
㉣ 규정된 하중은 모두 좌측 부재에서 담당하고 우측 부재는 예비 부재로 좌측 부재가 파괴된 후 그 부재를 대신하여 전체하중을 담당한다.

18. 항공기에 일반적으로 많이 사용하는 리벳 중 순수 알루미늄(99.45%)으로 구성된 리벳은?

㉮ 1100
㉯ 2017-T
㉰ 5056
㉣ 2117-T

19. 다음 그림은 완충장치의 완충곡선을 나타낸 것이다. 이 완충장치의 효율은 몇 % 인가?

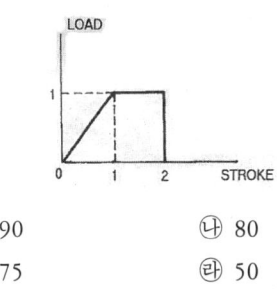

㉮ 90 ㉯ 80
㉰ 75 ㉱ 50

20. 코터 핀의 장착 및 떼어낼 때의 주의사항으로 틀린 것은?

㉮ 한번 사용한 것은 재사용하지 않는다.
㉯ 핀 끝을 구부릴 때는 꼬거나 가로방향으로 구부린다.
㉰ 부근의 구조를 손상시키지 않도록 플라스틱 해머를 사용한다.
㉱ 핀 끝을 절단할 때는 안전사고를 방지하기 위해 핀축에 직각으로 절단해야 한다.

1. ㉮	2. ㉯	3. ㉮	4. ㉰	5. ㉯
6. ㉱	7. ㉯	8. ㉯	9. ㉮	10. ㉮
11. ㉮	12. ㉱	13. ㉰	14. ㉰	15. ㉯
16. ㉮	17. ㉰	18. ㉮	19. ㉰	20. ㉯

2009년도 산업기사 4회 항공기체

1. 민간 항공기에서 주로 사용하는 Integral fuel tank 의 가장 큰 장점은?

   ㉮ 연료의 누설이 없다.
   ㉯ 화재의 위험이 없다.
   ㉰ 연료의 공급이 쉽다.
   ㉱ 무게를 감소시킬 수 있다.

   ● 인티그럴 연료탱크(integral fuel tank)
   날개의 내부 공간을 연료탱크로 사용하는 것으로 앞 날개보와 뒷 날개보 및 외피로 이루어진 공간을 밀폐제를 이용하여 완전히 밀폐시켜 사용하고 장점으로는 무게가 가볍고 구조가 간단함.

2. 한쪽 끝은 고정되어 있고, 다른 한쪽 끝은 자유단으로 되어있는, 지름이 3cm, 길이가 150cm인 원기둥의 세장비는 약 얼마인가?

   ㉮ 21.5   ㉯ 63.7
   ㉰ 112   ㉱ 200

   ● (세장비) $= \dfrac{L}{K}$
   (K: 최소단면회전 반지름, L=기둥의 길이)
   $K = \sqrt{\dfrac{I}{A}} = \dfrac{d}{4}$
   (I : 관성모멘트, A : 단면적)

3. 0.0625in 두께의 알루미늄판 2개를 겹치기 이음을 하기 위해 1/8in 직경의 유니버설 리벳을 사용한다면 최소한 리벳의 길이는 몇 in 이어야 하는가?

   ㉮ 1/8   ㉯ 3/16
   ㉰ 5/16   ㉱ 3/8

4. 너트의 부품 번호가 AN310D-5 일 때 310은 무엇을 나타내는가?

   ㉮ 너트 계열
   ㉯ 너트의 지름(3/10)
   ㉰ 너트의 길이
   ㉱ 재질(2017T)번호

5. 다음 중 승강타에 대한 설명으로 틀린 것은?

   ㉮ 수평 안전판의 후방에 설치되어 있다.
   ㉯ 승강타는 토크 튜브를 사용하지 않는다.
   ㉰ 기체에 기수상향 또는 기수하향 모멘트를 발생시킨다.
   ㉱ 유압식 동력장치를 사용한 비행기를 제외한 조종면은 매스 밸런스가 필요하다.

6. 비파괴검사 중 큰 하중을 받는 알루미늄 합금구조물의 내부를 검사하는데 가장 적절한 것은?

   ㉮ 자기검사   ㉯ 형광침투검사
   ㉰ 색채침투검사   ㉱ 방사선투과검사

7. 세미모노코크(Semimonocoque)구조형식의 날개 구조를 이루는 부재로만 나열된 것은?

   ㉮ 스파(Spar), 리브(Rib), 스트링거(Stringer), 외피(Skin)

㉯ 스트링거(Stringer), 벌크헤드(Bulkhead), 외피(Skin)

㉰ 스트링거(Stringer), 론저론(Longeron), 외피(Skin)

㉱ 플랩(Flap), 론저론(Longeron), 스포일러(Spoiler)

8. 바퀴의 수에 따라 분류한 착륙장치의 종류가 아닌 것은?

㉮ 이중식(Dual type)
㉯ 단일식(Single type)
㉰ 다발식(Multi)
㉱ 트럭식(Truck type)

● 바퀴의 수에 따른 분류
① 단일식 : 바퀴가 1개인 방식으로 소형기에 사용.
② 이중식 : 바퀴 2개가 1조인 형식을 앞바퀴에 적용.
③ 보기식 : 바퀴 4개가 1조인 형식으로 주바퀴에 적용

9. 항공기 볼트 중 직경이 1인치인 Class 3NF (American National Fine Pitch) 볼트는 1인치당 몇 개의 나사산(Thread)으로 되어 있는가?

㉮ 10   ㉯ 12
㉰ 14   ㉱ 16

10. 일명 케블라(Kevlar)라고 불리며, 비중이 작으므로 구조물의 경량화를 위하여 사용량이 증가되고 있는 복합재료는?

㉮ 세라믹   ㉯ 열경화성수지
㉰ 유리섬유   ㉱ 아라미드섬유

● 아라미드 섬유
다른 강화 섬유에 비해 압축강도나 열적 특성은 떨어지나, 높은 인장강도와 유연성을 가지고 있으며, 비중이 작기 때문에 높은 응력과 진동을 받는 항공기의 부품에 가장 이상적 임.

11. 실속속도 100mph 인 비행기의 설계제한 하중배수가 4 일 때, 이 비행기의 설계운용속도는 몇 mph 인가?

㉮ 100   ㉯ 150
㉰ 200   ㉱ 400

12. 유효길이 15in 의 토크렌치에 5in 인 연장 공구를 사용하여 1500in-lbs 의 토크로 조이려고 한다면 토크렌치의 지시값은 몇 in-lbs 인가?

㉮ 1100   ㉯ 1125
㉰ 1200   ㉱ 1215

13. 알루미늄 합금 중 개략적으로 구리 2.5%, 망간 0.2%, 마그네슘 0.5%, 규소 0.8%, 의 성분으로 되어있으며 완전히 시효 경화된 상태로 사용 가능하여 주요강도 부재이외의 대부분 구조 부품의 리벳으로 사용되는 것은?

㉮ 2014   ㉯ 2017
㉰ 2117   ㉱ 7075

14. 딤플링(Dimpling) 작업 시 주의사항이 아닌 것은?

㉮ 반대방향으로 다시 딤플링을 하지 않는다.
㉯ 7000시리즈의 알루미늄합금은 딤플링

을 적용하지 않으면 균열을 일으킨다.
㉰ 판을 2개 이상 겹쳐서 딤플링하는 방법은 가능한한 하지 않는다.
㉱ 스커드 판 위에서 미끄러지지 않게 스커드를 확실히 잡고 수평으로 유지한다.

● 접시머리리벳 작업
부재를 카운터싱크하거나 딤플링 작업을 하고, 원칙적으로 카운터싱크하여 리벳 작업을 할 수 있는 것은 리벳 머리의 높이보다 결합해야 할 판재 쪽이 두꺼운 경우에만 적용 한다.

15. 항공기 기체의 비틀림 강도를 높이기 위한 방법으로 틀린 것은?

㉮ 기체의 길이를 증가시킨다.
㉯ 기체 표피의 두께를 증가시킨다.
㉰ 표피소재의 전단계수를 증가시킨다.
㉱ 기체의 극단면 2차 모멘트를 증가시킨다.

16. 다음 중 아크 용접에 속하는 것은?

㉮ 단접법   ㉯ 테르밋 용접
㉰ 업셋 용접   ㉱ 원자소수 용접

17. 다음 중 설계하중을 옳게 나타낸 것은?

㉮ 종극하중 × 종극하중계수
㉯ 한계하중 × 안전계수
㉰ 극한하중 × 설계하중계수
㉱ 극한하중 × 종극하중계수

18. 다음 중 변형률에 대한 설명으로 틀린 것은?

㉮ 변형률은 길이와 길이의 비이므로 차원은 없다.
㉯ 변형률은 변화량과 본래의 치수와의 비를 말한다.
㉰ 변형률은 비례한계 내에서 응력과 정비례관계에 있다.
㉱ 일반적으로 인장봉에서 가로변형율은 신장율을, 축변형율은 폭의 증가를 나타낸다.

19. 다음 중 조종 케이블의 장력을 측정하는 기구는?

㉮ 턴버클(Turn Buckle)
㉯ 프로트랙터(Protractor)
㉰ 케이블 리깅(Cable Rigging)
㉱ 케이블 텐션미터(Cable Tension Meter)

20. 나셀(Nacerlle)에 대한 설명으로 옳은 것은?

㉮ 기체의 인장하중(Tension)을 담당한다.
㉯ 기체에 장착된 기관을 둘러싼 부분을 말한다.
㉰ 일반적으로 기체의 중심에 위치하여 날개구조를 보완한다.
㉱ 기관을 장착하여 하중을 담당하기 위한 구조물이다.

● 나셀(nacelle)
기체에 장착된 기관을 둘러싸는 부분으로 동체 구조와 마찬가지로 외피, 카울링, 구조 부재, 방화벽 그리고 기관 마운트로 구성

1	2	3	4	5	6	7	8	9	10
㉱	㉱	㉮	㉯	㉱	㉮	㉰	㉰	㉰	㉱
11	12	13	14	15	16	17	18	19	20
㉰	㉯	㉰	㉮	㉮	㉯	㉯	㉱	㉱	㉯

2010년도 산업기사 1회 항공기체

1. 날개의 리브(Rib)에 중량 경감 구멍을 뚫는 주된 목적은?
   - ㉮ 크랙(Crack)의 확산을 방지하기 위해서
   - ㉯ 피로한도 및 내마모성을 향상시키기 위해서
   - ㉰ 부재의 강성을 유지하면서 무게를 줄이기 위해서
   - ㉱ 응력집중을 피하고, 하중 전달을 직선이 되도록 하기위해서

2. Al 표면을 양극산화처리하여, 표면에 방식성이 우수하고 치밀한 산화 피막이 만들어지도록 처리하는 방법이 아닌 것은?
   - ㉮ 수산법
   - ㉯ 크롬산법
   - ㉰ 황산법
   - ㉱ 석출경화법

3. 2차원의 구조물에 미치는 힘을 해석할 때 정역학의 평형방정식($\Sigma F=0$, $\Sigma M=0$)은 총 몇 개인가?
   - ㉮ 1
   - ㉯ 2
   - ㉰ 3
   - ㉱ 6

4. 세미모노코크구조의 동체에 작용하는 전단하중을 주로 담당하는 부재는?
   - ㉮ 외피(Skin)
   - ㉯ 론저론(Longeron)
   - ㉰ 스트링거(Stringer)
   - ㉱ 벌크헤드(Bulkhead)

5. 다음 중 비파괴 검사법이 아닌 것은?
   - ㉮ 방사선 투과검사
   - ㉯ 충격인성 검사
   - ㉰ 초음파 탐상검사
   - ㉱ 음향방출시험검사

6. 정밀공차볼트를 식별하기 위하여 볼트 머리에 표시된 기호는?
   - ㉮ 십자형 표시
   - ㉯ 원형 표시
   - ㉰ 사각형 표시
   - ㉱ 삼각형 표시

7. 다음과 같은 속도 하중배수(V-n)선도에서 실속속도를 가장 옳게 표현한 것은?
   (단, V_s는 실속속도, n_1는 제한하중배수이다.)

   ㉮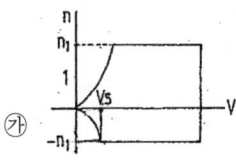

   ㉯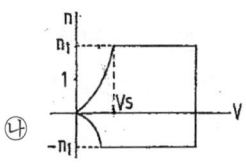

   ㉰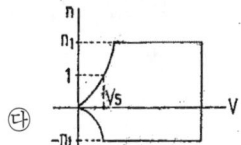

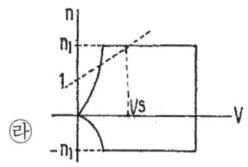

8. 다음과 같은 구조물에서 A-B 구간의 내력은 몇 N 인가?

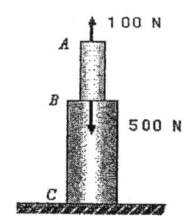

㉮ -400 N ㉯ 400 N
㉰ -100 N ㉱ 100 N

9. 다음 중 쥬스파스너(Dzus Fastener)의 구성품이 아닌 것은?

㉮ 스터드(Stud)
㉯ 그로멧(Grommet)
㉰ 리셉터클(Receptable)
㉱ 어크로스 슬리브(Across sleeve)

● 파스너(Fastener)의 구성
① 쥬스파스너 : 스터드, 그로밋, 리셉터클(스프링)
② 캠 록 파스너 : 스터드, 그로밋, 리셉터클
③ 에어 록 파스너 : 스터드, 크로스핀, 리셉터클

10. 굽힘모멘트를 받는 샌드위치 구조물의 무게를 최소로 하려면 외피와 코어(Core)의 무게 비로 가장 적합한 것은?

㉮ 1:1 ㉯ 1:2
㉰ 2:1 ㉱ 2:3

11. 주로 날개, 동체, 착륙장치, 꼬리 날개 등의 구조부품을 매뉴얼 또는 규격에 따라 일치시키는 작업은?

㉮ 새깅(Sagging) ㉯ 호깅(Hogging)
㉰ 리깅(rigging) ㉱ 잭킹(Jacking)

12. 일반적인 스티어 댐퍼(Steer damper)에 대한 설명으로 틀린 것은?

㉮ 노스 휠의 스티어링을 한다.
㉯ 시밍 현상을 제거하는 기능을 한다.
㉰ 유압으로 작동되며 두 가지의 분리된 기능을 한다.
㉱ 타이어의 충격을 흡수하며 브레이크 기능을 겸하고 있다.

13. 다음 중 항공기의 유효하중을 옳게 설명한 것은?

㉮ 항공기의 무게중심이다.
㉯ 항공기에 인가된 최대무게이다.
㉰ 총무게에서 자기무게를 뺀 무게이다.
㉱ 항공기내의 고정위치에 실제로 장착되어 있는 하중이다.

14. 두께가 0.015in 인 재료를 90° 굴곡에 굴곡반경 0.125in가 되도록 굴곡할 때 생기는 세트백(Set back)은 몇 in인가?

㉮ 2.450 ㉯ 0.276
㉰ 0.176 ㉱ 0.088

15. 주로 18-8 스테인레스강에서 발생하며 부적절한 열처리로 결정립계가 큰 반응성을 갖게 되어 입계에 선택적으로 발생하는 국부적 부식을

무엇이라 하는가?
㉮ 입계부식 ㉯ 응력부식
㉰ 찰과부식 ㉱ 이질금속간의 부식

16. 아이스박스 리벳인 2024(DD)를 아이스박스에 저온보관하는 이유는?

㉮ 리벳을 냉각시켜 경도를 높이기 위해
㉯ 시효 경화를 지연시켜 연한 상태를 연장시키기 위해
㉰ 리벳의 열변화를 방지하여 길이의 오차를 줄이기 위해
㉱ 리벳을 냉각시켜 리벳팅 할 때 판재를 함께 냉각시키기 위해

17. 원형단면의 봉이 비틀림 하중을 받을 때 비틀림 모멘트에 대한 식으로 옳은 것은?

㉮ 굽힘응력 × 단면계수 ÷ 단면의 반지름
㉯ 전단응력 × 횡탄성계수 ÷ 단면의 반지름
㉰ 전단변형도 × 단면오차모멘트 ÷ 단면의 반지름
㉱ 최대전단응력 × 극관성모멘트 ÷ 단면의 반지름

▶ $\tau = \dfrac{TR}{J}$, $\theta = \dfrac{TL}{GJ}$

(R:반지름, T:비틀림모멘트 계수, L:길이, J:극관성모멘트계수, G:전탄성계수)

18. 2차 조종면(Secondary control surface)의 목적과 거리가 먼 것은?

㉮ 비행중 항공기 속도를 줄인다.
㉯ 1차 조종면에 미치는 힘을 덜어준다.
㉰ 항공기 착륙속도 및 착륙거리를 단축시킨다.
㉱ 항공기의 3축 운동을 시키는 주 모멘트를 발생시킨다.

19. 알루미늄이나 아연 같은 금속을 특수 분무기에 넣어 방식처리해야 할 부품에 용해 분착시키는 방법을 무엇이라 하는가?

㉮ 질화법   ㉯ 메탈라이징
㉰ 양극처리 ㉱ 본데라이징

20. 기체 수리방법 중 크리닝 아웃(Cleaning Out)이 아닌 것은?

㉮ 커팅(Cutting)
㉯ 트리밍(Trimming)
㉰ 파일링(Filling)
㉱ 크린업(Clean up)

1	2	3	4	5	6	7	8	9	10
㉰	㉱	㉰	㉮	㉯	㉱	㉮	㉰	㉱	㉮
11	12	13	14	15	16	17	18	19	20
㉰	㉱	㉰	㉮	㉯	㉱	㉰	㉯	㉯	㉱

2010년도 산업기사 2회 항공기체

1. 그림과 같이 길이 2m인 외팔보에 2개의 집중하중 300kg, 100kg 이 작용할 때 고정단에 생기는 최대굽힘모멘트의 크기는 약 몇 kg-m 인가?

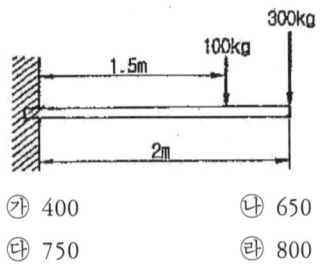

   ㉮ 400　　㉯ 650
   ㉰ 750　　㉱ 800

2. 리벳작업을 위한 구멍뚫기 작업시 주의하여야 할 사항이 아닌 것은?

   ㉮ 드릴작업 후 리밍작업을 한다.
   ㉯ 구멍은 리벳 직경보다 약간 크게 한다.
   ㉰ 리밍작업시 리머를 뺄 때 회전방향을 반대로 한다.
   ㉱ 드릴작업 후 구멍의 버(Burr)는 되도록 보존하도록 한다.

   ● 리벳 구멍 뚫기
   일반적으로 리벳과 리벳 구멍의 간격은 0.002~0.004〃가 적당하다. 그리고 올바른 크기의 리벳 구멍을 뚫기 위해서는 먼저 드릴 작업을 한 다음에 리머 작업으로 다듬어 완성한다.

3. 일정온도에서 시간에 따라 재료의 변형율이 변화하는 것을 무엇이라 하는가?

   ㉮ Creep　　㉯ Fatigue
   ㉰ Strain　　㉱ Buckling

4. 리벳의 재질에 따른 기호와 리벳머리의 표시로 짝지은 것으로 틀린 것은?

   ㉮ A(1100) – 표시없음
   ㉯ D(2017) – 머리에 오목한 점이 있다.
   ㉰ B(5056) – 머리에 +표로 표시되어 있다.
   ㉱ DD(2024) – 머리에 두 개의 튀어나온 점이 있다.

5. 약 1500°F 까지 온도가 올라갈 수 있는 기관 부위에 사용할 수 있는 안전결선재료는?

   ㉮ Cu 합금
   ㉯ 5056 Al 합금
   ㉰ Ni-Cu 합금(모넬)
   ㉱ Ni-Cr-Fe 합금(인코넬)

6. 항공기의 여러 곳에 가장 많이 사용되며 그립이 없고 보통 납작머리, 둥근머리, 와셔머리 등으로 되어 있는 스크류는?

   ㉮ 구조용 스크류　　㉯ 테이퍼핀 스크류
   ㉰ 기계용 스크류　　㉱ 셀프태핑 스크류

   ● 기계용 스크루
   일반용 스크류이며, 저탄소강, 황동, 내식강, 알루미늄 합금 등으로 되어 있으며 항공기에서 가장 많이 사용

7. 2차 조종면 중 평형탭(Balance tab)에 대한 설명으로 옳은 것은?

㉮ 조종특성을 위해 케이블에 의해 수시로 조절가능한 탭이다.
㉯ 소형 항공기에 적당하며 저항이 크고 진동이 심한 장소에 장착된다.
㉰ 1차 조종면과 2차 조종면이 스프링을 통해 연결되어 있어 1차 조종면과 2차 조종면이 서로 반대 작동한다.
㉱ 1차 조종면과 2차 조종면이 서로 반대 방향으로 작동하며, 1차 조종면과 2차 조종면에 작용하는 풍압이 평행되는 위치에서 1차 조종면의 위치가 정해지는 방식이다.

▶ 탭
① 트림(trim) 탭 : 조종면의 힌지 모멘트를 감소시켜 조종사의 조종력을 0으로 조정해 주는 역할
② 밸런스(balance) 탭 : 조종면이 움직이는 방향과 반대의 방향으로 움직일 수 있도록 기계적으로 연결.
③ 서보(servo) 탭 : 조종석의 조종장치와 직접 연결되어 탭만 작동시켜 조종면을 움직이도록 설계, 대형 항공기에 주로 사용.
④ 스프링(spring) 탭은 혼과 조종면 사이에 탭을 설치하여 탭의 작용을 배가시키도록 한 장치, 스프링 탭은 스프링의 장력으로서 조종력을 조절.

8. 그림과 같은 응력-변형률곡선에서 극한응력을 나타내는 곳은?
(단, σ는 응력, ε은 변형률을 나타낸다.)

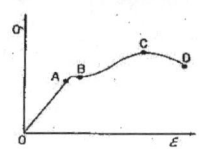

㉮ A ㉯ B
㉰ C ㉱ D

9. 알클래드(Alclad) 판은 어떤 목적으로 알루미늄 합금판 위에 순수 알루미늄을 피복한 것인가?

㉮ 공기 저항 감소
㉯ 인장강도의 증대
㉰ 기체 전기저항 감소
㉱ 공기 중에서의 부식방지

▶ 알클래드(Alclad)
2024, 7075 등의 알루미늄 합금은 강도 면에서는 매우 강하나 내식성 나빠 강한 합금 재질에 내식성을 개선시킬 목적으로 알루미늄 합금의 양면에 내식성이 우수한 순수 알루미늄을 약 5.5%정도의 두께로 붙여 사용.

10. 항공기 기체가 기내 압력이 높아진다면 기체를 연결한 리베트(Rivet)가 받는 주된 힘은?

㉮ 인장력 ㉯ 전단력
㉰ 압축력 ㉱ 비틀림

11. 항공기 기체의 세미모노코크구조 형식에서 동체의 종방향 구조부재로만 짝지어진 것은?

㉮ 스파(Spar), 리브(Rib)
㉯ 리브(Rib), 프레임(Frame)
㉰ 스파(Spar), 스트링거(Stringer)
㉱ 론저론(Longeron), 스트닝서(Stringer)

12. 실속속도가 150km/h 인 비행기를 300km/h 의 속도로 수평비행을 하다가 갑자기 조종간을 당겨 최대 받음각의 자세를 취하여 CLmax 인 상태로 하였을 때 하중계수는?

㉮ 1   ㉯ 2
㉰ 4   ㉱ 8

13. 알루미늄의 표면에 인공적으로 얇은 산화피막을 형성하는 방법은?

㉮ 파커라이징   ㉯ 주석 도금 처리
㉰ 아노다이징   ㉱ 카드뮴 도금 처리

14. 알루미늄합금과 구조용 강철과의 기계적 성질에 대한 설명으로 옳은 것은?

㉮ 동일한 하중에 대한 변형량이 알루미늄합금이 구조용 강철에 비해 약 3배 정도이다.
㉯ 알루미늄합금은 구조용 강철에 비해 제1변태점이 약300 ℃정도가 높다.
㉰ 구조용 강철의 탄성계수는 알루미늄합금의 탄성계수의 약 2배 정도이다.
㉱ 제 1변태점만을 고려했을 때 알루미늄합금은 구조용 강철보다 초음속 여객기의 표피에 적합하다.

15. 케이블 조종계통에서 케이블의 장력을 조절할 수 있는 부품은?

㉮ 풀리(Pulley)
㉯ 턴 버클(turn buckle)
㉰ 벨 크랭크(Bell crank)
㉱ 케이블 텐션 미터(Cable tension meter)

16. 플랜지(Flange)가공작업에서 플랜지의 곡선을 외부로 볼록하게 가공하는 작업을 무엇이라고 하는가?

㉮ 압축플랜지   ㉯ 인장플랜지
㉰ 복합플랜지   ㉱ 볼록플랜지

17. 알루미늄 합금 중 이질금속간의 부식을 방지하기 위하여 나머지 셋과 접촉시키지 않아야 되는 것은?

㉮ 1100   ㉯ 2014
㉰ 3003   ㉱ 5052

● 이질금속간의 부식(갈바닉 부식, 동전기 부식)
① 그룹 1 : 1100, 3003, 5052, 5056, 5356, 6061
② 그룹 2 : 카드뮴, 아연, 알루미늄과 알루미늄합금

18. 조종 케이블의 점검에 대한 설명 중 가장 거리가 먼 내용은?

㉮ 케이블의 손상점검은 헝겊을 이용한다.
㉯ 케이블 내부에 부식이 있으면 케이블을 교환한다.
㉰ 케이블 외부 부식은 솔벤트에 담궈 녹여서 제거한다.
㉱ 케이블을 역방향으로 비틀어서 내부부식을 점검한다.

● 케이블 세척
① 쉽게 닦아낼 수 있는 녹이나 먼지는 마른 헝겊으로 닦는다.
② 케이블 표면에 칠해져 있는 오래된 방부제나 오일로 인한 오물 등은 깨끗한 수건에 케로신을 묻혀서 닦아내지만 케로신이 너무 많으면 케이블 내부의 방부제가 스며 나와 와이어 마모나 부식의 원인이 되어 케이블 수명을 단축시킴.
③ 세척한 케이블은 마른 수건으로 닦은 후 방식 처리를 한다.

19. FRCM의 모재(Matrix)중 사용온도 범위가 가장 큰 것은?

㉮ FRC ㉯ BMI
㉰ FRM ㉱ FRP

① FRC : Fiber Reinforced Ceramic 로 세라믹은 내열 합금도 견디지 못하는 천수백도의 내열성이 있다.
② BMI : Bismaleimide 수지로 내열성 수지. 180~240 ℃의 내열성이므로 습기흡수가 적으므로 습기 및 열특성이 좋다.
③ FRM : Fiber Reinforced Metallics로 금속 매트릭스의 특징인 연성과 인성이 큼
④ FRP : Fiber Reinforced Plastics, 에폭시 수지가 대표적

20. 항공기 기체 구조의 리깅(Rigging) 작업시 구조의 얼라인먼트(Aligment) 점검 사항이 아닌 것은?

㉮ 날개 상반각
㉯ 날개 취부각
㉰ 수평 안정판 장착각
㉱ 항공기 파일론 장착면적

1	2	3	4	5	6	7	8	9	10
㉰	㉱	㉮	㉯	㉱	㉰	㉰	㉰	㉱	㉯
11	12	13	14	15	16	17	18	19	20
㉱	㉰	㉰	㉮	㉯	㉮	㉯	㉰	㉮	㉱

2010년도 산업기사 4회 항공기체

1. 다음 중 알루미늄 합금 2017의 Mg양을 1.5%로 증가시키고 시효 경화의 효과를 높인 합금으로 초 듀랄루민(Super duralumin)이라 불리는 것은?

   ㉮ 2024   ㉯ 3003
   ㉰ 6061   ㉱ 7075

   ● 알루미늄 합금 2024 리벳
   Ice Box Rivet 이라고 하며, 2017보다 강한 강도가 요구되는 곳에 사용하며 상온에서 너무 강해 리벳 작업을 하면 균열이 발생하므로 열처리 후 사용하는데 냉장고에서 보관하고 상온 노출 10~20분 이내에 작업을 해야 함.

2. 다음 중 응력을 설명한 것으로 옳은 것은?

   ㉮ 단위 체적당 무게이다.
   ㉯ 단위 체적당 질량이다.
   ㉰ 단위 길이당 늘어난 길이이다.
   ㉱ 단위 면적당 힘 또는 힘의 세기이다.

3. 산소-아세틸렌 용접 작업을 할 때에 지켜야 할 안전 수칙으로 틀린 것은?

   ㉮ 산소 용기의 주변온도는 항상 규정된 온도 이하로 유지해야 한다.
   ㉯ 토치는 사용 전에 이상이 있는지를 확인하고, 예열 불꽃은 너무 강하게 하지 않도록 해야 한다.
   ㉰ 압력 조정기의 각 부분은 오일과 그리스를 사용하여 녹이 슬지 않도록 한다.
   ㉱ 산소용기에 충격을 주거나 직사광선에 노출시켜서는 안된다.

   ● 산소계통 작업시 주의사항
   ① 오일이나 그리스를 산소와 접촉하지 말 것. 다른 어떤 아주 적은 양의 인화물질이라 할지라도 폭발할 우려가 있다. 특히 오일, 연료 등
   ② 유기 물질을 멀리하고, 손이나 공구에 묻은 오일이나 그리스를 깨끗이 닦을 것
   ③ shut off valve는 천천히 열 것
   ④ 산소계통 근처에서 어떤 것을 작동시키기 전에 shut off valve를 닫을 것
   ⑤ 불꽃, 고온 물질을 멀리하고, 모든 산소계통 부품을 교환시 관을 깨끗이 할 것"

4. 턴버클(Turn buckle)의 안전한 장착방법이 아닌 것은?

   ㉮ 턴버클 배럴의 검사용 구멍에 핀이 들어가지 않아야 한다.
   ㉯ 턴버클 엔드피팅의 나사산이 배럴의 밖으로 일정 수 이상 나오지 않아야 한다.
   ㉰ 턴버클이 잘 풀리지 않도록 안전결선으로 묶어져 있어야 한다.
   ㉱ 턴버클 엔드피팅은 코터핀을 이용하여 단단히 장착한다.

5. 감항류별 "T"류에 속하는 항공기의 실속속도가 80mph라고 하면, 이 항공기에 적용할 수 있는 최소 설계 운용속도는 몇 mph인가?

   ㉮ 126.5   ㉯ 140.5
   ㉰ 160.5   ㉱ 182.5

6. 무게 1500kg 인 항공기의 중심위치가 기준선 후방 50cm에 위치하고 있으며, 기준선 전방 100cm에 위치한 화물 75kg을 기준선 후방 100cm 위치로 이동시켰을 때 새로운 중심위치는?

㉮ 기준선 후방 40cm
㉯ 기준선 후방 50cm
㉰ 기준선 후방 60cm
㉱ 기준선 후방 70cm

7. 리벳구멍 뚫기 작업시 리벳과 구멍의 간격에 대한 설명으로 옳은 것은?

㉮ 클리어런스(Clearance)라 하며 일반적으로 $\frac{1}{100} \sim \frac{2}{100}$in가 가장 적합하다.
㉯ 클리어런스(Clearance)라 하며 일반적으로 $\frac{2}{1000} \sim \frac{4}{1000}$in가 가장 적합하다.
㉰ 디스턴스(Distance)라 하며 일반적으로 $\frac{4}{100} \sim \frac{5}{100}$in가 가장 적합하다.
㉱ 디스턴스(Distance)라 하며 일반적으로 $\frac{4}{10} \sim \frac{5}{10}$in가 가장 적합하다.

8. 항공기에 사용되는 구조의 종류가 아닌 것은?

㉮ 트러스구조   ㉯ 응력 스킨 구조
㉰ 더블 버팀 구조   ㉱ 페일 세이프 구조

9. 항공기 기체 판재에 적용한 Relief hole의 주된 목적은?

㉮ 무게 감소   ㉯ 강도 증가
㉰ 응력 집중 방지   ㉱ 좌굴 방지

● 판금 작업
① 라이트닝 홀: 중량을 감소시키기 위하여 강도에 영향을 미치지 않고 불필요한 재료를 절단해 내는 구멍.
② 파일럿 홀: 3/16″나 그 이상의 큰 구멍의 드릴 작업시 작은 구멍을 먼저 내고 큰 구멍을 뚫는 것이 효과적인데 큰 구멍을 뚫기 위한 작은 구멍.
③ 릴리프 홀: 굽힘가공에 앞서서 응력집중이 일어나는 교점에 응력제거를 위한 구멍.
④ 스톱 홀: 균열 등이 일어난 경우 그 균열의 끝 부분의 구멍으로 균열의 진행을 막는다.

10. 항공기 부식을 예방하기 위한 표면처리 방법이 아닌 것은?

㉮ 마스킹처리(Masking)
㉯ 알로다인처리(Alodining)
㉰ 양극산화처리(Anodizing)
㉱ 화학적피막처리
  (Chemical conversion coating)

11. 다음과 같은 항공기용 리벳의 표시 중 "5"가 의미하는 것은?

MS 20470 A 5 - 6 A"

㉮ 재질   ㉯ 머리형상
㉰ 리벳길이   ㉱ 리벳지름

12. 전단응력만 작용하는 곳에 사용되고 그립길이가 생크의 직경보다 적은 곳에 사용해서는 안되는 리벳은?

㉮ 폭발 리벳(Explosive rivet)
㉯ 블라인드 리벳(Blind rivet)
㉰ 하이쉐어 리벳(Hi-shear rivet)
㉱ 기계적 확장 리벳
  (Mechanically expand rivet)

13. 샌드위치구조(Sandwich structure)의 외피를 두드려 코어와 외피 층의 분리여부를 검사하는 방법은?

㉮ Hardness test ㉯ Tapping test
㉰ Bore scope test ㉱ Adhesive test

14. 접개식 강착장치(Retractable landing gear)에서 부주의로 인해 착륙장치가 접히는 것을 방지하기 위한 안전장치가 아닌 것은?

㉮ UP LOCK
㉯ DOWN LOCK
㉰ SAFETY SWITCH
㉱ GROUND LOCK

15. 이질 금속간의 접촉부식에서 알루미늄 합금의 경우 A군과 B군으로 구분하였을 때 A군에 속하는 것은?

㉮ 1100 ㉯ 2014
㉰ 2017 ㉱ 7075

16. 그림과 같은 외팔보에 집중하중(P1, P2)이 작용할 때 P2 작용 지점에서의 굽힘모멘트를 옳게 나타낸 것은?

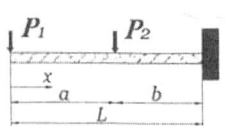

㉮ - P1 ㉯ - P1a
㉰ - P1b ㉱ - P1L - P2b

17. 항공기 철금속 재료 중 SAE 4130 은 어떤 강인가?

㉮ 탄소강 ㉯ 니켈-크롬강
㉰ 텅스텐강 ㉱ 크롬-몰리브덴강

▶ AISI4130
AISI(미국 철강협회규격), 41(크롬-몰리브덴강), 30(탄소 0.3%함유)

18. 어떤 온도에서 일정한 응력이 가해질 때 시간에 따라 계속적으로 변형율이 증가하게 되는데 이와 같이 시간에 따라 변형량을 측정하는 시험을 무엇이라 하는가?

㉮ 피로(Fatigue) 시험
㉯ 크리프(Creep) 시험
㉰ 탄성(Elasticity) 시험
㉱ 천이점(Transition point) 시험

▶ 크리프 : 일정한 응력을 받는 재료가 일정한 온도에서 시간이 경과함에 따라 하중이 일정하더라도 변형률이 변화하는 현상.

19. 착륙 활주 중 항력을 크게 하고 양력을 작게 하여 브레이크의 효율을 높이는 장치는?

㉮ 서보탭 ㉯ 드래그슈트
㉰ 스포일러 ㉱ 이중간격플랩

▶ 스포일러 : 대형 항공기에서는 날개 안쪽과 바깥쪽에 설치되어 있다. 비행 중 도움날개를 보조하거나 비행속도를 감소시키며 착륙활주 중 항력을 증가시켜 활주거리를 짧게 하는 브레이크 작용도 하게 함.

20. 금속 판재를 굽힘가공을 할 때 응력에 의해 영향을 받지 않는 부위를 무엇이라 하는가?

㉮ 굽힘선(Bend line)
㉯ 몰드선(Mold line)
㉰ 중립선(Netral line)
㉱ 세트백 선(Setback line)

1	2	3	4	5	6	7	8	9	10
㉮	㉱	㉰	㉱	㉮	㉱	㉯	㉰	㉯	㉮
11	12	13	14	15	16	17	18	19	20
㉱	㉰	㉯	㉰	㉮	㉯	㉱	㉯	㉯	㉰

2011년도 산업기사 1회 항공기체

1. 알루미늄 합금을 구조용 강철과 비교하여 설명한 것으로 틀린 것은?

㉮ 비강도가 높다.
㉯ 단위 체적당 무게가 거의 같다.
㉰ 알루미늄 합금의 변형이 더 크다.
㉱ 알루미늄 합금의 제1변태점이 낮다.

2. 블라인드 리벳(Blind rivet)의 종류가 아닌 것은?

㉮ 체리 리벳   ㉯ 리브 너트
㉰ 접시머리 리벳   ㉱ 폭발 리벳

● 블라인드 리벳
버킹 바를 가까이 댈 수 없는 좁은 장소 또는 어떤 방향에서도 손을 넣을 수 없는 박스 구조 등 한쪽에서의 작업만으로 리벳팅 할 수 있는 리벳으로 huck lock rivet, cherry lock rivet, olympic lock rivet, cherry max rivet 등이 있다.

3. 길이 200cm의 강철봉이 인장력을 받아 0.05cm의 신장이 발생하였다면 이 봉의 인장 변형률은?

㉮ 15×10^{-5} ㉯ 20×10^{-5}
㉰ 25×10^{-5} ㉱ 30×10^{-5}

● 변형률 : $\epsilon = \dfrac{\delta}{L}$

(ε: 변형률, δ: 변형된 길이, L : 원래의 길이)

4. 리벳 작업과 관련된 치수 결정으로 틀린 것은?

㉮ 리벳 간격은 최소 3D 이상이며, 보통 6~8D 이다.
㉯ 리벳 지름(D)은 일반적으로 두꺼운 판재 두께(T)의 3배이다.
㉰ 리벳 길이는 판의 전체 두께와 리벳지름(D)의 1.5배 길이를 합한 것이다.
㉱ 벅 테일(Buch tail)의 높이는 1.5D 이고 최소 지름은 3D 이다.

5. 다음 중 리브(Rib)가 사용되는 부분이 아닌 것은?

㉮ 나셀   ㉯ 안정판
㉰ 플랩   ㉱ 보조날개

6. 랜딩기어 조종핸들이 업(UP)으로 올라가기 위한 일반적인 3가지 조건이 아닌 것은?

㉮ 노스 기어가 중립위치(중앙위치)에 있어야 한다.
㉯ 메인기어가 완전히 뻗친 상태에서 수직을 유지해야 한다.
㉰ 메인기어에 있는 안전스위치가 공중(Air)상태로 되어 있어야 한다.
㉱ 항공기가 이륙하면, 조건없이 핸들이 업(UP)으로 올라가야 한다.

● 착륙장치 지시등
① landing gear up & lock 되면 조종석에는 아무 등도 들어오지 않음.
② landing gear 가 작동 중일 때는 붉은색 등(red light)이 켜짐.

③ landing gear down & lock되면 초록색 등 (green light)이 켜짐.

7. 고온으로부터 우주왕복선의 기체 표면을 보호하기 위하여 사용하는 것은?
   ㉮ 듀랄루민
   ㉯ 강철
   ㉰ 고탄소주철재
   ㉱ 규소질 타일

8. 항공기가 비행 중 오른쪽으로 옆놀이(Rolling) 현상이 발생하였다면 지상 정비작업으로 옳은 것은?
   ㉮ 트림탭을 중립축선에 맞춘다.
   ㉯ 방향타의 탭을 왼쪽으로 굽힌다.
   ㉰ 오른쪽 보조날개 고정탭을 올린다.
   ㉱ 방향타의 탭을 오른쪽으로 굽힌다.

9. 기관 마운트에 대한 설명으로 옳은 것은?
   ㉮ 기관을 둘러싸고 있는 부분이다.
   ㉯ 기관과 기체를 차단하는 벽의 구조물이다.
   ㉰ 기관의 추력을 기체에 전달하는 구조물이다.
   ㉱ 기관이나 기관에 부수되는 보기 주위를 쉽게 접근할 수 있도록 장탈착하는 덮개이다.

10. 항공기의 응력외피구조에 대한 설명으로 틀린 것은?
    ㉮ 모노코크형과 세미모노코크형이 있다.
    ㉯ 응력외피구조는 트러스구조의 한 종류이다.
    ㉰ 내부에 골격이 없으므로 내부 공간을 크게 할 수 있고 외형을 유선형으로 할 수 있다.
    ㉱ 외피가 비행기에 작용하는 하중의 일부를 담당하는 구조이다.

11. 브레이크 페달(Brake Pedal)에 스폰지(Sponge) 현상이 나타났을 때 조치방법은?
    ㉮ 공기(Air)를 보충한다.
    ㉯ 계통을 블리딩(Bleeding)한다.
    ㉰ 페달(Pedal)을 반복해서 밟는다.
    ㉱ 작동유(MIL-H-5606)를 보충한다.

● 스펀지(sponge) 현상
브레이크 장치 계통에 공기가 작동유가 섞여 있을 때 공기의 압축성 효과로 인하여 제동이 제대로 되지 않는 현상으로 계통에서 air bleeding 작업을 해주어야 한다.

12. 다음 중 항공기의 기체에 사용된 복합재 부분을 수리하는 방법이 아닌 것은?
    ㉮ 용접에 의한 수리
    ㉯ 볼트에 의한 패치 수리
    ㉰ 접착에 의한 패치 수리
    ㉱ 손상 부위를 제거한 뒤의 수리

13. 두 종류의 이질 금속이 접촉하여 전해질로 연결되면 한 쪽의 금속에 부식이 촉진되는 것은?
    ㉮ 피로 부식
    ㉯ 점 부식
    ㉰ 찰과 부식
    ㉱ 갈바닉 부식

● 이질금속간 부식(갈바닉 부식)
서로 다른 두 가지의 금속이 접촉되어 있는 상태에서 발생하는 부식으로 이질금속을 사용할 경우에 금속간에 절연 물질을 끼우거나 도장 처리를 하여 부식을 방지함.

14. 볼트의 부품번호가 AN 12-17이라면 이 볼트의 직경은 몇 in 인가?

㉮ $\frac{5}{16}$ ㉯ $\frac{3}{8}$ ㉰ $\frac{3}{4}$ ㉱ $\frac{17}{32}$

15. 그림과 같은 V-n 선도에서 아무리 급격한 조작을 하여도 구조상 안전한 속도를 나타내는 지점은?

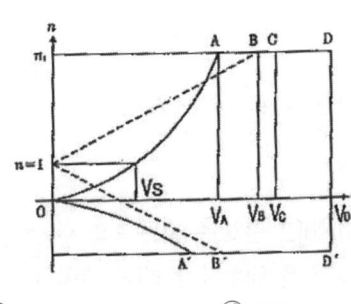

㉮ VA ㉯ VB
㉰ VC ㉱ VD

16. 그림과 같이 벽으로부터 0.4m 지점에 500N의 집중하중이 작용하는 0.5m 길이의 보에 대한 굽힘 모멘트 선도는?

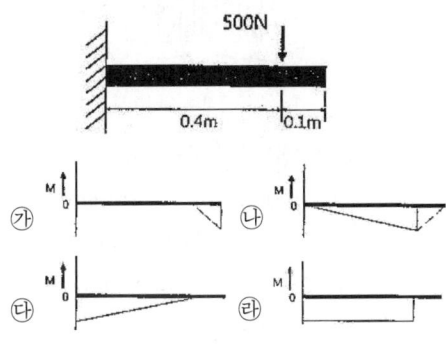

17. 전기용접에서 비드의 결함형태에 속하지 않는 것은?

㉮ 오버랩(Over lap) ㉯ 스패터(Spatter)
㉰ 언더컷(Under cut) ㉱ 크레이터(Crater)

18. 표와 같은 항공기의 무게중심(Center of gravity) 위치는 약 몇 in인가? (단, 거리는 항공기의 가장 앞부분을 기준선으로 한다.)

무게측정점	순무게(lb)	거리(inch)
왼쪽바퀴	350	35
오른쪽바퀴	360	35
앞바퀴	75	5

㉮ 28 ㉯ 30
㉰ 32 ㉱ 40

● $C.G = \dfrac{w_1 l_1 + w_2 l_2 + \cdots w_n l_n}{w_1 + w_2 + \cdots w_n}$

19. 판금 성형법의 접기가공(Folding)에 대한 설명으로 틀린 것은?

㉮ 굴곡반경이란 가공된 재료의 곡선상의 내측 반경을 말한다.
㉯ 두께가 얇고 연한 재료는 예각으로 굴곡할 수 없다.
㉰ 얇은 판이나 플레이트 등을 굴곡하는 것을 접기가 공이라 한다.
㉱ 세트백은 굽힘 접선에서 성형점까지의 길이를 나타낸다.

20. 외경이 8cm, 내경이 6cm인 중공원형단면의 극관성모멘트는 약 몇 cm4 인가?

㉮ 29 ㉯ 127
㉰ 275 ㉱ 402

1	2	3	4	5	6	7	8	9	10
㉯	㉰	㉰	㉱	㉮	㉱	㉰	㉰	㉰	㉯
11	12	13	14	15	16	17	18	19	20
㉯	㉮	㉱	㉮	㉮	㉱	㉯	㉯	㉯	㉰

2011년도 산업기사 2회 항공기체

1. 항공기에 사용되는 금속재료를 열처리하는 목적으로 틀린 것은?

   ㉮ 절삭성을 좋게 하기 위하여
   ㉯ 내식성을 갖게 하기 위하여
   ㉰ 마모성을 갖게 하기 위하여
   ㉱ 기계적 강도를 개량하기 위하여

2. 스포일러에 대한 설명으로 틀린 것은?

   ㉮ 일반적으로 스포일러 판넬은 알루미늄 합금 스킨에 접착된 허니컴 구조로 되어있다.
   ㉯ 보조날개와 함께 작동시켜 조종에 이용되기도 한다.
   ㉰ 동체에 부착된 스피드 브레이크를 지칭하는 것이다.
   ㉱ 스위치 또는 핸들로 조종하고 유압에 의해 작동한다.

3. 항공기에 사용되는 비금속 재료인 플라스틱 중 열을 가하여 성형한 후 다시 열을 가하면 연해지는 특성의 재료는?

   ㉮ 페놀수지
   ㉯ 폴리에스테르수지
   ㉰ 에폭시수지
   ㉱ 폴리염화비닐수지

   ● 플라스틱
   ① 열경화성 수지: 한번 열을 가해서 성형하면 다시 가열하더라도 연해지거나 용융되지 않는 성질을 가지고 페놀수지, 에폭시 수지, 폴리우레탄 등이 있다
   ② 열가소성 수지: 열을 가해서 성형한 다음 다시 가열하면 연해지고 냉각하면 다시 원래의 상태로 굳어지는 성질로 폴리염화비닐, 폴리에틸렌, 나일론 및 폴리메타크릴산메틸 등이 있다.

4. 페일세이프 구조 중 많은 수의 부재로 하중을 분담하도록 하여 이 중 하나의 부재가 파괴되어도 구조 전체에 치명적인 부담이 되지 않도록 한 그림과 같은 구조는?

   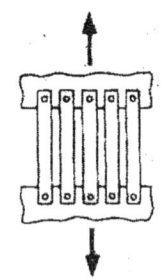

   ㉮ 2중구조(Double structure)
   ㉯ 대치구조(Back up structure)
   ㉰ 다경로하중구조(Redundant structure)
   ㉱ 하중경감구조(Load dropping structure)

5. 항공기 카울링에 사용되는 주스파스너(Dzus Fastener)의 머리에 있는 표식으로 알 수 있는 것은?

   ㉮ 제조일자와 제조국가

- ㉯ 재료재질과 제조업체
- ㉰ 몸체길이, 몸체굵기, 재질
- ㉱ 몸체직경, 머리종류, 파스너의 길이
● 주스 파스너 : 머리에는 지름, 길이, 머리 모양이 표시되어 있고 지름은 표시된 값의 1/16 ″로 길이는 표시된 값의 1/100 ″, 머리 모양은 wing flush, oval 3가지가 있다.

6. 다음 중 항공기의 자기무게(Empty weight)에 포함되지 않는 것은?

- ㉮ 기체구조 무게
- ㉯ 동력장치 무게
- ㉰ 고정장치 무게
- ㉱ 최대이륙 무게

● 항공기 자기무게 : 항공기 기체구조, 동력장치, 필요 장비의 무게에 사용 불가능한 연료, 배출 불가능한 윤활유, 기관 내의 냉각액의 전부, 유압계통 작동유의 무게가 포함되며 승객, 화물 등의 유상 하중, 사용가능한 연료, 배출 가능한 윤활유의 무게를 포함하지 않은 상태에서의 무게.

7. 조종계통에서 케이블의 방향을 바꾸는데 사용되는 기구는?

- ㉮ 풀리
- ㉯ 페어리드
- ㉰ 벨 크랭크
- ㉱ 쿼드런트

8. 코터핀 장착 및 때기 작업시 주의사항으로 옳은 것은?

- ㉮ 최초 장착되었던 것을 같은 장소에 반복 사용하여 강도를 유지해야한다.
- ㉯ 주변 구조물의 손상을 방지하기 위하여 플라스틱 해머를 사용한다.
- ㉰ 핀 끝을 접어 구부릴 때는 사선으로 절단하여 절단면을 쉽게 구분할 수 있도록 한다.
- ㉱ 핀 끝을 절단할 때는 사선으로 절단하여 절단면을 쉽게 구분할 수 있도록 한다.

● 코터핀 : 캐슬너트나 볼트, 핀, 또는 그 밖의 풀림 방지나 빠져나오는 것을 방지해야 할 필요가 있는 부품에 사용되고 한번 사용한 것은 재사용 할 수 없음.

9. 리벳작업 시 리벳의 끝거리(Edge distance)와 피치(Pitch)에 대한 설명으로 옳은 것은?

- ㉮ 피치는 리벳 열(column) 간의 거리를 말한다.
- ㉯ 피치는 일반적으로 리벳지름의 10배에서 20배가 적당하다.
- ㉰ 끝거리는 판재의 가장자리에서 첫째 번과 둘째 번 리벳 구멍의 중심거리를 말한다.
- ㉱ 끝거리는 일반적으로 리벳지름의 2~4배가 적당하다.

10. 항공기 V-n(비행속도-하중배수)선도에서 플랩 등과 같은 공탄성에 의한 비행기의 위험을 피하기 위해서 제한하는 속도를 무엇이라 하는가?

- ㉮ 실속속도
- ㉯ 설계운영속도
- ㉰ 설계순항속도
- ㉱ 설계급강하속도

11. 항공기 파워 브레이크 시스템 셔틀 밸브(Shuttle valve)의 기능은?

- ㉮ 착륙할 때 앞바퀴가 바르게 유지하도록 한다.
- ㉯ 브레이크 유압계통에서 발생하는 공기 기포를 배출시킨다.
- ㉰ 착륙할 때 노스 기어 타이어를 정면으

로 향하게 한다.
㉣ 브레이크 계통의 고장 발생시 비상 브레이크 계통으로 바꾸어준다.

12. 모노코크(Monocoque)구조에서 항공 역학적 힘의 대부분을 담당하는 부재는?

㉮ 포머(Former)
㉯ 스트링거(Stringer)
㉰ 벌크헤드(Bulkhead)
㉱ 응력표피(Stressed skin)

13. 비소모성 텅스텐 전극과 모재 사이에서 발생하는 아크열을 이용하여 비피복 용접봉을 용해시켜 용접하며 용접부위를 보호하기 위해 불활성가스를 사용하는 용접 방법은?

㉮ 가스 용접   ㉯ MIG 용접
㉰ 플라즈마 용접   ㉱ TIG 용접

14. 비행기의 원형 부재에 발생하는 전비틀림각과 이에 미치는 요소와의 관계로 틀린 것은?

㉮ 비틀림력이 크면 비틀림각도 커진다.
㉯ 부재의 길이가 길수록 비틀림각은 작아진다.
㉰ 부재의 전단계수가 크면 비틀림각이 작아진다.
㉱ 부재의 극단면 2차 모멘트가 작아지면 비틀림각이 커진다.

15. 기체 수리방법 중 크리닝 아웃(Cleaning Out)이 아닌 것은?

㉮ 커팅(Cutting)
㉯ 트리밍(Trimming)
㉰ 파일링(Filing)
㉱ 크린업(Clean up)

16. 두께가 $0.062''$ 인 판재를 그림과 같이 직각으로 굽힌다면 이 판재의 전체 길이는 약 몇 인치인가?

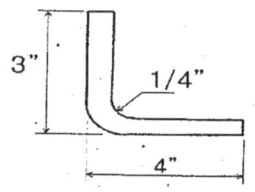

㉮ 7.4   ㉯ 6.8
㉰ 4.1   ㉱ 3.1

17. 그림과 같이 길이 L 전체에 등분포하중 q를 받고 있는 단순보의 최대 굽힘모멘트는?

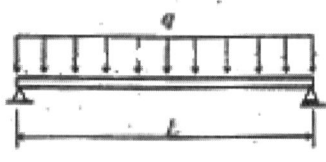

㉮ $\dfrac{q}{L}$ ㉯ $\dfrac{qL}{2}$
㉰ $\dfrac{qL}{4}$ ㉱ $\dfrac{qL}{8}$

18. 지름이 10cm 인 원형단면과 1m 길이를 갖는 알루미늄 합금재질의 봉이 10N 의 축하중을 받아 전체길이가 0.025mm 늘어났다면 이때 인장 변형율을 나타내기 위한 단위는?

㉮ N/m^2 ㉯ N/m^3
㉰ mm/m   ㉱ MPa

19. 항공기 리깅(Rigging)시 조종면이나 날개를 조절 또는 검사하기 전에 반드시 해주어야 하는 작업은?

㉮ 세척 작업
㉯ 평형 작업
㉰ 기관 장탈 작업
㉱ 조종면 유압제거 작업

20. 양극처리(Anodizing)에 대한 설명으로 틀린 것은?

㉮ 처리 후 형성된 피막은 매우 가볍고 내식성과 절연성이 있다.
㉯ 알루미늄 합금의 표면에 적용하는 크로메이트 처리 방법이다.
㉰ 알루미늄 합금 구조물의 표면에 적용하는 부식방지법이다.
㉱ 전해액에 전류를 흐르게 하여 양극화를 이용하는 방법이다.

● 양극산화 처리
금속 표면에 내식성이 있는 산화 피막을 형성시키는 방법으로, 황산, 크롬산 등의 전해액에 담그면 양극에 발생하는 산소에 의해 양극의 금속 표면이 수산화 물 피막이 형성됨

1	2	3	4	5	6	7	8	9	10
㉰	㉰	㉱	㉰	㉱	㉮	㉯	㉯	㉱	㉱
11	12	13	14	15	16	17	18	19	20
㉱	㉱	㉱	㉯	㉱	㉯	㉱	㉰	㉯	㉯

2011년도 산업기사 4회 항공기체

1. 일반적인 항공기구조에서 알루미늄 합금이나 복합소재를 사용하지 않는 곳은?
   ㉮ 랜딩기어   ㉯ 프레임
   ㉰ 스트링거   ㉱ 동체 스킨

2. 다음 중 페일 세이프 구조(Fail safe structure) 방식의 종류가 아닌 것은?
   ㉮ 단순 구조(Simple Structure)
   ㉯ 더블 구조(Double Structure)
   ㉰ 백업 구조(Back-up structure)
   ㉱ 리던던트 구조(Redundant Structure)

3. 단면이 균일한 봉이 인장하중을 받았을 때 축방향 변형율에 대한 가로방향 변형율의 비를 나타내는 것은?
   ㉮ 후크비   ㉯ 전단비
   ㉰ 탄성비   ㉱ 푸아송비

4. 다음과 같은 특성을 가진 항공기에 사용되는 합성고무는?

   - 내열성과 내한성이 우수하여 사용 온도범위가 넓다.
   - 기후에 대한 저항성과 전기절연특성이 우수하다.
   - 강도가 낮고 가격이 비싸다

   ㉮ 부틸고무   ㉯ 실리콘고무
   ㉰ 플루오르고무   ㉱ 니트릴고무

5. 리벳작업시 구멍뚫기작업의 순서가 옳은 것은?
   ㉮ 드릴링(Drilling) → 버링(Burring) → 리밍(Reaming)
   ㉯ 드릴링(Drilling) → 리밍(Reaming) → 버링(Burring)
   ㉰ 리밍(Reaming) → 드릴링(Drilling) → 버링(Burring)
   ㉱ 리밍(Reaming) → 버링(Burring) → 드릴링(Drilling)

6. 항공기에서 사용되는 특수용접에 속하지 않는 것은?
   ㉮ 플라스마 용접
   ㉯ 금속 불활성 가스용접
   ㉰ 산소·아세틸렌 가스용접
   ㉱ 텅스텐 불활성 가스용접

   ● 아크용접 : 교류나 직류를 이용하여 모재와 용접봉 사이에 아크를 발생시키면 3500~6000℃ 정도에 이르는 고온이 발생되는데 이 고온을 이용하여 금속을 용해시켜 접합하는 용접으로 직류 전원 아크 용접, 교류 전원 아크 용접, 텅스텐 불활성 가스 아크 용접, 금속 불활성 가스 아크 용접, 원자수소 용접, 탄산가스 아크 용접, 플라즈마 아크 용접 등이 있다.

7. 볼트그립 길이와 볼트가 장착되는 재료의 두께에 관한 설명으로 옳은 것은?

㉮ 볼트가 장착될 재료의 두께는 볼트그립 길이의 2배이어야 한다.
㉯ 볼트가 장착될 재료의 두께는 볼트그립 길이에 볼트직경의 길이를 합한 것과 같아야 한다.
㉰ 볼트그립 길이는 가장 얇은 판의 두께의 3배가 되어야한다.
㉱ 볼트그립 길이는 볼트가 장착되는 재료의 두께와 같거나 약간 길어야 한다.

8. 무게가 2950kg 이고, 중심위치가 기준선 후방 300cm 인 항공기에서 기준선 후방 100cm 에 위치한 50kg 의 전자장비를 장탈하고, 기준선 후방 500cm 에 위치한 화물실에 100kg 의 비상물품을 실었다. 이때 중심위치는 기준선 후방 몇 cm 에 위치하는가?

㉮ 250　　㉯ 310
㉰ 350　　㉱ 410

9. 항공기 구조에서 론저론(Longeron)에 대한 설명으로 옳은 것은?

㉮ 날개에서 날개보를 결합하기 위한 세로 방향 부재
㉯ 가벼운 판금에 강성을 주기 위하여 플랜지에 부착되는 부재
㉰ 기관이나 연소실을 객실로부터 분리시키기 위한 수직 부재
㉱ 동체나 나셀에서 앞·뒤 방향으로 배치되며 다양한 단면의 모양의 부재

10. 항공기의 카울링과 페어링(Fairing)을 장착하는데 사용되는 캠록패스너(Cam lock fastener)의 구성으로 옳은 것은?

㉮ Grommet, Cross pin, Receptacle
㉯ Stud assembly, Grommet, Cross pin
㉰ Stud assembly, Grommet, Receptacle
㉱ Stud assembly, Receptacle, Cross pin

11. 밀착된 구성품 사이에 작은 진폭의 상대운동이 일어날 때 발생하는 제한된 형태의 부식은?

㉮ 점(Pitting)부식
㉯ 피로(Fatique)부식
㉰ 찰과(Fretting)부식
㉱ 이질금속간의(Galvanic)부식

12. 다음 중 조종계통의 리깅(Rigging)시 필요한 도구가 아닌 것은?

㉮ 프로트랙터(Protractor)
㉯ 텐션 미터(Tension meter)
㉰ 텐션 레귤레이터(Tension regulator)
㉱ 케이블 리깅 텐션 챠트
　(Cable rigging tension charts)

13. 강착장치(Landing gear)에서 올레오 완충장치(Oleo shock absorber)의 충격흡수 원리로 옳은 것은?

㉮ 스트럿 실린더(Strut cylinder)에 공급되는 공기의 마찰에너지를 이용하여 충격을 흡수한다.
㉯ 공기의 압축성효과에 의한 탄성에너지와 작동유 흐름의 제한에 의한 에너지 손실에 의해 충격이 흡수되는 장치이다.
㉰ 헬리컬 스프링(Helical spring)이 탄성체의 탄성변형 에너지형식으로 충격을 흡수한다.
㉱ 리프스프링(Leaf spring) 자체가 랜딩 스

트럿(Landing strut)역할을 하여 충격을 굽힘에너지로 흡수한다.

14. 케이블 조종계통(Cable control system)에서 7×19의 케이블을 옳게 설명한 것은?

㉮ 19개의 와이어로 7번을 감아 케이블을 만든 것이다.
㉯ 7개의 와이어로 19번을 감아 케이블을 만든 것이다.
㉰ 19개의 와이어로 1개의 다발을 만들고, 이 다발 7개로 1개의 케이블을 만든 것이다.
㉱ 7개의 와이어로 1개의 다발을 만들고, 이 다발 19개로 1개의 케이블을 만든 것이다.

● 가요성(flexible) 케이블
7×19 케이블은 19개의 와이어를 이용하여 1다발을 만들고 그 다발이 7개인 케이블로 충분한 유연성이 있어 작은 지름의 풀리에 의해 구부러져 있을 때에는 굽힘 응력에 대한 피로에 잘 견디는 특성이 있고 케이블은 지름이 1/8" 이상으로 주 조종계통에 사용됨.

15. 그림과 같이 하중(W)이 작용하는 보를 무엇이라 하는가?

㉮ 외팔보   ㉯ 돌출보
㉰ 고정보   ㉱ 고정지지보

16. 그림과 같은 하중배수선도에서 n의 값은 얼마인가?

(단, V_s 는 실속속도이다.)

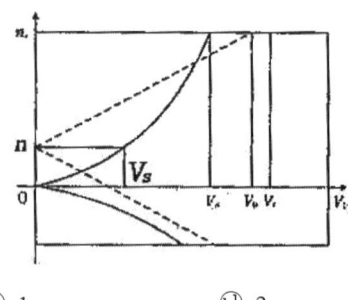

㉮ 1   ㉯ 2
㉰ 2.5   ㉱ 3

17. 그림과 같은 와셔의 명칭은?

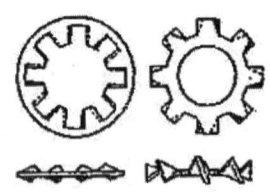

㉮ 평와셔(Plate washer)
㉯ 스프링와셔(Spring washer)
㉰ 테이퍼핀와셔(Taper pin washer)
㉱ 이붙이와셔(Toothed lock washer)

● 와셔 : 항공기에 사용되는 와셔는 볼트 머리 및 너트 쪽에 사용되며, 구조부나 부품의 표면을 보호하거나 볼트나 너트의 느슨함을 방지하거나 특수한 부품을 장착하는 등 각각의 사용목적에 따라 분류하여 사용.

18. 리벳의 배치와 관련된 용어 설명으로 틀린 것은?

㉮ 횡단피치는 리벳 열과 열사이의 거리이다.
㉯ 리벳피치의 최소간격은 리벳지름의 3배이다.
㉰ 리벳 끝을 기준으로 열과 열 사이를 피

치라 한다.

㉣ 끝거리는 판재의 가장 자리에서 첫 번째 리벳구멍 중심까지의 거리이다.

● 리벳 배열
① 리벳 피치 : 같은 열에 있는 리벳 중심과 리벳 중심간의 거리로 최소 3D~최대 12D로 하며, 일반적으로 6~8D가 주로 사용
② 열간 간격 : 열과 열 사이의 거리로 일반적으로 리벳 피치의 75% 정도로 최소 열간 간격은 2.5D이고, 보통 4.5~6D이다.

19. 복합 소재의 부품을 경화시킬 때 표면에 압력을 가하기 위해 사용하는 것으로 클램프로 고정할 수 없는 대형윤곽의 표면에 사용하는 것은?

㉮ 직포 ㉯ 숏 백
㉰ 램프 ㉱ 스프링 클램프

20. 다음과 같은 구조물에서 케이블 AB에 발생하는 장력은 양 몇 N 인가?

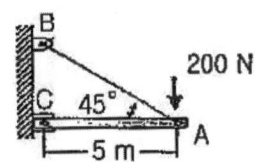

㉮ 282.24 ㉯ 265.84
㉰ 242.84 ㉱ 212.84

1	2	3	4	5	6	7	8	9	10
㉮	㉮	㉱	㉯	㉯	㉰	㉱	㉯	㉱	㉰
11	12	13	14	15	16	17	18	19	20
㉰	㉰	㉯	㉰	㉱	㉮	㉱	㉰	㉯	㉮

2012년도 산업기사 1회 항공기체

1. 강관의 용접작업시 조인트 부위를 보강하는 방법이 아닌 것은?

   ㉮ 평 가세트(Falt gassets)
   ㉯ 스카프 패치(Scarf patch)
   ㉰ 손가락 판(Finger strapes)
   ㉱ 삽입 가세트(Insert gassets)

2. 리브너트(Rivnut)사용에 대한 설명으로 옳은 것은?

   ㉮ 금속면에 우포를 씌울 때 사용한다.
   ㉯ 두꺼운 날개 표피에 리브를 붙일 때 사용 한다.
   ㉰ 기관 마운트와 같은 중량물을 구조물에 부착할때 사용한다.
   ㉱ 한쪽면 에서만 작업이 가능한 제빙장치 등을 설치할 때 사용한다.

3. 비행기의 표피판에 두께 4mm, 전단흐름 3000 kgf/cm일 때 전단 응력은 약 몇 kgf/mm² 인가?

   ㉮ 7.5
   ㉯ 75
   ㉰ 750
   ㉱ 7500

   ● $\tau = \dfrac{q}{t}$

4. 동체구조형식에서 세미모노코크구조에 대한 설명으로 옳은 것은?

   ㉮ 가장 넓은 동체 내부 공간을 확보할 수 있으며 세로대 및 세로지, 대각선 부재를 이용한 구조이다.
   ㉯ 하중의 대부분을 표피가 담당하며, 내부에 보강재가 없이 금속의 껍질로 구성된 구조이다.
   ㉰ 골격과 외피가 하중을 담당하는 구조로서 외피는 주로 전단응력을 담당하고 골격은 인장, 압축, 굽힘 등 모든 하중을 담당하는 구조이다.
   ㉱ 구조부재로 삼각형을 이루는 기체의 뼈대가 하중을 담당하고 표피는 항공역학적인 요구를 만족하는 기하학적 형태만을 유지하는 구조이다.

5. 다음 중 착륙거리를 단축시키는데 사용하는 보조 조종면은?

   ㉮ 스테빌레이터(Stabilator)
   ㉯ 브레이크 브리딩(Brake Bleeding)
   ㉰ 그라운드 스포일러(Ground Spoiler)
   ㉱ 플라이트 스포일러(Flight Spoiler)

6. 그림과 같은 T자형 구조재에서 도심(G)을 지나는 X-X′축에 대한 단면 2차 모멘트의 값은 약 몇 cm^4 인가?

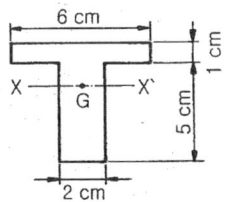

㉮ 27.5 ㉯ 55.1
㉰ 220.4 ㉱ 110.2

7. 부품번호가 "NAS 654 V 10 D" 인 볼트에 너트를 고정시키는데 필요한 것은?

㉮ 코터핀 ㉯ 스크류
㉰ 락크 와 ㉱ 특수 와셔

8. 스크류의 부품번호가 AN 501 C-416-7 이라면 재질은?

㉮ 탄소강 ㉯ 황동
㉰ 내식강 ㉱ 특수 와셔

9. 비행기의 기체축과 운동 및 조종면이 옳게 연결된 것은?

㉮ 가로축-빗놀이운동(Yawing)-승강키 (Elevator)
㉯ 수직축-선회운동(Spinning)-스포일러 (Spoiler)
㉰ 대칭축-키놀이운동(Pitching)-방향키 (Rudder)
㉱ 세로축-옆놀이운동(Rolling)-도움날개 (Aileron)

10. 항공기의 리깅 체크(rigging Check)시 일반적으로 구조적 일치 상태 점검에 포함되지 않는 것은?

㉮ 날개 상반각
㉯ 수직안정판 상반각
㉰ 날개 취부각
㉱ 수평안정판 상반각

11. 직경 3/32" 이하의 가요성케이블(Flexible cable)에 사용되고, 고열 부분에서는 사용이 제한되는 케이블 작업은?

㉮ Swaging
㉯ Nicopress
㉰ Five-Tuck Woven Splice
㉱ Wrap-solder cable splice

● 스웨이징 : 연결부의 강도 100%
랩 소울더 : 연결부의 강도 90%
5단 엮기 : 연결부의 강도 75%

12. 열처리 강화형 알루미늄 합금을 500℃ 전후의 온도로 가열한 후 물에 담금질을 하면 합금성분이 기본적으로 녹아 들어가 유연한 상태가 얻어지는데, 이런 열처리를 무엇이라 하는가?

㉮ 풀림(Annealing)
㉯ 뜨임(Tempering)
㉰ 알로다이징(Alodizing)
㉱ 용체화처리(Solution heat treatment)

● 알루미늄 합금의 열처리
경화 : 용체화 처리, 침전처리
연화 : 풀림처리

13. 항공기 기체구조 중 트러스형식에 대한 설명으로 옳은 것은?

㉮ 항공기의 전체적인 구조형식은 아니며 날개 또는 꼬리 날개와 같은 구조부분

에만 사용하는 구조형식이다.
④ 금속판 외피에 굽힘을 받게 하여 굽힘 전단응력에 대한 강도를 갖도록 하는 구조방식으로 무게에 비해 강도가 큰 장점이 있어 현재 금속항공기에서 많이 사용하고 있다.
⑤ 주 구조가 피로로 인하여 파괴되거나 혹은 그 일부분이 파괴되더라도 나머지 구조가 하중을 지지할 수 있게 하여 파괴 또는 과도한 구조 변형을 방지하는 구조형식이다.
⑥ 강관 등으로 트러스를 구성하고 여기에 천외피 또는 얇은 금속판의 외피를 씌운 형식으로 소형 및 경비행기에 많이 사용된다.

14. 다음과 같은 항공기 트러스 구조에서 부재 BD의 내력은 몇 kN 인가?

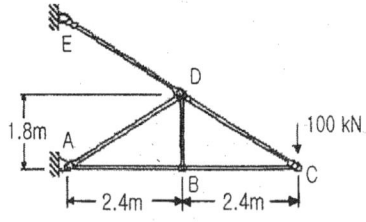

㉮ 0 ㉯ 100
㉰ 150 ㉱ 200

15. 다음 중 부식의 종류에 해당되지 않는 것은?

㉮ 응력 부식 ㉯ 표면 부식
㉰ 입자간 부식 ㉱ 자장 부식

● - 입간부식(intergranular) : 금속 재료의 결정입계에서 합금성분의 불균일한 분포로 인하여 부적절한 열처리시 입간으로 불순물이 집적되어 부식현상이 발생한다.

- 응력부식(stress) : 강한 인장응력과 부식환경 조건이 재료내에 복합적으로 작용하여 발생하는 부식
- 진동부식(fretting) : 서로 밀착된 부품사이에서 진동이 발생하는 경우 발생하는 부식
- 표면(surface): 제품 전체의 표면에서 발생하는 부식

16. 부품 번호가 AN 470 AD 3-5 인 리벳에서 AD는 무엇을 나타내는가?

㉮ 리벳의 직경이 $\frac{3}{16}$" 이다.
㉯ 리벳의 길이는 머리를 제외한 길이이다.
㉰ 리벳의 머리 모양이 유니버설 머리이다.
㉱ 리벳의 재질이 알루미늄 합금인 2117이다.

17. 항공기 판재의 직선 굽힘 가공 시 고려해야 할 요소가 아닌 것은?

㉮ 세트백
㉯ 굽힘 여유
㉰ 최소 굽힘 반지름
㉱ 진폭 여유

18. 일반적인 금속의 응력-변형률 곡선에서 위치별 내용이 옳게 짝지어진 것은?

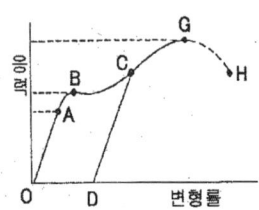

㉮ G : 항복점
㉯ OA : 비례탄성범위
㉰ B : 인장강도

㉠ OD : 순간 변형률

● 응력-변형률 선도에서 원래의 상태로 돌아오는 성질을 탄성이라 하고 이 범위 내에 있는 한도를 비례한도, 탄성한도라 한다 이후에도 계속 응력을 높이면 저절로 변형이 생기는데 이 응력을 항복응력이라 하며, 재료가 받을 수 있는 최대응력을 극한강도 또는 인장강도라 한다.

19. 실속속도가 80km/h 인 비행기가 150km/h 로 비행 중 급히 조종간을 당겼을 때 비행기에 걸리는 하중배수는 약 얼마인가?

㉮ 0.75　　㉯ 1.50
㉰ 2.25　　㉱ 3.52

● $n = \dfrac{V^2}{V_s^2}$

20. 그림과 같이 기준선으로부터 2.5m 떨어진 앞바퀴에 5000kg 의 반력이 작용하고, 앞바퀴에서 10m 떨어진 양쪽 뒷바퀴 각각에 10000kg 의 반력이 작용할 때, 이 항공기의 무게중심은 기준선으로부터 몇 m 떨어진 곳에 위치하겠는가?

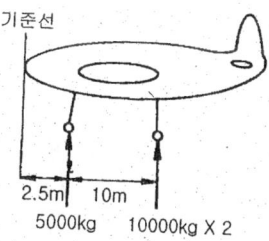

㉮ 10.0　　㉯ 10.5
㉰ 11.0　　㉱ 11.5

● $C.G = \dfrac{w_1 l_1 + w_2 l_2 + \cdots w_n l_n}{w_1 + w_2 + \cdots w_n}$

1	2	3	4	5	6	7	8	9	10
나	라	나	다	다	나	가	다	라	나
11	12	13	14	15	16	17	18	19	20
라	라	라	가	라	라	라	나	라	나

2012년도 산업기사 2회 항공기체

1. 나셀(Nacelle)에 대한 설명으로 옳은 것은?

   ㉮ 기체의 인장 하중(Tension)을 담당한다.
   ㉯ 기체에 장착된 기관을 둘러싼 부분을 말한다.
   ㉰ 일반적으로 기체의 중심에 위치하여 날개구조를 보완한다.
   ㉱ 기관을 장착하여 하중을 담당하기 위한 구조물이다.

2. 비행기의 무게가 2500kg 이고 중심 위치는 기준선 후방 0.5m에 있다. 기준선 후방 4m에 위치한 10kg 짜리 좌석 2개를 떼어내고 기준선 후방 4.5m에 17kg 짜리 항법 장치를 장착하였으며, 이에 따른 구조 변경으로 기준선 후방 3m에 12.5kg의 무게 증가 요인이 추가 발생하였다면 이 비행기의 새로운 무게중심 위치는?

   ㉮ 기준선 전방 약 0.21m
   ㉯ 기준선 전방 약 0.51m
   ㉰ 기준선 후방 약 0.21m
   ㉱ 기준선 후방 약 0.51m

3. 주로 18-8 스테인레스강에서 발생하며, 부적절한 열처리로 결정립계가 큰 반응성을 갖게 되어 입계에 선택적으로 발생하는 국부적 부식을 무엇이라 하는가?

   ㉮ 입계 부식
   ㉯ 응력 부식
   ㉰ 찰과 부식
   ㉱ 이질금속간의 부식

   ● 입자간부식: 합금성분의 분포가 고르지 못할 때 생성되면 표면 흔적없이 발생하여 심할 때는 표면 발아, 얇은 조각으로 벗겨짐

4. FRCM의 모재(Matrix)중 사용 온도 범위가 가장 큰 것은?

   ㉮ FRC   ㉯ BMI
   ㉰ FRM   ㉱ FRP

   ● -FRC : Fiber Reinforced Ceramic 로 세라믹은 내열 합금도 견디지 못하는 천수백도의 내열성이 있다.
   -BMI : Bismaleimide 수지로 내열성 수지. 180~240 ℃의 내열성이므로 습기흡수가 적으므로 습기 및 열특성이 좋다.
   -FRM : Fiber Reinforced Metallics로 금속 매트릭스의 특징인 연성과 인성이 큼
   -FRP : Fiber Reinforced Plastics, 에폭시 수지가 대표적

5. 튜브 플레어링(Tube flaring)에 대한 설명으로 옳은 것은?

   ㉮ 강 튜브(Steel tube)는 더블 플레어링(Double flaring)으로 제작된다.
   ㉯ 싱글 플레어 튜브(Single flare tube)는 가공 경화로 인해 전단 작용에 대한 저항력이 크다.

㉲ 더블 플레어 튜브(Double flare tube)는 싱글 플레어 튜브(Single flare tube) 보다 밀폐 특성이 좋다.
㉱ 싱글 플레어 튜브(Single flare tube)는 매끈하고 동심으로 제작이 용이하다.

6. 크리프(Creep) 현상에 대한 설명으로 가장 옳은 것은?

㉮ 재료가 반복되는 응력을 받았을 때 파괴되는 현상이다.
㉯ 재료에 온도를 서서히 증가하였을 때 조직 구조가 변형되는 현상이다.
㉰ 재료에 시험편을 서서히 잡아당겨서 파괴되었을때 파단면의 조직이 변화된 현상이다.
㉱ 재료를 일정한 온도와 하중을 가한 상태에서 시간에 따라 변형률이 변화하는 현상이다.

7. 두께가 0.062″인 판재를 그림과 같이 직각으로 굽힌다면 이 판재의 전체 길이는 약 몇 인치인가?

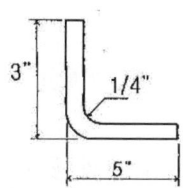

㉮ 7.8　　㉯ 6.8
㉰ 4.1　　㉱ 3.1

8. 알루미늄 합금이 초고속기 재료로서 적당하지 않은 이유는?

㉮ 무겁기 때문

㉯ 부식성이 심하기 때문
㉰ 열에 약하기 때문
㉱ 전기저항이 크기 때문

9. 비행기의 원형 부재에 발생하는 전비틀림각과 이에 미치는 요소와의 관계로 틀린 것은?

㉮ 비틀림력이 크면 비틀림각도 커진다.
㉯ 부재의 길이가 길수록 비틀림 각은 작아진다.
㉰ 부재의 전단계수가 크면 비틀림각이 작아진다.
㉱ 부재의 극단면 2차 모멘트가 작아지면 비틀림각이 커진다.

▶ $\tau = \dfrac{Tr}{J}$, $\theta = \dfrac{TL}{GJ}$

(R:반지름, T:비틀림모멘트 계수, L:길이, J:극관성모멘트계수, G:전탄성계수)

10. 대형 항공기에 주로 사용하는 브레이크 장치는?

㉮ 슈(Shoe)식 브레이크
㉯ 싱글 디스크(Single disk)식 브레이크
㉰ 멀티 디스크(Multi disk)식 브레이크
㉱ 팽창 튜브(Expander tube)식 브레이크

11. 2017T 보다 강한 강도를 요구하는 항공기 주요 구조용으로 사용되고 열처리 후 냉장고에 보관하여 사용하며 상온에 노출후 10분에서 20분 이내에 사용하여야 하는 리벳은?

㉮ A17ST(2117)-AD
㉯ 17ST(2017)-D
㉰ 24ST(2024)-DD
㉱ 2S(1100)-A

12. 동체의 전단 응력에 대한 설명이 잘못된 것은?

㉮ 동체의 전단 응력은 항공기 무게에 의해 발생된다.
㉯ 동체의 전단 응력은 항공기, 공기력에 의해 발생된다.
㉰ 동체의 전단 응력은 항공기 지면 반력에 의해 발생된다.
㉱ 동체의 좌우측 중앙에서 동체의 전단응력이 최소이다.

13. 세라믹 코팅(Ceramic coating)의 가장 큰 목적은?

㉮ 내식성
㉯ 접합 특성 강화
㉰ 내열성과 내마모성
㉱ 내열성과 내식성

▶ 세라믹은 높은 온도의 적용이 요구되는 곳에 사용된다. 세라믹 형태의 복합소재는 온도가 1,200℃(2,200°F)에 도달 할 때까지도 대부분의 강도와 유연성을 유지한다.

14. 날개의 주요 하중을 담당하는 부재는?

㉮ 리브(Rib)
㉯ 날개보(Spar)
㉰ 스트링거(Stringer)
㉱ 압축 스트링거(Compression Stringer)

15. 기계 스크류(Machine screw)의 설명으로 틀린 것은?

㉮ 일반 목적용으로 사용되는 스크류이다.
㉯ 평면머리와 둥근머리 와셔헤드 형태가 있다.
㉰ 저 탄소, 황동, 내식강, 알루미늄 합금 등으로 만들어진다.
㉱ 명확한 그립이 있고 같은 크기의 볼트처럼 같은 전단강도를 갖고 있다.

16. 그림과 같은 V-n 선도에서 n1은 설계 제한 하중 배수, 점선1B는 돌풍하중 배수선도라면 옳게 짝지은 것은?

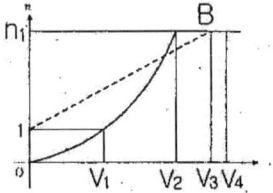

㉮ V1 - 설계순항속도
㉯ V2 - 설계운용속도
㉰ V3 - 설계급강하속도
㉱ V4 - 실속속도

▶ VA (설계운용속도) : 플랩 등의 고양력 장치를 사용하지 않고 아무리 상승해도 하중배수를 초과하지 않는 속도
VC (설계순항속도) : 감항성상 기준이 되는 순항속도에서 등가대기속도
VD (설계 급강하 속도) : 설계상 기체강도, 안정성, 조종성을 보장하는 허용최대 급강하속도

17. 블라인드 리벳(Blind rivet)의 종류가 아닌 것은?

㉮ Hi-Shear rivet   ㉯ Rivnut
㉰ Explosive rivet   ㉱ Cherry rivet

18. 항공기 착륙장치의 완충 스트럿(Shock strut)을 날개 구조재에 장착할 수 있도록 지지하며,

완충 스트럿의 힌지축 역할을 담당하는 것은?

㉮ 트러니언(trunnion)
㉯ 저리 스트럿(Jury strut)
㉰ 토션 링크(Torsion link)
㉱ 드래그 스트럿(Drag strut)

19. 조종 케이블이 작동 중에 최소의 마찰력으로 케이블과 접촉하여 직선운동을 하게 하며, 케이블을 작은 각도 이내의 범위에서 방향을 유도하는 것은?

㉮ 풀리(Pulley)
㉯ 페어리드(Fairlead)
㉰ 벨크랭크(Bell crank)
㉱ 케이블 드럼(Cable drum)

20. 그림과 같은 응력-변형률 곡선에서 파단점을 나타내는 곳은?

(단, σ은 응력, ϵ은 변형률을 나타낸다.)

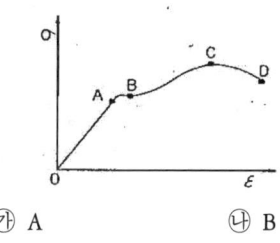

㉮ A ㉯ B
㉰ C ㉱ D

1	2	3	4	5	6	7	8	9	10
㉯	㉱	㉮	㉮	㉯	㉱	㉮	㉰	㉯	㉰
11	12	13	14	15	16	17	18	19	20
㉰	㉱	㉰	㉯	㉰	㉯	㉮	㉮	㉯	㉱

2012년도 산업기사 4회 항공기체

1. 항공기 기체 구조의 리깅(Rigging)작업 시 구조의 얼라인먼트(Alignment) 점검 사항이 아닌 것은?

㉮ 날개 상반각
㉯ 날개 취부각
㉰ 수평 안정판 상반각
㉱ 항공기 파일론 장착면적

2. 민간 항공기에서 주로 사용하는 Integral fuel tank의 가장 큰 장점은?

㉮ 연료의 누설이 없다.
㉯ 화재의 위험이 없다.
㉰ 연료의 공급이 쉽다.
㉱ 무게를 감소시킬 수 있다.

● 인테그럴 탱크는 날개의 내부 공간을 연료 탱크로 사용하는 것으로, 앞날개보와 뒷날개보 및 외피로 이루어진 공간을 밀폐제를 이용하여 완전히 밀폐시켜서 사용한다. 따라서, 추가적인 구조부재가 없기 때문에 무게가 가볍다.

3. 그림과 같이 날개에서 C.G(Center of gravity)는 MAC(Mean aerodynamic chord)의 백분율로 몇 % 인가?

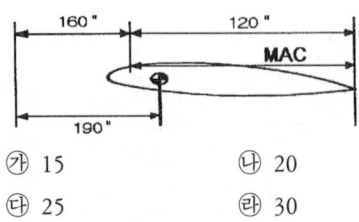

㉮ 15
㉯ 20
㉰ 25
㉱ 30

● % MAC = $\dfrac{X - X'}{C} \times 100\,\%$

X = 기준선으로부터 무게중심까지의 거리
X' = 기준선으로부터 평균공력시위의 앞전까지의 거리
C = 평균공력시위

4. 리벳 작업시 리벳성형머리 폭을 리벳 지름(D)으로 옳게 나타낸 것은?

㉮ 1D
㉯ 1.5D
㉰ 3D
㉱ 5D

5. 항공기의 외피 수리에서 다음의 [조건]에 의하면 알루미늄 판재의 굽힘 허용값은 약 몇 inch 인가?

[조건] ・곡률 반지름(R) : 0.125inch
 ・굽힘각도(°) : 90°
 ・두께(T) : 0.040inch

㉮ 0.206
㉯ 0.228
㉰ 0.342
㉱ 0.456

● $BA = \dfrac{\theta}{360} \times 2\pi \left(R + \dfrac{1}{2}T \right)$

6. 락크 볼트(Lock bolt)에 대한 설명으로 틀린 것은?

㉮ 장착하는데 판의 표면을 풀림 처리한 것이다.
㉯ 고강도 볼트와 리벳의 특징을 결합한

것이다.
- ㉰ 락크 와셔, 코터핀으로 안전 장치를 해야 한다.
- ㉱ 일반 볼트나 리벳보다 쉽고 신속하게 장착할수 있다.

7. 알크래드(Alclade)에 대한 설명으로 옳은 것은 ?
- ㉮ 알루미늄 판의 표면을 풀림 처리한 것이다.
- ㉯ 알루미늄 판의 표면을 변형경화 처리한 것이다.
- ㉰ 알루미늄 판의 양면에 순수 알루미늄을 입힌 것이다.
- ㉱ 알루미늄 판의 양면에 아연 크로메이트 처리한 것이다.

8. 항공기 재료에 사용되는 다음 금속 중 비중이 제일 큰 것은 ?
- ㉮ 티타늄
- ㉯ 크롬
- ㉰ 알루미늄
- ㉱ 니켈

9. 항공기 조종장치의 구성품에 대한 설명으로 틀린 것은 ?
- ㉮ 풀리는 케이블의 방향을 바꿀 때 사용되며, 풀리의 베어링은 원활한 회전을 위해 주기적으로 윤활해 주어야 한다.
- ㉯ 압력시일은 케이블이 압력 벌크헤드를 통과하는 곳에 사용되며, 케이블의 움직임을 방해하지 않을 정도의 기밀이 요구된다.
- ㉰ 페어리드는 케이블이 벌크헤드의 구멍이나 다른 금속이 지나는 곳에 사용되며, 페놀수지 또는 부드러운 금속 재료를 사용한다.
- ㉱ 턴버클은 케이블의 장력조절에 사용되며, 턴버클 배럴은 케이블의 꼬임을 방지하기 위해 한쪽에는 왼나사, 다른 쪽에는 오른나사로 되어 있다.

10. 그림과 같이 보에 집중하중이 가해질 때 하중 중심의 위치는 ?

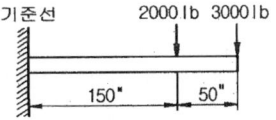

- ㉮ 기준선에서부터 150"
- ㉯ 기준선에서부터 180"
- ㉰ 보의 우측끝에서부터 150"
- ㉱ 보의 우측끝에서부터 180"

11. 다음 중 항공기의 유효하중을 옳게 설명한 것은 ?
- ㉮ 항공기의 무게 중심이다.
- ㉯ 항공기에 인가된 최대무게이다.
- ㉰ 총무게에서 자기무게를 뺀 무게이다.
- ㉱ 항공기내의 고정위치에 실제로 장착되어 있는 무게이다.

12. 그림과 같은 V-n 선도에서 AD 선은 무엇을 나타내는 것인가 ?

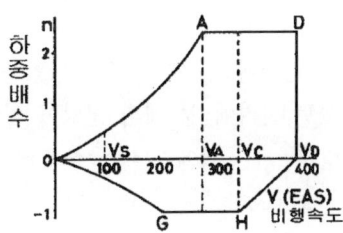

㉮ 최소제한하중배수
㉯ 최대제한하중배수
㉰ "–" 방향에서 얻어지는 하중배수
㉱ "+" 방향에서 얻어지는 하중배수

▶ • 속도하중배수선도 : 제작 상 하중에 대하여 구조상 안전하게 설계, 제작해야하는 기준이며, 사용상 항공기가 구조상 안전하게 운항하기 위하여 비행 범위를 제시하는 기준
• VA (설계운용속도) : 플랩 등의 고양력 장치를 사용하지 않고 아무리 상승해도 하중배수를 초과하지 않는 속도
• VC (설계순항속도) : 감항성상 기준이 되는 순항속도에서 등가대기속도
• VD (설계 급강하 속도) : 설계상 기체강도, 안정성, 조종성을 보장하는 허용최대 급강하 속도

13. 항공기와 관련하여 하중과 응력에 대한 설명으로 틀린 것은 ?

㉮ 구조물에 가해지는 힘을 하중이라 한다.
㉯ 면적당 작용하는 내력의 크기를 응력이라 한다.
㉰ 하중에는 탑재물의 중량, 공기력, 관성력, 지면반력, 충격력 등이 있다.
㉱ 구조물인 항공기는 하중을 지지하기 위한 외력으로 응력을 가진다.

14. 볼트의 부품번호가 AN 3 DD 5 A 인 경우 DD 에 대한 설명으로 옳은 것은 ?

㉮ 볼트의 재질을 의미한다.
㉯ 나사 끝에 두 개의 구멍이 있다.
㉰ 볼트 머리에 두 개의 구멍이 있다.
㉱ 미해군과 공군에 의해 규격 승인되어진 부품이다.

15. 부식 현상 방지를 위한 세척작업 시 사용하는 세제로 페인트칠을 하기 직전에 표면을 세척하는데 사용되는 세척제는 ?

㉮ 케로신   ㉯ 메틸에틸케톤
㉰ 메틸클로로포름   ㉱ 지방족 나프타

16. 항공기 주날개에 걸리는 굽힘 모멘트를 주로 담당하는 날개의 부재는 ?

㉮ 스파(Spar)
㉯ 리브(Rib)
㉰ 스킨(Skin)
㉱ 스트링거(Stringer)

17. TIG 또는 MIG 아크 용접시 사용되는 가스가 아닌 것은?

㉮ 헬륨가스
㉯ 아르곤가스
㉰ 아세틸렌가스
㉱ 아르곤과 이산화탄소 혼합가스

18. 프로펠러 항공기처럼 토크(Torque)가 크지 않은 제트기관 항공기에서, 2개 또는 3개의 콘 볼트(Cone bolt)나 트러니언 마운트(Trunnion mount)에 의해 기관을 고정하는 장착 방법은 ?

㉮ 링 마운트 형식(Ring mount method)
㉯ 포드 마운트 방법(Pod mount method)
㉰ 배드 마운드 방법(Bed mount method)
㉱ 피팅 마운트 방법(Fitting mount method)

19. 압축된 공기가 유압유와 결합되어 충격 하중을 분산시키는 작용을 하며 대형 항공기에 사용되는 완충장치는 형식은?

㉮ 올레오식   ㉯ 고무 완충식
㉰ 오일 스프링식   ㉱ 공기 압력식

20. 복잡한 윤곽을 가진 복합 소재 부품에 균일한 압력을 가할 수 있으며, 비교적 대형 부품을 제작하는데 적용하는 복합재료의 적층방식은?

㉮ 진공백 방식
㉯ 필라멘트 권선 방식
㉰ 압축 주형 방식
㉱ 유리 섬유 적층 방식

1	2	3	4	5	6	7	8	9	10
㉱	㉱	㉰	㉯	㉯	㉰	㉰	㉱	㉮	㉯
11	12	13	14	15	16	17	18	19	20
㉰	㉯	㉱	㉮	㉱	㉮	㉰	㉯	㉮	㉮

2013년도 산업기사 1회 항공기체

1. 다음 중 설계하중을 옳게 나타낸 것은?

   ㉮ 종극하중×종극하중계수
   ㉯ 한계하중×안전계수
   ㉰ 극한하중×설계하중계수
   ㉱ 극한하중×종극하중계수

2. 철강재료의 표면만을 경화시키는 방법으로 부적절한 것은?

   ㉮ 질화(nitriding)
   ㉯ 침탄(carbonizing)
   ㉰ 숏피닝(shot peening)
   ㉱ 아노다이징(anodizing)

   ● 표면 경화를 통해 내부의 인성을 유지시키고 표면의 내마모성, 내피로성 등을 향상시킬 수 있다.

3. 평형 방정식에 관계되는 지지점과 반력에 대한 설명으로 옳은 것은?

   ㉮ 롤러 지지점은 수평 반력만 발생한다.
   ㉯ 힌지 지지점은 1개의 반력이 발생한다.
   ㉰ 고정 지지점은 수직 및 수평반력과 회전모멘트 등 3개의 반력이 발생한다.
   ㉱ 롤러 지지점은 수직 및 수평방향으로 구속되어 2개의 반력이 발생한다.

   ● 롤러지점(roller support) : 수직반력
   힌지지점(hinge support) : 수직 및 수평반력

4. 다음 중 황동의 주합금 원소는 구리와 무엇인가?

   ㉮ 아연   ㉯ 주석
   ㉰ 알루미늄   ㉱ 바나듐

5. 조종 컬럼이나 조종간에서 힘을 케이블 장치에 전달하는데 사용되는 조종계통의 장치는?

   ㉮ 풀리   ㉯ 페어리드
   ㉰ 벨 크랭크   ㉱ 쿼드런트

6. 그림과 같이 판재를 굽히기 위해서는 Flat A의 길이는 약 몇 인치가 되어야 하는가?

   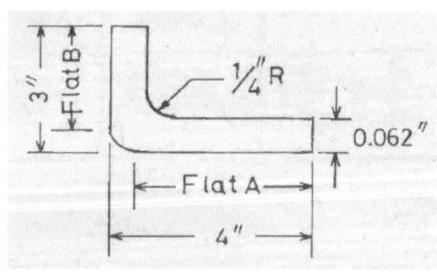

   ㉮ 2.8   ㉯ 3.7
   ㉰ 3.8   ㉱ 4.0

7. 7x7 케이블에 대한 설명으로 옳은 것은?

   ㉮ 7개의 와이어를 모두 모아서 한번에 1개의 가닥으로 만든 케이블
   ㉯ 49개의 와이어를 모두 모아서 한번에 1개의 가닥으로 만든 케이블
   ㉰ 7개의 와이어를 모두 모아서 7번 꼬아 1개의 가닥으로 만든 케이블

㉣ 7개의 와이어를 만든 가닥 1개를 7개 모아 다시 1개의 가닥으로 만든 케이블

8. 접개들이식 착륙장치에 대한 설명으로 틀린 것은?

㉮ 착륙장치를 업(Up) 또는 다운(Down)시키는 비상장치를 갖추고 있다.
㉯ 착륙장치의 다운 락크는 다운 락크 번지(Down Lock Bungee)에 의해 이루어진다.
㉰ 착륙장치의 부주의한 접힘은 기계적인 다운 락, 안전스위치, 그라운드 락크와 같은 안전장치에 의해 예방 된다.
㉱ 착륙장치의 상태를 나타내는 경고장치가 있고, 혼(Horn) 또는 음성 경고장치와 적색 경고등으로 구성된다.

9. 다음 중 날개의 주 구조인 스파의 형태가 아닌 것은?

㉮ 단스파(Mono-spar)
㉯ 정형재(Former)
㉰ 박스빔(Box Beam)
㉱ 다중스파(Multispar)

10. 항공기에 사용되는 페일세이프 구조의 방식만으로 나열된 것은?

㉮ 모노코크구조, 이중구조, 다경로 하중구조, 하중경감구조
㉯ 다경로 하중구조, 이중구조, 대치구조, 하중경감구조
㉰ 트러스구조, 이중구조, 하중경감구조, 모노코크구조
㉱ 다경로 하중구조, 트러스구조, 하중경감구조, 모노코크구조

11. 금속의 늘어나는 성질을 이용하여 곡면 용기를 만드는 작업으로 성형 블록이나 모래주머니를 사용하는 가공 방법은?

㉮ 굽힘 가공   ㉯ 절단 가공
㉰ 플랜지 가공 ㉱ 범핑 가공

● 범핑 가공은 가운데가 움푹 들어간 구형면을 가공하는 작업을 말한다.

12. 양극 산화 처리 작업 방법 중 사용 전압이 낮고, 소모 전력량이 적으며, 약품 가격이 저렴하고 폐수 처리도 비교적 쉬워 가장 경제적인 방법은?

㉮ 수산법   ㉯ 인산법
㉰ 황산법   ㉱ 크롬산법

● 양극 산화 처리(Anodizing)는 마그네슘 합금과 알루미늄 합금을 양극으로 하여 크롬산 용액에 담그면 양극으로 된 부분에서 산소가 발생하여 산화피막 형성된다.

13. 항공기의 이착륙 중이나 택시 중 랜딩기어 노스 휠(Nose wheel)의 이상 진동을 막는 시미 댐퍼의 형태가 아닌 것은?

㉮ 베인(Vane) 타입
㉯ 피스톤(Piston) 타입
㉰ 스프링(Spring) 타입
㉱ 스티어 댐퍼(Steer damper) 타입

● 시미댐퍼의 종류 : piston type, vane type, steering damper(steering 작동과 shimmying 방지 역할을 함)

14. 기체 수리방법 중 크리닝 아웃(Cleaning Out)에 대한 설명으로 옳은 것은?

㉮ 트리밍, 커팅, 파일링 작업을 말한다.
㉯ 균열의 끝부분에 뚫는 작업을 말한다.
㉰ 닉크(Nick) 등 판의 작은 홈을 제거하는 작업이다.
㉱ 날카로운 면 등이 판의 가장자리에 없도록 하는 작업이다.

● clean out은 손상부분이 완전히 제거되는 것으로 손상이 더 이상 진전되는 것을 방지하는 처리방법이고 clean up은 판 가장자리의 날카로운 부분을 제거하는 손상처리 작업이다.

15. 그림과 같은 V-n선도에서 실속속도(Vs)상태로 수평비행 하고 있는 항공기의 하중배수(ns)는 얼마인가?

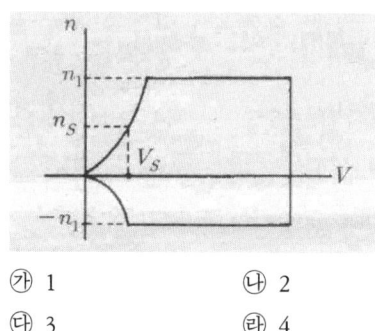

㉮ 1   ㉯ 2
㉰ 3   ㉱ 4

16. 그림과 같이 단면적 20cm², 10cm²로 이루어진 구조물의 a-b 구간에 작용하는 응력은 몇 kN/cm² 인가?

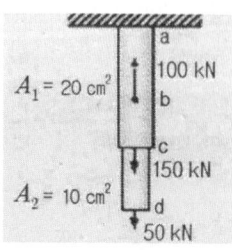

㉮ 5   ㉯ 10
㉰ 15   ㉱ 20

17. 인터널 렌칭볼트(Internal wrenching bolt)가 주로 사용되는 곳은?

㉮ 정밀공차볼트와 같이 사용된다.
㉯ 표준육각볼트와 같이 아무 곳에나 사용된다.
㉰ 크레비스볼트(Clevis bolt)와 같이 사용된다.
㉱ 비교적 큰 인장과 전단이 작용하는 부분에 사용된다.

18. 그림과 같은 응력변형률 선도에서 접선계수(Tangent modulus)는? (단, S_1 T는 점 S_1에서의 접선이다.)

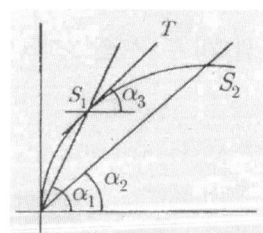

㉮ $\tan \alpha_1$ ㉯ $\tan(\alpha_1 - \alpha_2)$
㉰ $\tan \alpha_3$ ㉱ $\tan \alpha_2$

19. 손상된 판재의 리벳에 의한 수리작업시 리벳수를 결정하는 식으로 옳은 것은?(단, N : 리벳의 수, L : 판재의 손상된 길이, D : 리벳지름, 1.15 : 특별계수, t : 손상된 판의 두께, σmax : 판재의 최대인장응력, τmax : 판재의 최대전단응력 이다.)

㉮ $N = 1.15 \times \dfrac{2tL\sigma_{\max}}{(\dfrac{\pi D^2}{4})\tau_{\max}}$

㉯ $N = 1.15 \times \dfrac{tL\sigma_{\max}}{(\dfrac{\pi D^2}{4})\tau_{\max}}$

㉰ $N = 1.15 \times \dfrac{(\dfrac{\pi D^2}{4})\tau_{\max}}{tL\sigma_{\max}}$

㉱ $N = 1.15 \times \dfrac{(\dfrac{\pi D^2}{4})\tau_{\max}}{2tL\sigma_{\max}}$

20. 동체의 세로방향모형을 형성하며, 길이방향으로 작용하는 휨 모멘트와 동체 축방향의 인장력과 압축력을 담당하는 구조재는?

㉮ 외피(Skin)
㉯ 프레임(Frame)
㉰ 벌크헤드(Bulkhead)
㉱ 스트링어(Stringer)와 세로대

1	2	3	4	5	6	7	8	9	10
㉯	㉱	㉰	㉮	㉱	㉯	㉮	㉮	㉯	㉯
11	12	13	14	15	16	17	18	19	20
㉱	㉰	㉰	㉮	㉮	㉮	㉱	㉰	㉯	㉱

2013년도 산업기사 2회 항공기체

1. 알루미늄 합금을 용접할 때 가장 적합한 불꽃은?

   ㉮ 탄화불꽃 ㉯ 중성불꽃
   ㉰ 산화불꽃 ㉱ 활성불꽃

2. 테어무게(Tare weight)에 대한 설명으로 옳은 것은?

   ㉮ 항공기에 인가된 최대중량을 의미한다.
   ㉯ 항공기에 장착된 모든 운용 장비품을 포함한 무게를 의미한다.
   ㉰ 중량 측정시 사용하는 보조장치 촉(Choke), 블록(Block), 지지대(Stand) 등의 무게를 의미한다.
   ㉱ 항공기에 사용되는 작동유, 기관 냉각액 등의 총무게를 의미한다.

3. 리벳작업을 위한 구멍뚫기 작업시 설명으로 옳은 것은?

   ㉮ 드릴작업 전 리밍작업을 한다.
   ㉯ 구멍은 리벳 직경보다 약간 작게 한다.
   ㉰ 리밍작업시 효율을 높이기 위해 회전방향을 바꿔 가면서 가공한다.
   ㉱ 드릴 작업 후 구멍의 버(Burr)는 되도록 보존하도록 한다.

4. 볼트의 부품번호가 AN 3 DD 5 A 인 경우에 A에 대한 설명으로 옳은 것은?

   ㉮ 볼트의 재질을 의미한다.
   ㉯ 나사 끝에 구멍이 있음을 의미한다.
   ㉰ 볼트 머리에 두 개의 구멍이 있음을 의미한다.
   ㉱ 미해군과 공군에 의한 규격으로 승인된 부품이다.

   - AN 3 DD H 5 A
   - AN : 규격(AN 표준기호)
   - 3 : 볼트 지름이 3/16인치
   - DD : 볼트 재질로 2024 알루미늄 합금을 나타낸다.(C : 내식강)
   - H : 머리에 구멍 유무(H : 구멍 유, 무표시 : 구멍 무)
   - 5 : 볼트 길이가 5/8인치
   - A : 나사 끝에 구멍 유무(A : 구멍 무, 무표시 : 구멍유)

5. 그림과 같은 그래프를 갖는 완충장치의 효율은 약 몇 % 인가?

   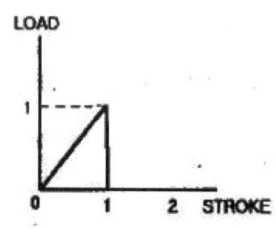

   ㉮ 30 ㉯ 40
   ㉰ 50 ㉱ 60

6. 기체표면과 공기와의 마찰열이 높은 초음속 항공기의 재료로 쓰이는 것은?
   ㉮ 주철   ㉯ 니켈 크롬강
   ㉰ 마그네슘 합금   ㉱ 티타늄 합금

7. 일정한 응력을 받는 재료가 일정한 온도에서 시간이 경과함에 따라 하중이 일정하더라도 변형률이 변화하는 현상은?
   ㉮ 크랙 (Crack)
   ㉯ 피로(Fatigue)
   ㉰ 크리프(Creep)
   ㉱ 응력집중(Stress concentration)

8. 다음 중 항공기 기관을 장착하거나 보호하기 위한 구조물이 아닌 것은?
   ㉮ 나셀   ㉯ 포드
   ㉰ 카울링   ㉱ 킬빔

9. 두께가 0.01in인 판의 전단흐름이 30 lb/in일 때 전단응력은 몇 lb/in2인가?
   ㉮ 3000   ㉯ 300
   ㉰ 30   ㉱ 0.3

10. 판금 성형법의 접기가공(Folding)에 대한 설명으로 틀린 것은?
    ㉮ 굴곡반경이란 가공된 재료의 곡선상의 내측 반경을 말한다.
    ㉯ 얇은 판이나 플레이트 등을 굴곡하는 것을 접기가 공이라 한다.
    ㉰ 세트백은 굽힘 접선에서 성형점까지의 길이를 나타낸 것이다.
    ㉱ 스프링백의 양은 굽힘 반지름, 굽힘 각과는 관계없고 재질의 단단한 정도에 따라 달라진다.

11. 항공기 타이어를 밸런싱(Balancing)하는 주된 목적은?
    ㉮ 진동과 과도한 마모를 줄이기 위하여
    ㉯ 브레이크의 효율을 향상시키기 위하여
    ㉰ 비행 중 타이어의 회전을 막기 위하여
    ㉱ 1차 조종면의 움직임을 확인하기 위하여

12. 그림과 같은 수송기의 V-n 선도에서 A와 D의 연결선은 무엇을 나타내는가?

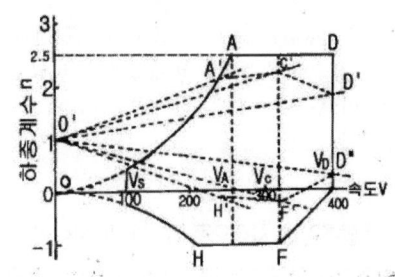

   ㉮ 돌풍 하중배수
   ㉯ 양력계수
   ㉰ 설계 순항속도
   ㉱ 설계제한 하중배수

13. 유효길이 16in 인 토크렌치와 유효길이 4in 인 연장공구를 사용하여 1500 in-lb의 토크를 이루려면 이 때 필요한 토크렌치의 토크는 몇 in-lb인가?
    ㉮ 1000   ㉯ 1200
    ㉰ 1300   ㉱ 1500

14. 케이블 조종 계통(Cable control system) 에서 케이블 안내기구로 사용되는 것은?

㉮ 풀리(Pulley)
㉯ 벨크랭크(Bell crank)
㉰ 토크튜브(Torque tube)
㉱ 푸시-풀 로드(Push-pull rod)

15. 항공기가 효율적인 비행을 하기 위해서는 조종면의 앞전이 무거운 상태를 유지해야 하는데, 이것을 무엇이라 하는가?

㉮ 평형상태(On balance)
㉯ 과대평형(Over balance)
㉰ 과소평형(Under balance)
㉱ 정적평형(Static balance)

● 과대 평형(over balance) : 조종면의 뒷전이 올라가는 경우로 효율적인 비행을 하려면 조종면의 앞전이 무거운 과대 평형을 유지해야 함(- 평형상태)

16. 두랄루민을 시작으로 개량되기 시작한 고강도 알루미늄 합금으로 내식성보다는 강도를 중시하여 만들어진 것은?

㉮ 1100   ㉯ 2014
㉰ 3003   ㉱ 5056

17. 제작비용이 적게 들기 때문에 소형기에서 주로 사용되며 외피는 공기력의 전달만을 하도록 되어있는 항공기 구조 형식은?

㉮ 응력외피구조   ㉯ 트러스구조
㉰ 샌드위치구조   ㉱ 페일세이프구조

18. 항공기 날개를 구성하는 주요부재로만 나열된 것은?

㉮ 외피, 세로대, 스트링거, 리브
㉯ 외피, 벌크헤드, 스트링거, 리브
㉰ 날개보, 리브, 벌크헤드, 외피
㉱ 날개보, 리브, 스트링거, 외피

19. 케이블 턴버클 안전결선 방법에 대한 설명으로 옳은 것은?

㉮ 배럴의 검사구멍에 핀을 꽂아 핀이 들어가지 않으면 양호한 것이다.
㉯ 단선식 결선법은 턴버클 엔드에 최소 6회 감아 마무리한다.
㉰ 복선식 결선법은 케이블 직경이 1/8 in 이상인 경우에 주로 사용한다.
㉱ 턴버클 엔드의 나사산이 배럴 밖으로 5개 이상 나오지 않도록 한다.

20. 화학적 피막 처리 방법의 하나로 알루미늄 합금의 표면에 0.00001~0.00005 in의 크로메이트처리(Chromate treatment)를 하여 내식성과 도장 작업의 접착 효과를 증진시키는 부식 방지 처리방법은?

㉮ 알로다인처리   ㉯ 알크레이드처리
㉰ 양극산화처리   ㉱ 인산염피막처리

● 알로다인 처리(alodine) : 알루미늄을 크롬산 용액으로 처리하여 부식으로부터 보호.

1	2	3	4	5	6	7	8	9	10
㉮	㉰	㉰	㉯	㉰	㉱	㉰	㉱	㉮	㉱
11	12	13	14	15	16	17	18	19	20
㉮	㉱	㉯	㉰	㉯	㉯	㉱	㉱	㉰	㉮

2013년도 산업기사 4회 항공기체

1. 항공기 호스(Hose)를 장착할 때 주의사항으로 틀린 것은?

   ㉮ 호스가 꼬이지 않도록 한다.
   ㉯ 내부유체를 식별할 수 있도록 식별표를 부착한다.
   ㉰ 호스의 진동을 방지하도록 클램프(Clamp)로 고정한다.
   ㉱ 호스에 압력이 가해질 때 늘어나지 않도록 정확한 길이로 설치한다.

2. 재료에 가해지는 힘이 제거되면 원래의 상태로 돌아가려는 성질은?

   ㉮ 탄성   ㉯ 전단
   ㉰ 항복   ㉱ 소성

3. 항공기 날개에 장착되는 장치의 위치가 다르게 짝지어진 것은?

   ㉮ 크루거 플랩(Kruger Flap), 슬랫(Slat)
   ㉯ 크루거 플랩(Kruger Flap), 스플릿 플랩(Split Flap)
   ㉰ 슬롯 플랩(Slotted flap), 스플릿 플랩(Split flap)
   ㉱ 슬롯 플랩(Slotted flap), 플레인 플랩(Plain Flap)

4. 리벳 머리 부분에 볼록하게 튀어나온 띠(Dash)가 두 개 나란히 표시되어 있다면 이 리벳의 재질 기호는?

   ㉮ AD   ㉯ DD
   ㉰ D   ㉱ A

5. 인공시효경화 처리로 강도를 높일 수 있는 가장 좋은 알루미늄 합금은?

   ㉮ 1100   ㉯ 2024
   ㉰ 3003   ㉱ 5052

6. 판재를 굴곡작업하기 위한 그림과 같은 도면에서 굴곡 접선의 교차부분에 균열을 방지하기 위한 구멍의 명칭은?

   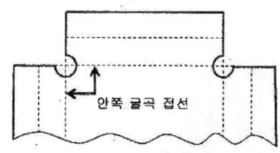

   ㉮ Pilot hole   ㉯ Lighting hole
   ㉰ Relief hole   ㉱ Countsunk hole

   ● 라이트닝 홀 : 중량을 감소시키기 위하여 불필요한 재료를 절단해 내는 구멍
   파일럿 홀 : 큰 구멍을 뚫기 위한 작은 구멍을 뚫는 것
   릴리프 홀 : 굽힘가공에 앞서서 응력집중이 일어나는 교점에 응력제거 구멍을 뚫는 것
   스톱 홀: 균열의 끝 부분에 구멍을 뚫어 더 이상 진전되지 못하도록 하는 것

7. 항공기 일부의 부재 파손으로부터 안전성을 보

장하기 위한 구조는?

㉮ 경량구조(Light weight structure)
㉯ 샌드위치구조(Sandwich structure)
㉰ 모노코크구조(Monocoque structure)
㉱ 페일세이프구조(Fail-safe structure)

8. 하중배수선도에 대한 설명으로 옳은 것은?

㉮ 수평비행을 할 때 하중배수는 0 이다.
㉯ 하중배수선도에서 속도는 진대기속도를 말한다.
㉰ 구조역학적으로 안전한 조작범위를 제시한 것이다.
㉱ 하중배수는 정하중을 현재 작용하는 하중으로 나눈 값이다.

9. 다음과 같은 단면에서 X축에 관한 단면의 2차 모멘트($I_{xx} = \int_A y^2 dA$)는 몇 cm⁴ 인가?

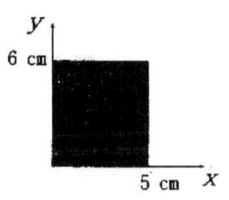

㉮ 240 ㉯ 300
㉰ 360 ㉱ 420

● $I_x = \int_A y^2 dA = \int_0^h y^2 b dy = b \int_0^h y^2 dy = \dfrac{bh^3}{3}$

10. 트라이사이클 기어(Tricycle gear)에 대한 설명으로 틀린 것은?

㉮ 이착륙 중에 조종사에게 좋은 시야를 제공한다.
㉯ 기어의 배열은 노스기어와 메인기어로 되어있다.
㉰ 빠른 착륙속도에서 강한 브레이크를 사용할 수 있다.
㉱ 항공기 중력 중심이 메인기어 후방으로 움직여 그라운드 루핑을 방지한다.

11. 다음 중 같은 재질을 가진 금속 판재의 굽힘 허용값을 결정하는 요소가 아닌 것은?

㉮ 재질의 두께   ㉯ 굽힘각도
㉰ 굽힘기의 용량 ㉱ 곡률반지름

● $B.A. = \dfrac{\theta}{360} \times 2\pi (R + \dfrac{1}{2}T)$
R : 굽힘 반지름, T : 두께

12. 항공기의 최대 총무게에서 자기무게를 뺀 것으로 승무원, 승객, 화물 등의 무게를 포함하는 무게는?

㉮ 테어무게(Tare Weight)
㉯ 유효하중(Useful Load)
㉰ 최대허용무게(Max allowable Weight)
㉱ 운항자기무게(Operating Empty Weight)

13. 모노코크구조와 비교하여 세미모노코크구조의 차이점에 대한 설명으로 옳은 것은?

㉮ 리브를 추가하였다.
㉯ 벌크헤드를 제거하였다.
㉰ 외피를 금속으로 보강하였다.
㉱ 프레임과 세로대, 스트링어를 보강하였다.

14. 항공기 조종계통에서 회전운동을 이용하여 직선운동의 방향을 90도 변환시키는 부품은?

㉮ 벨 크랭크(Bell crank)

㉯ 토크 튜브(Torque tube)
㉰ 클레비스 핀(Clevis pin)
㉱ 푸쉬 풀 로드(Push pull rod)

15. 비소모성 텅스텐 전극과 모재 사이에서 발생하는 아크열을 이용하여 비피복 용접봉을 용해시켜 용접하며 용접 부위를 보호하기 위해 불활성가스를 사용하는 용접 방법은?

㉮ TIG 용접   ㉯ 가스 용접
㉰ MIG 용접   ㉱ 플라즈마 용접

16. 단줄 유니버설 헤드 리벳(Universal head rivet) 작업을 할 때 최소 끝거리 및 리벳의 최소 간격(Pitch)은?

㉮ 최소 끝거리는 리벳 직경의 2배 이상, 최소 간격은 리벳 직경의 3배
㉯ 최소 끝거리는 리벳 직경의 2배 이상, 최소 간격은 리벳 길이의 3배
㉰ 최소 끝거리는 리벳 직경의 3배 이상, 최소 간격은 리벳 길이의 4배
㉱ 최소 끝거리는 리벳 직경의 2배 이상, 최소 간격은 리벳 직경의 4배

17. 다음 중 앞바퀴형 착륙장치의 장점으로 틀린 것은?

㉮ 조종사의 시야가 좋다.
㉯ 이착륙 저항이 작고 착륙성능이 양호하다.
㉰ 가스터빈기관에서 배기가스 분출이 용이하다.
㉱ 중심이 주바퀴 뒤쪽에 있어 지상전복 위험이 적다.

18. 부적절한 열처리로 결정립계가 큰 반응성을 갖게 되어 입자의 경계에서 발생하며 항공기에 치명적 손상을 줄 수 있는 부식은?

㉮ 찰과 부식   ㉯ 응력부식
㉰ 입계 부식   ㉱ 이질금속간의 부식

19. 고장력강으로 니켈강에 크롬이 0.8~1.5% 함유된 것으로 강도를 요하는 봉재나 판재 그리고 기계 동력을 달하는 축, 기어, 캠, 피스톤 등에 널리 사용되는 것은?

㉮ 니켈강
㉯ 니켈-크롬강
㉰ 크롬강
㉱ 니켈-크롬-몰리브덴강

20. 항공기 무게 측정 결과가 다음과 같다면 자기무게의 무게중심의 위치는? (단, 8G/L (G/L당 7.5lbs)의 오일이 -30in의 거리에 보급되어 있다.)

무게점	순무게(lbs)	거리(in)
좌측 주바퀴	617	68
우측 주바퀴	614	68
앞바퀴	152	26

㉮ 61.64   ㉯ 51.64
㉰ 57.67   ㉱ 66.14

1	2	3	4	5	6	7	8	9	10
㉱	㉮	㉯	㉯	㉯	㉰	㉱	㉰	㉰	㉱
11	12	13	14	15	16	17	18	19	20
㉰	㉯	㉱	㉮	㉮	㉮	㉰	㉰	㉯	㉮

항공산업기사 - 항공기체

개정증보판 1쇄 발행 / 2014년 2월 15일

엮 은 이 / 항공산업기사 검정연구회
펴 낸 이 / 이정수
펴 낸 곳 / 연경문화사
등   록 / 1-995호
주   소 / 서울시 강서구 양천로 551-24
           한화비즈메트로 2차 807호
대표전화 / (02)332-3923
팩시밀리 / (02)332-3928
저작권자 ⓒ 연경문화사

값 9,000원
ISBN 978-89-8298-161-6   13550
ISBN 978-89-8298-158-6   세트

※ 본서의 무단 복제 행위를 금하며, 잘못된 책은 바꿔 드립니다.